歴史と軍隊

軍事史の新しい地平

阪口修平〔編著〕

創元社

歴史と軍隊——軍事史の新しい地平　目次

第Ⅲ部　文化史からみた軍隊――プロパガンダ・啓蒙・記憶　237

装丁　濱崎実幸

序章

軍事史研究の新しい地平

――「歴史学の一分野としての軍事史」をめざして

阪口修平

第一節　「狭義の軍事史」と「広義の軍事史」

本書は、二〇〇一年に創設された「軍隊と社会の歴史」研究会、ならびに二〇〇三～二〇〇五年の科学研究助成費「ヨーロッパ史における軍隊と社会」の成果の一部であり、すでに二〇〇九年にミネルヴァ書房から刊行されている『近代ヨーロッパの探求　軍隊』(阪口修平、丸畠宏太編著)の姉妹編である。前者はより広い読者をして対象とした概説的で啓蒙的な性格を持つが、本書はモノグラフィーの論集である。したがって本書の目的は、前書と同様、歴史学の視点から軍隊をテーマとすることであり、「新しい軍事史」、「広義の軍事史」を目指している。その趣旨は、軍隊を孤立して考察するのではなく、国家や社会や文化など他の歴史分野との関連の中で考えるということである。そこでまず、その趣旨を簡単に記し、今日広義の軍事史が何を課題とし、具体的にどのようなテーマを設定しているのかを述べておこう。

狭義の軍事史

軍事史は本来、プロの軍事史家の研究領域であった。軍隊と戦争の研究は、軍人かその経験者、ならびにそのような専門教育を受けたもののみが行えると考えられた。そこでの主要なテーマは、戦争の勝敗を分析し、そのために戦略と戦術の歴史、軍事兵器や軍隊組織の発展、偉大な軍人の活躍を明らかにし、それを通じて将兵の士気を高揚することであった。したがってそれは軍事学の一部であり、その内容は戦史と特徴づけることができよう。第二次世界大戦前までは、どこの国でも状況は同じであった。

わが国ではこのような状況は基本的には戦後も引き継がれている。軍事史は防衛大学や軍事史研究所で行われ、その成果は『軍事史学』に発表されている。もとより戦争や軍隊は国家や社会とも関連しているがゆえに、これらは本来の軍事史研究の視野にも入ってくるが、あくまでも関心の中心は戦史であるといえよう。

このようなこととも関連して、歴史学の分野では、軍事史はほとんど研究の対象にはならなかった。むしろ戦後長い間、それはタブー視されてきたといえよう。もとよりそれは、戦前の軍国主義と学問のあり方への深刻な反省の結果である。戦後史学では、政治史中心のそれまでの歴史学に対する批判から、むしろ歴史の下部構造、社会・構造史が関心の中心となった。また軍隊が政治を左右し、軍国主義の元凶であったがゆえに、軍隊をそのなかに位置づけられて考察することはあっても、それ以外には正面から軍隊がテーマとしては扱われることはなかった。一九七〇・八〇年代以降のわが国でも「新しい歴史学」が盛んになり歴史の考察対象は大きく拡大したが、しかしそこでも軍隊はおおむね考察の外にあった。

広義の軍事史

しかしその間欧米では、歴史学の研究対象として軍隊を広く取り扱う、広義の軍事史が模索された。一九六〇年代に軍隊社会史を開拓したフランスのコルヴィジエの研究や、英米におけるニュー・ミリタリー・ヒストリーである。

ドイツではかなり遅れたが、それでも一九九〇年代以降新しい軍事史が登場し、今日ではブームの感を呈している。

それでは新しい軍事史は何を研究の対象としているのか。一つは軍隊や戦争そのものであり、もう一つは軍隊と歴史の他の領域との相互の関係である。

第一の問題群について。軍隊や戦争は狭義の軍事史のテーマであるが、しかしそれらに関するすべての問題が従来の軍事史によって明らかにされたのではない。戦略・戦術、軍事技術や軍隊制度などは国家や一流の戦略家の作品ともいうべきもので、戦史の観点からそれらは明らかにされたが、平時における将兵の日常生活、戦場の現場や戦争と社会の関係などの多くはほとんど手つかずのままであった。それらは戦争の勝敗とはほとんど関係がなかったから、関心を引くこともなかった。しかし、将兵を生きた人間として捉え、そこでの実生活や喜び・悩みなどは今日の歴史学の関心事である。また軍隊と社会、軍隊と時代精神を考える際にも、軍隊社会や戦争の日常は考察の出発点をなすべきであろう。したがってその領域にメスを入れることは、今日の軍事史の主要な課題である。

二つ目の大きな課題である軍隊と歴史のその他の領域との関係については、二つの視点が重要であろう。一つは軍隊がその他の領域に与えた影響を考察することである。いま一つは、それぞれの分野が軍隊からのインパクトに対してどのように反応をし、また軍隊も社会の反応にどのように順応していったか、あるいは軍隊がその他の歴史領域や時代の精神・構造によって規定されているかという側面、言い換えれば、軍隊に対する社会の影響を明らかにすることである。つまり、歴史に対する軍隊の規定力と被規定性の両面であるといえよう。このような双方向での視点で軍隊や戦争を考える場合、国家との関係、社会との関係、文化との関係などが大きなテーマとして浮かび上がってくる。

戦争の勝敗がその後の歴史に大きなインパクトを与えたことや、また軍隊は人口の一％あるいはそれ以上の巨大な兵力を擁し、それを支える費用も国家予算の数十％を占めるという基礎的な事実を考える場合、軍事が国家や社会に大きな影響を与えたということは言うまでもない。

第一に、軍隊との関係が最も密なのは外交や国内政治あるいは国家形成など政治の分野である。すでに二〇〇年前に、クラウゼヴィッツが「戦争は別の手段による政治である」と規定したように、軍事と政治との相互関係については早くから注目されてきた。なかでも外交との密接な関係については多言を要しない。また軍隊は国家が維持するがゆえに、どのようにして兵士を徴集するか、どのようにして軍隊維持の費用を捻出するかは国家形成の最大のテーマであるし、近代では政軍関係が軍国主義研究の大きなテーマであることを考えても、容易に理解できる。しかし他方、軍隊も国家によって大きく規定された。この点の研究は、以下の状況を顧慮すれば、ますます重要である。つまり、国制史研究の進展の結果、国家とは近代国家であり、国制史は近代国家形成史であるという歴史像が崩れて久しい。近世の国家は近代国家とはその特徴を大きく異にしている。またコゼレック（R. Koselleck）などが主張するように、近世国家から近代国家への発展もフランス革命によって成就されたというのではなく、長い移行期が必要であった。そのような歴史研究の新しい成果を念頭に置けば、それぞれの段階において、軍隊の内部構造が国家の性格をどのような形で反映しているのかを明らかにすることは、新しい軍事史にとって大きなテーマであるといえよう。また政治をかつてのように支配、暴力装置として上からの政策とそれに対する反対や権力闘争とのみとらえるのではなく、政治が民衆によってどのように受け止められ、それによってまた政治がどのように変容したかという、権力と民衆との絶えざるコミュニケーションと理解すれば、国家による軍事政策もまた、その観点から再構成されるべきであろう。

第二に、軍隊と他の社会集団との関係についてであるが、これは今日の軍隊社会史の中心的テーマである。したがってそれは多岐にわたっている。まず軍隊と農村や農民との関係について。農民は兵士の主要な供給源であるとともに軍隊維持のための納税者である。戦争の被害も主として農村が被るとすれば、軍隊と農村との関係は大きい。また軍隊と都市との関係でいえば、軍隊は主として都市に駐屯し、兵士は主に市民の家で宿営をしている。これは近世の光景であるが、一九世紀になっても状況は基本的には変わらない。大きく変化するのは一九世紀末以降である。しかし農村や都市が軍隊から負担を強いられているだけではない。負担は軋轢ともなるがそのあり方は地方によって異なる。そのような中で軍隊が安定的に存続するためには、軍隊自体が都市や農村におけるそれぞれの社会の状況に適合していく。それらは主として負担の免除の形で現れ、したがってそこには地域差が出てくる。「社会の軍事化」とともに、「軍隊の社会的適合」も大きなテーマとなってきているのである。

軍事史と女性史あるいはジェンダー史との関係もまた今日では重要な関心事である。長い間、軍隊はもっぱら男の社会と考えられていた。しかし兵士の結婚やその家族の実態が分かってくると、駐屯や宿営の社会には女性がそれなりの位置を占めており、また女性が戦時にも輜重隊や看護補助として従軍しているとならば、軍隊と女性との関係は新しい軍事史の視野に入ってこなければならない。またいわゆる男らしさや女らしさも、近代になって軍隊がもっぱら男の世界となるにつれて変化するとならば、軍事史とジェンダー史との間には深い関係があるといわねばならない。軍隊はまた、ナショナリズム、国民形成の問題とも大きく関係している。国民国家の形成、国民軍の形成、一般兵役義務が互いに密接な関係にあるとすれば、民衆の国民化の問題も軍隊や戦争と大きく関係しているのである。いまやどの社会集団においても、軍事的要素を掘り起こすことが可能であろう。

第三の大きなテーマは、軍隊と文化との関係である。軍事史と文化史は、かつては対立的な概念であった。軍事史が武力や戦争を対象とし、文化史は平和を志向すると位置づければ、軍事史と文化史は相いれないし、交わるところがない。しかし文化史がかつてのように、一流の思想や作品ならびにその作者を研究対象とするのではなく、政治文化や集団心性など、新しい文化史が模索されている。それはまた、歴史学が、客観的構造などのいわば人間の力では動かしがたいものではなく、人間の主観や価値意識に関心を向けるということをも意味しており、今日の歴史学のキーワードとなりつつある。そのようななかで、軍隊や戦争も、言説、経験、記憶、国民形成などとの関連で重要なテーマとなってくる。その結果、軍事史に関わるさまざまな出来事の歴史的意味についても、単に為政者の意図や後の時代からの評価ではなく、同時代の思考の広い観点から再検討する道が開けてくるであろう。軍事史と文化史が交わる可能性が開けてきたのである。

このように見てくれば、広義の軍事史の研究対象はさらに広がる。軍隊と技術や経済との関係についても、単に新しい軍事技術の開発や軍需との関係でテーマが尽きているのではない。逆に新しい技術が考案されたのちも、その広範な採用が遅れる場合もあり、その際の阻止的要因の分析など、裏側からの考察も重要である。また軍隊・戦争と宗教などは、宗教戦争以外にはまだあまりテーマ化されていないが、軍隊内の多宗派共存の事実や従軍司祭の役割一つを取って見ても、そこには多くの重要な問題が潜んでいる。

そのほかにも、軍隊と法、軍隊と美術・音楽・建築などの芸術作品、戦争と暴力、軍事革命と全体戦争など、軍事史のテーマはますます広がる。

新しい軍事史・広義の軍事史の地平は、広く深い。

第二節　本書の構成

本書は、このような欧米における新しい軍事史の試みに掉さすものである。しかも本書はわが国における歴史学の視点からのモノグラフィーの論集としては、最初の試みと言ってもよい。そこでまず本書の構成と、それぞれの章の内容ならびに狙いを簡単に概観しておこう。

本書は三部構成である。第一部は国制史・政治史の分野から軍隊や戦争を論じている。第二部は社会史の観点から軍隊内の日常生活や軍隊と社会との関連を考察している。第三部は文化史の観点から軍隊・戦争をテーマとしている。

第一部は三つの論文からなっている。第一章と二章はフランスの近世を対象とし、第三章はドイツの近代を対象としている。一九六〇・七〇年代以降の国制史研究の発展のなかで、国制を単に、法に反映された国の仕組みとしてのみ理解するのではなく、社会の構造や社会的結合との絡みで理解せねばならないという、新しい社会＝国制史の視座が提起されたことは周知のとおりである。とくに近世においては、社団的な社会構造との関係が強調されている。第一章、第二章においては、このような新しい国制史の観点から、戦争や治安の問題を具体的な事例に即して考察している。また第三章では、近代国民軍における徴兵制を、単にその法的規定のみではなく、その実態を、地方の現場にまでさかのぼって考察している。

第一章「マルプラケの戦い――戦史と歴史学の出会い」（佐々木真）は、スペイン継承戦争中最も激しい戦闘が行われた一七〇九年のマルプラケの戦いを取り上げ、戦争や戦闘の持つ意義を国制や社会などとの密接な連関において考察する。具体的には、戦闘の過程、それを支援する軍隊行政の構造と任務を概観した後、それを単に勝利と敗北の分析にとどまらず、情報収集や補給・後方支援などの軍隊行政との関係で考える。また、戦闘が将兵にとっては昇進や死傷など私的に大きな意味を持つだけではなく、戦闘がその地域、都市や農村に与えた略奪その他の被害を与えたがゆえに、その社会的意味に言及し、さらに、当時の雑誌の格好の記事となりプロパガンダとなったがゆえに、政治文化への意義などを提言する。それらを通じて、戦闘や戦争が、単に勝敗のみではなく、総じて国家や社会とも多面的にかかわっていた点を具体的に描写する。「新しい軍事史」が、単に平時における軍隊の社会史的分析をもたらしているのみならず、戦闘や戦史をも新たな観点から研究の対象にすることができるということを示唆している。

第二章「地域住民とマレショーセ隊員――王権の手先？　あるいは民衆の保護者？」（正本忍）は、フランス絶対王政期における全国的な警察組織であるマレショーセ（騎馬警察隊）を対象としている。マレショーセは軍隊そのものではないが、治安維持部隊として軍隊内に位置し、主要都市以外の地方や公道での窃盗、脱走、乞食・浮浪者などの取り締まりや、犯罪者の捜査・逮捕をその任務とする。本章では、一八世紀前半のフランス、オート＝ノルマンディー地方を取り上げ、隊員の任務、社会的出自や出身地の検討、マレショーセと地域住民との関係などを、古文書館の原史料にあたって丹念に分析し、その結果、マレショーセが果たして王権の手先か、あるいは民衆の保護者として位置づけられるべきか、を問うている。結論としては、マレショーセは地方における市町村などの社団の秩序維持システムを前提としており、犯罪が社団の秩序維持システムでは解決不能の場合に実際に機能したという点を、マレショーセと住民の関係に焦点を当てて検証している。フランス絶対王政の統治構造の特徴を、治安警察を対象として検討したものである。

第三章「帝政期ドイツにおける徴兵検査の実像——徴兵関係資料を手がかりに」（丸畠宏太）は、国民国家が形成され一般兵役制が確立したドイツ第二帝政期において、徴兵検査と兵員補充が実際にどのように実施されたかを、徴兵関係史料に基づいて分析する。まず徴兵制度の歴史的展開と、全国や州のレヴェルにおける徴兵の制度を概観し、その後徴兵の実態を見るべく、具体的にヴェストファーレン地域の三つの自治体における壮丁名簿を分析する。その結果、徴兵検査で合格していながら最終的には徴集されなかったものが全国でも地方でも相当程度存在していることを実証し、そこには恣意的な判断が介在していることを導き出している。ただその際、しばしば言われるごとくそれが政治的配慮によるのか、あるいは農村が健康で都市部は不健康といった一般的認識によるものかは壮丁名簿の分析からだけでは下せないとしている。徴兵制度の理念と実態の乖離を、実証的に明らかにしたものである。

第二部は社会史の観点からの考察である。これは第一節で述べたように、今日の「新しい軍事史」が最も精力的に取り組んでいる分野である。本書では三つの論文がこのテーマを扱っている。第四章と第五章は兵士の日常生活を、第六章は軍隊と社会の関係を扱ったものである。

第四章「近世プロイセン常備軍における兵士の日常生活」（阪口修平）は、プロイセンの常備軍における日常生活を、ブレーカーという一兵士の眼を通して描いたものである。ブレーカーは七年戦争直前に傭兵としてプロイセンの軍隊に入営したスイスの貧民である。一般兵卒が軍隊生活の記録を残すことは稀であるが、ブレーカーの自伝はその点では例外的なものであり、しかもその内容は多岐にわたっている。そこでブレーカーの『自伝』を概観したのち、それを、入営までの募兵の光景、入営後の平時の日常生活、戦時の生活と脱走の三つの局面に大きく分けて、それぞれの局面における具体的なテーマを設定し、平時・戦時での兵士の生活の諸相を再構成している。このような軍隊社会の考察を通じて、兵士にとっては連隊や中隊が生活世界のすべてであり、募兵から出征に至るまで連隊・中隊に左右されていると指摘し、それが近代の国民軍との大きな違いであって、近世社会の社団的構造に、常備軍の世界も基本的には規定されている、と結論づけている。

第五章「第一次世界大戦下の板東俘虜収容所——軍隊と『社会』」（宮崎揚弘）は西洋ではなく日本を、また軍隊社会ではなく捕虜の世界を対象とし、捕虜たちが作った新聞『ディ・バラッケ』を史料として、収容所での日常生活を再構成している。具体的には第一次大戦中の徳島県・板東俘虜収容所である。ここは中国・青島《チンタオ》で日本の捕虜となったドイツ人が収容された。まず青島の攻防戦と板東収容所までの捕虜移送、収容所の管理体制を概観したのちに、捕虜の生活を考察する。捕虜の構成、起床から就寝までの一日の生活、衣食住と文化・芸術・スポーツ活動、所内の医療・保健組合と紙幣の流通、新聞などのコミュニケーション手段、さらには外部との交流など、史料に即して解明されるあらゆる局面を網羅して叙述している。最後に終戦、捕虜の解放、帰国を概観し、収容から捕虜の日常生活を通して解放までの全過程を再構成したものである。その結果、板東俘虜収容所は決して監獄のようながんじがらめの世界ではなく、意外とバランスのとれた自由な生活であったこと、また捕虜の生活圏では多様な協会や結社が形成され、むしろ一九世紀のドイツ本国における世界の縮図であったことを明らかにしている。

第六章「カントン制度再考——一八世紀プロイセンにおける軍隊と社会」（鈴木直志）は、一八世紀のプロイセンにおける徴兵システムであるカントン制度を対象とし、軍隊と社会という観点から、その歴史的意味を再検討したものである。このテーマについてはO・ビュッシュが「社会の軍事化」のテーゼを打ち立て、長い間通説として支配的であったが、ビュッシュの説の特徴を整理しながら、ビュッシュの視野に入っていなかったいくつかの重要な点を指摘する。つまり、単にカントン制度の成立時の特徴を固定的にとらえるのではなく、その後の制度的改編とそれぞれの時点から検討すべきであり、また制度の原則のみでなくその運営の実態からとらえねばならないと問題提起する。このような観点からいくつかの新しいテーマを設定し、それらを具体的に考察している。結論的には、もはや「社会の軍事化」の呪縛から解放されるべきであると主張するとともに、むしろ「軍隊の社会的適応」という新しいテーゼを提起する。また一歩進んで、近世全般における民兵制とプロイセンのカントン制度との関連という、より広い枠内での検討の必要性をも指摘する。意欲的な提言である。

第三部は、文化史の観点からの考察である。本書では、三つの章がこのテーマに取り組んでいる。第七章が近世における戦時プロパガンダを、第八章が啓蒙と軍隊と法の関連を、第九章ではジャーナリズムにおける戦争の言説を考察している。

第七章「初期近代ヨーロッパにおける正戦とプロパガンダ――オーストリア継承戦争におけるプロイセンとオーストリアを例に」（屋敷二郎）は、一八世紀半ば、オーストリア継承戦争期における正戦の観念と戦争のプロパガンダをテーマとしている。プロパガンダにおいてまず重要なことは、戦争の正当性を提示することであるが、そのために中世のトマス・アクイナスから近世のフーゴ・グロティウスまで、ヨーロッパにおける正戦論の展開を概観し、他方では「ヨーロッパ公法」の特徴を指摘する。そのうえでプロイセンのフリードリヒ大王の戦争観とそこでの特徴を『反マキャベリ論』に即して詳細に検討し、それまでの正戦論や「ヨーロッパの公法」とのかかわりを明らかにする。本論ではプロイセンがシュレージエンの継承権の正当性を説明している六つの文書をプロパガンダ文書として性格づけ、そこに見られる法的議論の展開・前提・帰結を『反マキャベリ論』での正戦論との関連で検討している。戦争のプロパガンダは、通常、国民戦争や総力戦の場合に問題とされるが、それを近世末、一八世紀中葉にさかのぼって検討したものである。

第八章「『セギュール規則』の検討――アンシャン・レジームのフランス軍における改革と反動」（竹村厚士）は、アンシアン・レジーム末期のフランスにおいて、軍事反動の証拠とみなされてきた「セギュール規則」を、啓蒙とのかかわりで再検討する。セギュール規則は、少尉＝将校として新たに軍務に就く場合、その家系が少なくとも四代にわたって貴族であったことを証明せねばならないと定めた法令で、将校団から平民出身者を排除し、身分制的原理を固定化したものとして位置づけられてきた。しかしそこで設けられている例外規定の意味と、四代にわたる貴族証明との関係を問い直し、そこにむしろ売官制による腐敗を排除して「軍事的資質」を重視した当時の理解におけるメリトクラシーを見出している。それはまた一八世紀半ば以降の啓蒙思想とのかかわりで展開された軍制改革の延長線上に位置づけられるとする。セギュール規則にみられる貴族支配の反動的側面と改革の側面を、コインの裏表の関係としてとらえるべきだと主張しているのである。啓蒙と軍事の交差に踏み込み、セギュール規則の再評価を試みたものと言えよう。

第九章「アルマン・カレルの生涯（一八〇〇～一八三六）――フランス革命―ナポレオン戦争の歴史と記憶」（西願広望）は、一九世紀前半のフランスにおいて、革命からナポレオン期における戦争がどのような形で記憶として定着し、その後の社会にどのような影響を与えたかを、アルマン・カレルを通して検討している。カレルは一八二〇年に軍人として出発したが、革命思想を持ち、スペイン革命に加担してフランス軍と戦い、その後新聞『ナショナル紙』の責任者となったフランス人である。カレルの生涯を、剣の時代、ペンの時代に分けて具体的に追いながら、カレルがいかにして「フランス」を発見したか、「ヴァルミー」、「アウステルリッツ」、「アルジェ」などの戦争の記憶を通じて「国民」の観念がどのようにして作られていったかを具体的に跡づけている。その際、「軍隊」が「フランス」の象徴としてとらえられたという点に注目し、戦争、国民の記憶、ジャーナリズムの一連の結びつきを検証している。またカレルにまつわる社会的アイデンティティが、近世における自然的な社団から、革命集団、軍隊、ジャーナリズムなど人為的な共同体に移り変わっているとの指摘も興味深い。文化史と軍事史の交わりを、第八章とは一味異なった視点で考察したものである。

第三節　本書の特徴と今後の課題

本書の特徴

本書の執筆者はすべて、本来の意味での軍事史家ではない。軍事史そのものに関しては素人である。しかし歴史の中で軍隊や戦争の持つ重要性を認識し、広義の軍事史をいくらかでも切り拓きたいというのがわれわれの共通のねらいであった。各執筆者がそれぞれの関心とこれまでの研究の積み重ねに基づいて、自由にテーマを設定したが、その結果、いくつかの新しい課題に取り組み、問題提起ができたのではないかと考えている。

第一に、それぞれの論文は軍事史の新しい研究の領域を開拓した、あるいはその可能性を具体的に提示したということである。軍隊と国制、軍隊社会、軍事史と文化史の交わりなどがそれである。

第二に、歴史学の分野における新しい方法や成果を軍事史に適用して、新しい解釈を提示したということである。第六章のカントン制の歴史的意義や、第七章のセギュール規則についての新しい解釈がそれである。これらは歴史学の分野における新しい問題提起とその成果を反映させて初めて可能となったことである。広義の軍事史の意義がここに見られる。

第三に、新しい史料を利用しているということである。従来、法令や行政令など、いわば規範を示す史料が中心的なものであったが、より現実に密着した史料が軍隊の実態を研究対象にする場合重要である。第一章、第二章、第三章では、地方文書館における未公刊文書に基づいた考察を行っているが、それはこうした理由に基づくものである。また第四章、第五章、第九章は兵士や元兵士の証言をもとにしているが、兵士の証言はほとんど史料として残らないがゆえに、新たな試みであると言えよう。

第四に、第五章で日本における板東俘虜収容所を取り上げたが、これはヨーロッパ軍事史と日本軍事史の橋渡しを狙いとしたものである。このメッセージが実を結ぶことを願ってやまない。

今後の課題

もとより本書は、多くの点で断片的な試みにすぎない。対象がほとんどフランスとドイツに偏っている。イギリス、ロシア、スウェーデン、イタリア、スペイン、アメリカなどは全く触れられていない。また時代的にも大幅に近世に傾いている。これらはひとえに編者の力量不足の結果である。今後比較史の観点から、考察領域の拡大を図らねばならない。

研究領域や研究者の交流の拡大の必要性という点では、単に西洋史だけではなく、日本史やアジア史との交流が必要である。日本史やアジア史の分野でも、今日、新しい軍事史、「軍隊と社会」が視野に入っているので、相互のコミュニケーションを図ることは今後ぜひ必要である。さらにまた、欧米の研究者との組織的な交流も重要であろう。これらは今後の重要な課題である。

テーマ的にも、本書は誠に不十分である。広義の軍事史の新しい研究分野は、第一節で指摘したように広大な未開拓の分野を秘めているのである。欧米においては新しい研究成果が毎年たくさん出ており、それをカバーするのは並大抵なことではない。それぞれの分野における研究動向を提示するのが急務であろう。

単に軍事史の研究領域の拡大を図るだけではなく、一方では歴史学における新しい研究方法を軍事史に反映する努力と、他方では軍事史における新たな成果を一般の歴史叙述や歴史像にどのように反映させることができるか、という視点を常に持ち合わせねばならない。これこそ広義の軍事史の最も重要な課題である。

広義の軍事史を本格的に研究対象とするには、何よりも新しい史料の発掘が必要である。上述したように、軍隊を軍事法令や行政令だけでは、軍事規範の一面しか見えてこない。軍隊の社会的実体を明らかにするためには地方文書が必要である。また軍隊と社会を明らかにするためには、軍隊文書館に収められている史料だけでは不十分である。都市や教会などの文民の史料の中に、Militaria 関係史料が豊富に存在する。これらの史料の発掘は、それぞれの本国で始められているが、われわれもそれを注視しながら利用することを心がけねばならないであろう。

新しい軍事史の可能性の道は大きく広がっているが、その取り組みは緒に就いたばかりである。本書がその一助となれば、執筆者一同の喜びはこれに過ぎるものはない。

第Ⅰ部　国制史からみた軍隊

——戦闘・治安・徴兵

第一章

マルプラケの戦い

——戦史と歴史学の出会い

佐々木真

はじめに

一七〇九年九月一一日、現在のフランスとベルギーの国境付近でスペイン継承戦争最大の犠牲者を出した戦闘が勃発した。マルプラケの戦いがそれである。本章ではこの戦いを題材とし、戦闘と社会との関係を考えてみたい。

一九世紀以降に参謀本部が中心となって推進された戦史（作戦史）の枠組みを離れ、「軍隊と社会」という視点で、社会とのさまざまな関わりのなかで軍隊を取り扱おうとする傾向が、近年の軍事史研究では主流となりつつある。この「新しい軍事史」の嚆矢となったのが、第二次世界大戦後のフランスにおける軍事史研究であろう。

フランスでの軍事史研究の転換点となったものが、一九六四年に刊行されたアンドレ・コルヴィジェの学位論文「一七世紀末からショワズール陸軍卿期までのフランス軍、兵士」(1)であった。軍事文書館に残存する兵役簿を駆使して完成されたこの研究は、当時のフランスにおける軍役や兵士の状況、募兵のあり方と兵士になる動機、兵士の社会的出自の分析を通じた軍隊社会のあり方の検討、元兵士についての考察など、兵士に関するあらゆる情報が提示され、兵士となる人間や兵士、元兵士のアンシャン・レジーム社会における位置づけを明らかにした。アナール派などにみられる計量史の方法を十全に取り入れたこの研究の影響は大きく、まさに「軍隊と社会」というテーマを掲げた彼のゼミナールには、軍人を含め、多くの研究者が集った。コルヴィジェの影響を受けた研究では、軍事と社会との関係の追求が中心となり、都市パリと軍隊との関係、元兵士の存在形態とその社会での位置づけ、軍人とフリーメーソン、アメリカ独立戦争に参加した将校たちなど、さまざまな研究が発表されていった。[2]

軍隊を社会の中に位置づけるにあたっては、人口に対する兵士の割合や兵士の父親の職業構成、犯罪者における元兵士の割合など、計量的な手法を利用した構造分析が研究の中心となっていった。そのため、一九世紀に隆盛をきわめた戦争の遂行や戦闘そのものへの関心はむしろ低下していった。事件史の典型であり、動態的な性格を持つ戦争や戦闘と、構造分析を組み合わせることには難しさが存在することも事実である。しかし、軍隊は戦争の遂行のために存在しており、戦争の帰趨が当時の政治や社会に大きな影響を与えることを考えれば、両者は別個に論じられるべきではない。さらに、近年の「新しい軍事史」の成果と戦史研究を融合させることにより、新たな知見が得られるのではないだろうか。本論で詳述するように、当時の作戦行動や戦闘の帰趨は、後方支援に代表されるさまざまな国制的・社会的要因により制約されていたのであり、戦闘の結果は国内政治や国際政治に大きな影響を与えたのだった。戦闘に焦点を当て、戦闘と国制や社会との相互関係を考えることが、本章の第一の目的である。

新たなかたちでの戦史への関心は、欧米でも最近認められるようになってきた。[3] この傾向のもうひとつの背景として、軍事革命論により戦術など戦闘そのものに歴史家の興味関心が向いたことも指摘できよう。そこで、本章ではマルプラケの戦いの考察を通じ、軍事革命論についても若干の考察を加えてみたい。この戦闘を取り上げる理由としては、それがスペイン継承戦争屈指の大戦闘であったことと、戦闘が勃発した一七〇九年には大寒波のために飢饉が生じ、軍隊への食糧供給が困難をきわめたことが挙げられる。そのため、作戦行動の社会への影響が大きいのみならず、官僚制による後方支援の役割が増加したのであり、戦闘を通じて当時の国家や社会のあり方を照射するにはよい事例なのである。

第一節　マルプラケの戦い

スペイン継承戦争の勃発

一六六五年にスペイン王フェリペ四世が死去すると、後継として国王となったのは弱冠四歳のカルロス二世であった。しかもこの王は生まれつき病弱で世継ぎの誕生が望めず、スペイン・ハプスブルク家には他の王位継承者も存在しなかった。そのため、カルロス二世死後のスペインの処理は、ヨーロッパ各国の関心事となり、彼の姉をそれぞれ娶っていたフランス王ルイ一四世と神聖ローマ皇帝レオポルト一世を中心に、イギリスやオランダを巻き込み、すでに一六六〇年代よりスペイン分割交渉が折に触れてなされていた。

カルロス二世は一七〇〇年一〇月にスペイン王位をフランス国王ルイ一四世の孫アンジュー公フィリップに譲る遺言書に署名し、翌一一月一日に死亡した。彼の遺言はこの年の三月に英仏蘭のあいだで締結された分割条約に反していたが、ルイ一四世は一一月一二日にこれを受諾し、スペイン王フェリペ五世を誕生させた。さらに彼は、翌年二月にアンジュー公はフランス王位継承が可能であるとの布告を発し、スペイン領ネーデルランドの主要都市に軍隊を進駐させて、フェリペ五世を承認しないオランダに圧力を加えた。フランスの行動はその覇権主義を印象づけ、和解の可能性が薄れると、まず九月にイギリス、オランダおよび皇帝により大同盟（ハーグ同盟）が結成され、その後ほかのドイツ諸侯もこの同盟に参加した。

フランスは同年三月にはバイエルンと、四月にはサヴォイアと同盟してこの動きに対抗するとともに、兵力増強を開始し、一七〇二年時点での陸軍兵力を約二二万人とした。[4] そして、一七〇二年五月にハーグ同盟がフランスに宣戦布告をし、ヨーロッパ諸国をまき込んだ本格的な戦争が開始された。[5]

フランドル戦線

スペイン継承戦争での主戦場のうち、本章が対象とするフランドル地方ではフランスは開戦初頭から苦戦を強いられた。フランドル方面軍の総指揮官は、ルイ一四世の孫のブルゴーニュ公であったが、実質的な指揮官はブーフレール元帥であった。スペイン領ネーデルランドに展開していたフランドル方面軍は、アントワープを経由してムーズ川に至る地域に防衛線（ブラバント線）を構築していた。兵力は約六万を数えたが、それでも十分な防御戦力ではなかった。対する同盟国側の司令官はイギリス軍のマールバラ公で、フランス側とほぼ同数の兵員を擁していた。フランドル戦線ではフランス側指揮官がヴィルロワに替わり、マールバラが南ドイツに遠征するなど流動的な状況が続いたが、一七〇五年まではブラバント線を挟んで一進一退の状況が続いた。

だが、この均衡も翌一七〇六年に崩れた。五月二三日にマールバラの率いる同盟軍とヴェルロワ麾下のフランス・バイエルン連合軍がディル川とムーズ川の中間に位置するラミリーで激突し、フランス側が一万五千人の将兵を失う敗北を喫した（うち七千人が捕虜、同盟軍の死傷者は四千人）。これにより戦局が同盟軍側に傾き、その後二週間ほどで多くの都市がその手に落ちた。八月には、それまでイタリア戦線で指揮をとっていたヴァンドーム公に指揮官が交代したが、フランス側は都市を占領された続けた。[6] ムーズ川西岸とサンブル川北岸に位置する部分を失ったフランスの防衛戦は、イーペル、リール、トゥルネイ、コンデ、モンス、シャルルロワ、ナミュールの各都市を結ぶラインとなった。

一七〇七年には小康状態が続いたが、翌年にはふたたびフランスにとって厳しい状況がやってくる。七月にはフランス軍はヘントとブルージュの占領に成功し、オウデナルデ方面へと南下した。だが、途中でモーゼルから移動してきたオイゲンのオーストリア軍を加えた同盟軍と七月一一日に遭遇し、フランス軍は敗北しヘントに退却した。同盟軍はこの後、フランドルの中心都市であるリールの攻撃に向かった。ブーフレール元帥指揮下の守備隊に増援一万四千人が加わり防備が固められたが、同盟軍はオイゲン指揮下の三万五千人とマールバラ麾下の七万五千人と圧倒的

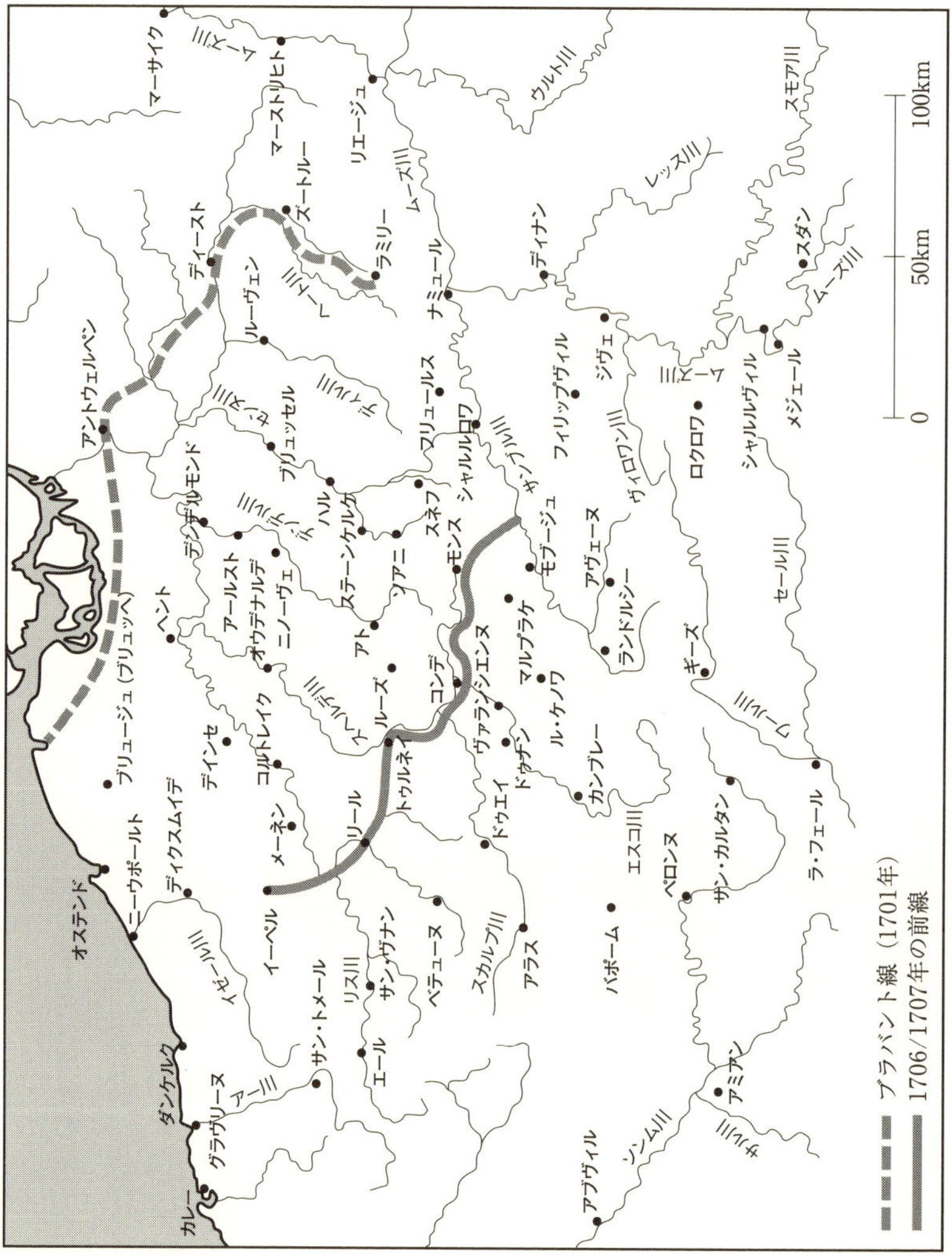

出典：John A. Lynn, *The Wars of Louis XIV*. p.107 を修正。

図 1-1　フランドル方面

だった。八月一四日に攻撃が開始され、フランスはヴァンドーム公が指揮する軍隊を救援に向かわせるがマールバラに阻まれた。孤立したリールは、一〇月二二日には都市部が陥落。冬まで持ちこたえれば攻囲が解けるとのフランスの期待に反して、一二月八日に要塞も陥落した。[7] 一二月にはヘントとその周辺地域が同盟軍の手に落ち、フランスは、スペイン領フランドルのほぼ全域を失ったのだった。

一七〇九年

この状況下で、一七〇九年には大寒波がフランスを襲い、深刻な食糧不足が生じ、[8] フランス軍は部隊への補給に非常に苦慮することとなった。フランドル戦線では前年の敗北により寵を失ったヴァンドーム公が更迭され、ライン方面よりヴィラール元帥が指揮官として着任した。三月中旬にカンブレーに到着したヴィラールは、前線を視察した後にヴェルサイユへ赴き、補給の不足を訴えた。[9]

マールバラは六月一三日にブリュッセルに到着。翌日にヘント付近でオイゲンと合流し、オウデナルデに向かった。同盟軍は歩兵大隊一七〇個と騎兵中隊二七一個からなり、兵力は一三万人を数えた。対するフランス軍は一〇万人と劣勢であり、ヴィラールは前年に攻略されたリールの防衛ライン上に保持するイーペルとトゥルネイの守備隊を強化するとともに、その後方でサン・ヴナンからドゥエイにかけて塹壕を掘り、防衛線を構築した。この防衛状況を知り、同盟軍はフランスへの直接侵攻を不可能と判断。まずイーペルかトゥルネイを攻略することとした。マールバラとオイゲンとで意見が割れたが、守備隊が弱体だとの判断により、六月二七日にトゥルネイへの攻撃が開始された。一ヵ月にわたる攻防戦の後、七月二八日に都市部が占領され、守備隊は要塞に後退した。この間、ヴィラールは防衛線を東へと延伸し、ヴァランシエンヌからコンデへと到達させた。彼は来るべき戦いの重要性を認識し、自身が指揮不可能となった際の代理司令官の派遣を国王に要請した。これに対して、王は病気でパリに帰還していたブーフレールを指名し、彼が九月三日にアラスに到着した。

フランスの防衛線延伸の情報を得た同盟軍は、九月三日にトゥルネイの要塞を陥落させた後、さらに東に回り込んでモンス攻略をめざした。同盟軍移動の情報を得たとき、ヴィラールはドゥナンとドゥエイの間に布陣していたが、防衛線上の軍を集結させ、南西からモンスへ接近して敵の包囲を阻もうとした。しかし、九月六日には早くもモンスが包囲されてしまう。このためヴィラールはさらに東へと部隊を移動させ、その左翼をサールの森に、右翼をラニエールの森に置き、ふたつの森に挟まれた二キロほどの平地に布陣した。森が開けた部分にマルプラケの村があった。ヴィラールは一〇日いっぱいをかけてここに陣地を構築し、歩兵一三五個大隊、騎兵二六〇個中隊、大砲八〇門からなる約七万五千人を配備して右翼の指揮をブーフレールにゆだねた。ヴィラールはラニエールの森にモンテスキュー将軍指揮下の四六個大隊、マルプラケ正面の塹壕にはドゥ・ギシュ将軍麾下の一八個大隊、その左には一三個大隊、さらに左のサールの森にかかる部分に二一個大隊、サールの森には一七個大隊をそれぞれ配備し、残余の歩兵大隊と騎兵部隊を支援として後方に置いた。この布陣により、中央の平地部分に三方向より射撃を加えることが可能となり、マールバラが好む正面攻撃が行われた際に、敵に多大な損害を与えることがヴィラールの作戦であった。

対する同盟軍は一〇〇門の大砲を擁し、総戦力は約八万六千人と数のうえではフランス軍を上回っていた。作戦では右翼に布陣するオイゲンの部隊がまずサールの森のフランス軍に攻撃を行い、一時間半後に今度は左翼に布陣するオラニエ公のオランダ軍がラニエールの森の部隊を攻撃。これらの攻撃に対応するためにフランス軍が中心部から部隊を移動させたら、オークニーの歩兵が中心部の陣地を攻撃し、そこにマールバラの指揮する騎兵が突撃を行うこととなっていた。

マルプラケの戦い

九月一一日午前八時、同盟軍の砲撃が開始され、右翼の部隊がサールの森に向かって進撃を開始した。しかし、フランス軍は大砲を縦射して強力な抵抗をした。同盟軍の左翼はさらに悲惨な状況となった。オラニエ公に指揮された

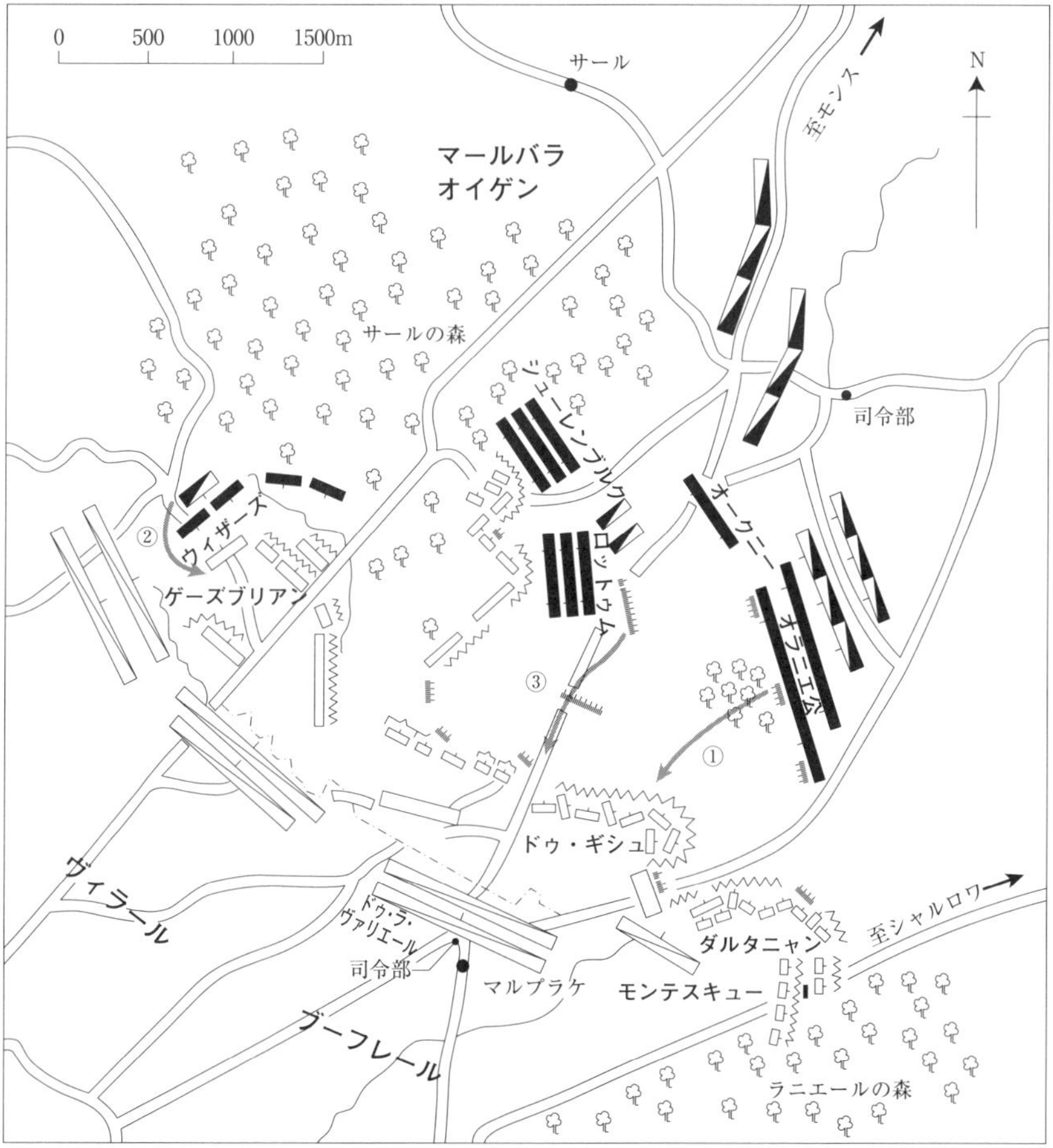

フランス軍歩兵
フランス軍騎兵
同盟軍歩兵
同盟軍騎兵

①オラニエ公によるフランス軍右翼への攻撃
②ウィザーズによるフランス軍左翼への迂回攻撃
③フランス軍正面への騎兵による最終攻撃

出典：John A. Lynn, *The Wars of Louis XIV*, p. 333 および John A. Lynn, *The French Wars : 1667-1714, The Sun King at War*, Oxford, 2002, p.71 より作成。

図 1-2　マルプラケの戦い

オランダ軍とスコットランド軍はフランス軍の射撃により一時間半で約五千人の死傷者を出して退却を余儀なくされ、一〇時には同盟軍の両翼の攻撃が停止してしまった。そのため、右翼での形勢を挽回するために増援が送られ、サールの森では、朝から進撃を続けていたウィザーズの部隊が損害を出しながらもフランス軍の左翼に回り込むことに成功した。ヴィラールはこの進撃を阻むために、中央より一二個大隊を引き抜き、左翼の援軍へと向かわせた。このため、昼前には中心部のフランス軍陣地の歩兵が手薄となり、これを察知したマールバラはオークニーに攻撃を命ずるとともに、騎兵部隊指揮官たちに最終突撃を準備するよう命じた。この時ヴィラールは自ら部隊を率いて左翼の森から出てくる同盟軍を撃退しようとしていたが、同盟軍の一斉射撃が彼の馬を倒し、次の射撃がヴィラールの膝を打ち抜いた。ヴィラールは指揮を続行しようとしたがかなわず、戦場から離脱してしまい、これによりフランス軍の左翼での反撃が頓挫してしまった。

午後一時半頃、この戦闘のクライマックスがやってきた。マールバラはフランス軍の正面を攻撃するために、約三万騎の騎兵に隊列を整わせることを命じた。ヴィラールに代わり全軍の指揮をとるブーフレールはこの機先を制し、自ら近衛騎兵を率いて同盟軍の騎兵の大軍に先制攻撃を仕掛けた。両軍の騎兵による突撃と反撃が繰り返されたが、最終的には数で勝る同盟軍が勝利し、その時にはフランス軍の両翼も同盟軍の攻撃の前に屈服をした。こうして、午後三時頃に戦闘が終了した。

この結果、フランスは約一万一千人の死傷者を出し、モンスの救援に失敗した（一〇月二一日に陥落）。戦術的にはフランスの敗北である。しかし、フランス軍は壊滅的な打撃を被ったわけではなかった。戦闘終了後のフランス軍の撤退は軍旗がなびき太鼓がたたかれるという秩序だったものであり、大半の火砲も回収でき、捕虜も五百人ほどだった。これに対して同盟軍側はフランスを大幅に上回る二万一千人の死傷者を出した。この同盟軍側の損失により、フランスはフランドル全体の損失やアルトワ地方へまでの敵の侵入を防ぐことができ、戦線が壊滅することなくこの年を終えることができたのであった。

第二節　官僚による後方支援

官僚たち

このような戦闘を戦った軍隊の指揮・統制はどのように行われていたのであろうか。[10] 当時のフランスでは、歩兵では千数百人から二千人程度で構成される連隊が平時の軍事編成の中心であった。連隊の上位には恒常的な軍事組織はなく、戦時になると本章のフランドル方面軍のように、連隊がいくつかまとめられて「軍」が形成され、司令官や参謀スタッフが任命されて戦役が行われた。[11] 軍隊の指揮権は本来的には国王に属すものであるが、国王が前線に不在の場合には、指揮権が与えられた将軍がその代役を果たした。そのため、指揮官たちは国王に直属し、国王と直接連絡をとっていた。[12]

しかし、フランドル戦線でみられた大規模な軍隊の運用や作戦に関して、司令官の将軍と国王のみで決定できることは皆無といってもよかった。このとき、中央で国王を補佐したのが陸軍卿である。スペイン継承戦争勃発時には財務総監シャミヤールが陸軍卿を兼務していたが、戦局が最大の危機を迎えていた一七〇九年六月に、ヴォワザンと交代した。[13] 陸軍卿の管轄は、軍隊の移動、宿営、装備、財政、秩序維持など、軍隊の維持や管理に関するあらゆる事柄におよび、征服地域に対する行政上の権限も有していた。[14]

陸軍卿とならび、中央政府において軍隊の管理に関係していたのが、財務官僚たちであった。その筆頭の財務総監は、財政のみならず王国行政全般において大きな権限を有しており、資金の管理を中心として作戦に深く関わっていた。マルプラケの戦いのときの財務総監は、一七〇八年にシャミヤールと交代したデマレであった。彼は財務監察官の任務を通じて軍隊の問題に深く関わっていた。財務監察官とは、財務総監に直属して彼を補佐する職で、個人別に担当する領域が定められていた。前出のデマレは一七〇八年には塩税やタバコ税、河川森林局、会計院などとならん

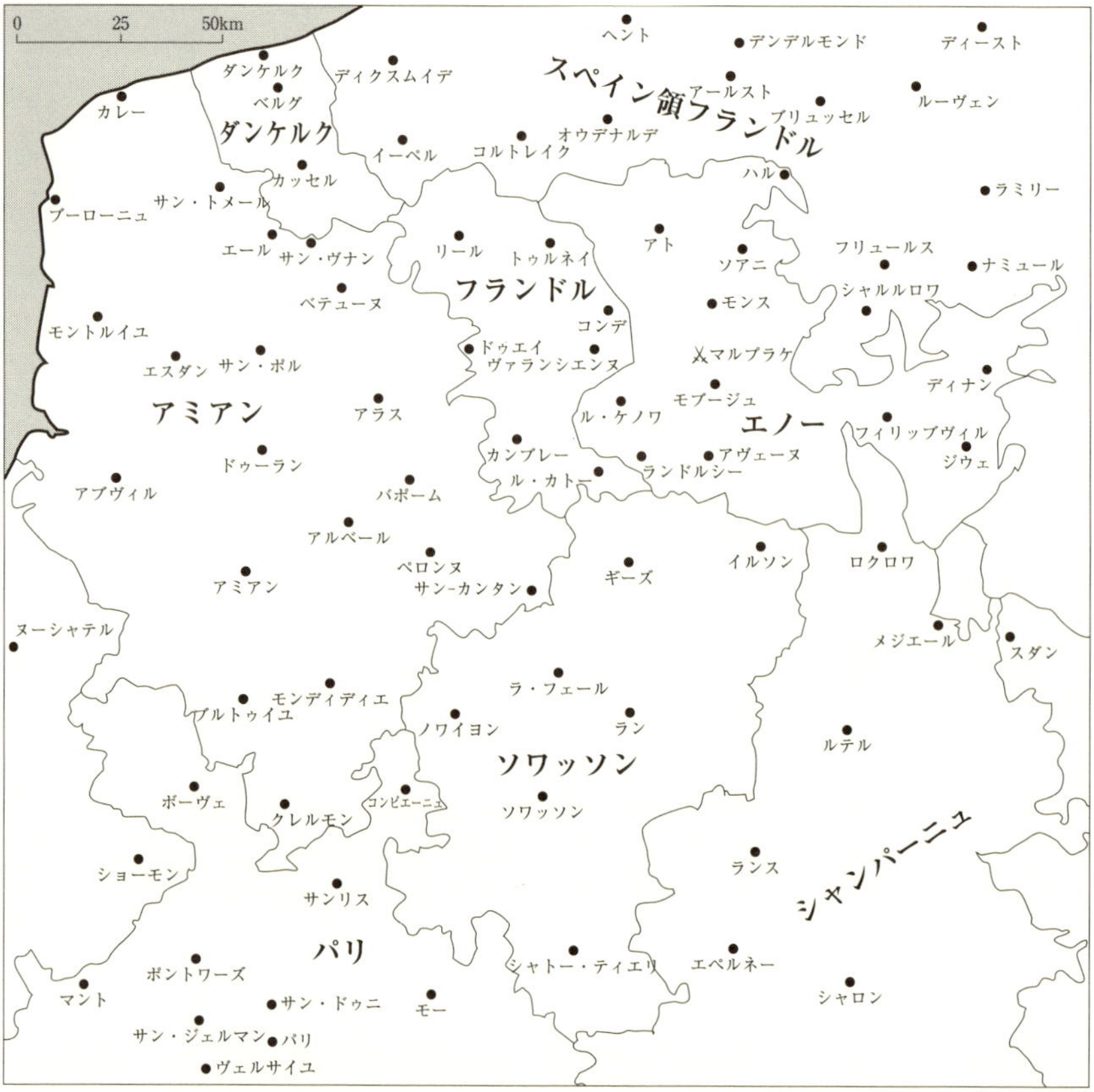

出典：Guy Arbellot, Jean-Pierre Goubert, Jacques Mallet et Yvette Palazot, *Carte des généralité, subdélégations et élections en France à la veille de la Révolution de 1789*, Paris, 1986, Hervé Hasquin（éd.）, *L'intendance du Hainaut en 1697*, Paris, 1975, p.122, Louis Trenard（éd.）, L'intendance de Flandre wallonne en 1698, Paris, 1977, p.327 より作成。

図 1-3　1697 年における地方長官管区

で、硝石と火薬およびフランドル、フランシュ＝コンテ、アルザス、メッス徴税管区における穀物徴発を担当していた。[15]財務監察官は地方への指示などの任務を担当したが、実際の軍事関係の支出を担当したのが、軍事総財務官であり、史料のなかにはプレヌフやモンジュラといった名前が登場する。

現地で軍隊の維持や管理にあたった官僚が地方長官であり、フランドル方面軍の軍隊行政において、最も重要な役割を担っていたのが、フランドルの地方長官だった。一七〇八年にこの職に就いたのが、メニャール・ド・ベルニエールである。一六六七年に生まれた彼は、一六九八年にエノーの地方長官に就任した後、ダンケルクの地方長官（一七〇五～八年）を経て、フランドルの地方長官となった。[16]また、ベルニエールがフランドルに着任した一七〇八年には、前線地方の地方長官が総入れ替えされた。彼の後任としてダンケルクには、のちに陸軍卿となるル・ブランが着任した。また、アミアン（ピカルディー、アルトワ）の地方長官がベルナージュに、[17]エノーの地方長官がドゥジャに、[18]それぞれ交代した。

地方長官はその管区内における軍隊維持に関するほとんどすべてのことを指揮した。つまり、軍隊への資金を管理し、部隊の移動と宿営、要塞、軍事病院、民兵や冬営を監視した。この中で特に重要なことは、資金を調達して軍隊への必需品の供給を確保することであった。補給任務は資金面と作戦の遂行の両者に密接に関わっていたため、地方長官たちは財務総監と陸軍卿の双方と緊密に連絡を取りあっていた。[19]

食糧供給

一七〇九年における地方長官の軍隊に対する任務の重要な柱が食糧供給であった。軍隊への食糧供給は、糧秣供給人の組織が請負として行っていた。[20]この場合、パリス兄弟やモーリス・ド・ラクールなどのパリに在住する代表が一一月頃に翌年の戦役時における供給の契約を政府と締結し、[21]現地で実務を行うチームが結成された。一七〇九年のフランドル地方においては、実務を担当したもののうち、穀物の供給人としては、プティボワ、ラフィ、カスティーロなどが活動していた。また、穀物以外の馬糧や肉に関しては、ファルジェ（馬糧）やシャルパンティエ（肉）など、それぞれ専門の人間が存在していた。

通常ならば、これらの契約にもとづき、糧秣供給人の組織により必需品の買い付けと加工（製パンなど）および軍隊への供給が実施されたが、不作により穀物不足が深刻化した一七〇九年と一七一〇年には、彼らだけでは十分な供給が行えず、地方長官が食糧供給に密接に関与した。一七〇九年のフランドル戦線での補給に関しては、同年二月五日に糧秣供給人ラクールとシャミヤールとのあいだで一食につき三七ドゥニエで契約がなされていた。しかし、その冬の寒波による不作の見通しのため、ラクールが値上げを要求し、交渉の決裂後再入札がなされたが、落札者が現れなかった。そのため、政府は補給に必要な経費についての最終決定を先送りし、一七〇九年の戦役は糧秣供給人と国家官僚とが協同して軍隊への食糧供給を実施することとなった。㉒

フランドル方面軍では四日分の補給で七〇万食の食料が必要であった。㉓ 地方長官たちはこの必要量を満たすべく、現地で補給に関するさまざまな任務に従事した。ベルニエールは八月二五日の報告で自身の任務について触れ、糧秣供給人のパリス・ドュヴェルネのもとに部下を派遣し、資金の移動や製粉、軍隊の位置、物資の消費量など必要な情報を常に交換することの重要性を指摘している。㉔ 食糧供給任務の中心となったのはベルニエールであり、彼は穀物の収集と輸送および製粉、さらに食肉や馬糧の収集に関与した。

前線の周辺地域での収穫が壊滅的被害を受けていたため、この年のフランドル方面軍は国内の被害が少ない地域や外国より穀物供給を行う必要があった。このとき、最も活躍したのが、もともとは馬糧の供給人であったファルジェであり、彼はその知識と経験を買われて、前線の北側の敵軍占領地域で穀物の買い付けを実施した。ベルニエールは彼と緊密に連絡を取り、穀物の買付資金を送付するとともに輸送の指示をしている。㉕ さらに、海路を経てブルターニュやノルマンディー、さらにはレヴァントやポーランドより穀物が輸送される場合もあり、これらの穀物はアー川をさかのぼりサン・ヴナンなどに陸揚げされた。この輸送を指示するのもベルニエールの任務であった。輸送用の馬車は常に不足しており、七月一〇日の報告では管区内の馬車が輸送の限界に達していると述べている。[26] このため、陸軍卿は八月初旬に、砲兵隊の物資の補給を行っているリヴィに、ベルニエールに協力して穀物輸送を援助するよう要請した。[27] 穀物輸送は製粉の問題とも関連していた。八月九日の書簡でベルニエールは、穀物がソンム川流域に集結されているが、アルトワ方面では輸送手段や製粉所が不足しているために、それらが多く存在するソワッソンやエノーで穀物の購入を重点的に行い、ヴァランシエンヌやコンデに補給用の穀物を集積すべきであると進言している。[28] このような穀物不足を背景として、各地方で強制徴発が行われた。また、八月の国王諮問会議の裁定では、小麦と混ぜることを目的として大麦の徴発の実施が定められたが、[29] この穀物徴発も地方長官の任務であった。

近隣の地方長官たちは、緊密に連携してベルニエールの活動を援助した。四月一七日にはアミアン、ソワッソンおよびシャンパーニュの地方長官たちに余剰穀物を購入して糧秣供給人に引き渡す命令が下された。これを受けてピカルディーでは、ベルナージュが二万袋の小麦を集めフランドルへと送った。彼らは強制徴発や管区内で集めた穀物の輸送の指揮も行っていた。このため、各地方長官は中央と連絡をとり合うだけでなく、他の地方長官とも書簡のやりとりをし、地方長官同士が直接会合を持つ例もあった。[30]

資金

地方長官たちは軍隊への資金供給にも関与していた。資金の使途は通常の場合は軍隊への支払い（俸給等）であったが、一七〇九年はこれに加え、現地での食料買付・供給用の資金も地方長官のもとに送られており、その金額は膨大なものであった。

七月一二日にベルニエールは、七月に必要な資金とその受け入れ状況の一覧表を添付した書簡を陸軍卿に送付している。[31] これによると、七月に必要な資金は一八七万リーヴルであった。その内訳は食糧供給に関する費用の合計が六七万リーヴル、[32] 部隊への支払が一〇〇万リーヴル、コンデとヴァランシエンヌ駐屯軍への支払が二〇万リーヴルであった。このうち、すでに到着や発送が確認されていた資金は八二万リーヴル。うち三七万リーヴルがパリから到着したもので、一五万リーヴルが同地から輸送途中、一〇万リーヴルがランスの造幣所より到着しており、残りの二〇万リーヴルの出発準備がランスで完了していた。

資金はさまざまな形で現地に送られた。最も一般的なものは、現金を輸送するものであったが、政府は常に十分な現金を用意することができず、一部が手形で支払われたことも多かった。五月一五日の軍事総財務官から財務総監への報告では、フランドルへ送る予定の資金五〇万リーヴルの四分の一（一二万五千リーヴル）が手形で支払われた。そして、現金での送金分より手形の利息や各種手数料が引かれた後に実際に現金で送られたのは約三五万六千リーヴルだった。(33) しかし、手形は信用力が弱く、現地の地方長官たちの評判は芳しくなかった。八月三日付の財務総監の書簡により、ベルニエールはフランドルに送金された一七万リーヴルのうち四万三〇〇〇リーヴルが手形であることを知った。(34) 彼は手形をアラスに送り、ピカルディーでの穀物の買い付けに用いようとしたが、それにベルナージュが反対した。ベルナージュは現地では穀物取引は現金で決済されており、手形は有効ではないとベルニエールに返信したと財務総監に報告している。(35) また、都市民への支払いにも手形が使用されていた。七月一八日付の書簡でベルニエールは、ドゥエイの宿屋の主人たちから嘆願書を受け取り、当地の商人たちが軍隊に供給した必需品の支払いが手形でなされることに不満を持っていると報告している。このため、彼は軍隊への支援活動がこの都市ではできなくなるのではとの懸念を表明している。(36)

借入金が直接、為替取引を利用して現地に到着することもあった。七月に政府が銀行家サミュエル・ベルナールより二〇万リーヴルの借入を行った。資金はトゥルネイへ送金されるはずだったが、敵の攻撃が始まったため、まずベルナールと取引のあるリールの銀行家ド・トラムリーに為替で送られ、彼がドゥエイの財務官に提供する手はずが整えられた。(37)

七月一二日時点で到着と送金が確認されていた八二万リーヴルのうち、ベルニエールは六七万リーヴルを食料購入に充当した[38]。この時点で食料供給のための資金を一〇〇％手当てしたことになり、軍隊への支払いのための資金は一二〇万リーヴルの必要額に対して一五万リーヴルのみが残った。食料が最優先することは道理ではあるが、繰り返されるこの種の措置のために、軍隊への給与等の支払いは滞りがちであり、それがさまざまな問題を引き起こした。七月二七日付でベルニエールは、部隊は先の冬には給与の支払いを受けておらず、今期の戦役開始後も給与を半額しか受け取っていないと述べ、これにパンの質の悪さと遅配が加わって兵士の脱走が多発していると報告をしている。彼によれば、ここ二ヵ月で軍隊への支払いのために受け取った金額は一一五万三〇〇〇リーヴルであった[39]。

軍隊への支払いの遅れや不足は地方長官や軍人たちの信用をも低下させ、その活動を制限した。すでに五月の段階で、フランドルの多くの商人が軍隊への供給を拒否していた。陸軍卿は、枯渇した将校たちの債務保証に代えて、ベルニエール自身を保証人とすることで、必需品の供給を行うように命令したが、この種の保証はすでに実施されており、それがいまだに履行されていないために、商人たちはいまやその方法を拒否し、軍隊に必需品が供給されない状況が生じていた[40]。地方長官や将校たちは自身の信用を利用して、支払いの繰り延べを求めていたのだが、一七〇九年にはそれも限界に達していた。

第三節　歴史のなかのマルプラケの戦い

戦史としての戦闘

戦史におけるこの戦いの位置づけとして第一に指摘されるのは、両軍の死傷者の多さであった。戦闘で負傷したヴィラールはル・ケノワに運ばれて治療を受けていたが、戦闘当日に国王宛に次の内容の書簡を発している。

「敵は今朝七時に陛下の軍隊への攻撃を開始してきました。ブーフレール元帥に陛下の親衛隊が配置されている右翼を任せることが適切であると判断したため、私は左翼の軍を指揮し、戦闘終了の何時間か前にそこで負傷しました。

もしも何回も気絶することがなければ、私は最後まで戦場にとどまり続けたでしょう。陛下の将軍たちとすべての兵士たちはすばらしい働きをしました。陛下の軍隊は退却したとはいえ、敵の損害に対してわが軍の損害は軽微だと知らされるでしょう。私は〔負傷しているので〕陛下にさらに詳しく述べる栄誉を得ることはできません。陛下のいとも賢明な慎重さによりここに遣わされたブーフレール元帥が、今日の戦闘についての詳細な報告書を陛下にお送りするでしょう。私はものすごい苦痛を抱えており、陛下の軍隊の栄光に対する私の熱意と情熱に見合う陛下への奉仕を行う状態には現在ありません。[41]」

翌一二日の書簡では、再び敵の損害の多さに触れた後に、「戦場にとどまっているので、敵はこの戦いに勝利したと主張するかもしれません。しかし、敵が被った驚くべき数の死者のために、陛下の軍隊は真の勝利を手に入れたのです」と述べている。[42] 同盟軍側のほうが多くの死傷者を出したことは当時より認識されており、それゆえ、戦場から退却したが決して敗北ではないという主張が戦闘直後よりなされていた。だが、モンスを救援できなかったという点では、敗北であり、そのような認識も当時から存在した。

このような戦闘の戦争への影響の考察に加え、戦史において頻出するのが作戦研究であり、勝因や敗因の分析である。来るべき戦闘の先例を示すために戦史研究が行われるのであるから、これは当然である。マルプラケの戦いの場合、すでに同時代より敗因の分析がなされていた。特に著名なのが、ベアルン連隊の副官として左翼の戦いに参加して重傷を負ったシュヴァリエ・ド・フォラーの報告であり、彼は次のように敗因を分析した。[43]

まず戦闘の時期について、彼はトゥルネイからの戦場に到着した敵部隊が攻撃準備を整える前に攻撃を行うべきであったとする。次にフォラーは左翼への敵の浸透によりフランス軍が劣勢となったとし、サールの森に十分な部隊を配置しなかったことを批判した。さらに戦闘時の問題として、敵が攻撃を開始した時点で正面に騎兵部隊を集中して攻撃を仕掛け、敵軍を二分すべきであったと述べている。以上はヴィラールへの批判であるが、彼の負傷後に全軍の指揮を引き継いだブーフレールについても戦闘時の判断を批判している。右翼を攻撃してきたオランダ軍への反撃が成功したとき、より大規模な攻撃を行わなかったことと、騎兵や竜騎兵などの予備兵力をうまく活用しなかったという点である。フォラーはブーフレールが退却したことも強く非難しており、サールの森では数で劣っている敵がその場所を放棄しようとしていたのであり、退却の必要はなかったと述べている。

このような敗因分析はさまざまになされてきたが、全体としてはヴィラールの防御的姿勢に批判が集中している。つまり、マルプラケを戦場として選択して敵の攻撃を座して待っていたことと、そこでの部隊配置が問題とされている。サン゠シモンも、防御と反撃に適していないひろく開けた地形に部隊を配置したことを批判するとともに、敵に攻撃を受ける二日前に攻撃をすべきであったと述べている。[44] 攻撃時期については、九月九日の時点ではマールバラとオイゲンの部隊の距離が開いており、ヴィラールもこれを認識していたのであるから、防御を固めずにこの日にマールバラの部隊に先制攻撃を仕掛ければ勝利することができたとの主張がある。[45] ヴィラールが陣地を構築していた一〇日には同盟軍はこれといった行動をせず、小競り合い程度の小戦闘しか起こらなかったのであり、攻撃のチャンスがあった。[46] 敵に突破された防衛戦（塹壕）を再占領し、戦闘開始時の位置を守るというフランス軍の戦術における防御的姿勢も批判の対象となった。

このようなヴィラールの方針への批判は、一九世紀末の戦史研究においてピークに達した。この時期は普仏戦争の反省もあり、防御・反撃よりも攻撃に作戦の重点が置かれていたのがその背景である。ソーテは古参兵と歴戦の将校が多数存在していたフランドル軍の状況はよかったのだから、「勝利が彼らに保証されるためには、ヴィラールやモンテスキューにとっては、このマルプラケの戦いの特色である受け身的防御を棄て去り、行動や血気、毅然として敵へと向かっていくことから形成される、わが民族の特性の衝動にのみ耳を傾けるだけで十分であった」と述べている。[47]

しかし、今日ではこの批判に与する者は少ないようである。フランス軍の早期攻撃の可能性については、イギリスの戦史研究の泰斗チャンドラーが反論を加えている。[48] 彼によれば、この攻撃を実施した場合には、ヴィラールは自軍の側面をオイゲンの部隊にさらすことになり、フランドル方面で最後の軍をそのような危険な目に遭わすことはできなかったのである。[49]また、ヴィラールによる戦場の選択と部隊の配備も、チャンドラーはマールバラの攻撃地点を限定させて敵に損害を与えるためのワナであると解釈している。[50]また、フォラーが指摘した騎兵を集中させて突撃する作戦についても、これは他の戦闘の報告や評価には存在せず、同時代の作戦研究でも述べられていない特異なものであった。[51]

戦闘の衝撃と情報収集

マルプラケの戦いでの敗北は地方長官たちにも大きな衝撃を与えた。戦場の南東二〇キロメートルほどに位置するモブージュでは、ドウジャが一一日付の書簡でモンス方面で大砲や銃の音が聞こえると述べ、戦闘の帰趨に対する懸念を述べた。[52]戦闘後、ベルニエールはル・ケノワに移動し、一二日にヴォワザンに直筆で書簡を送った。そこで彼は、退却により補給が混乱していることや病院や追加の軍隊が必要なことを述べている。[53]

地方長官たちは管区内の戦闘状況や軍隊の動きを逐一陸軍卿や財務総監に報告していた。たとえば、七月二八日にトゥルネイの都市部が陥落した時には、ベルニエールが翌日に、その旨を陸軍卿と財務総監に報告している。[54]また、地方長官たちは敵部隊の行動についても報告を行っていた。戦闘直前の敵軍の動きについては、ドウジャが九月五日から七日にかけて、モンスへと向かう敵軍と自軍の動きを報告している。[55]さらに、地方長官たちはより広範囲な情報収集活動を行っている。九月二五日のベルニエールの報告では、アムステルダムにいる彼の配下の手紙が添付されている。そこでは戦闘での敵軍の損害の多さが報告されていたが、ベルニエールはこれに対して、敵はいまだに多くの資源を有しているので、敵の損害を過大評価することは危険であるとの分析を加えている。[56]

陸軍卿も情報提供者として地方長官の能力を評価しており、さまざまな情報提供を求めている。特にマルプラケの戦いの終了後には、地方長官に対して負傷者の情報を送るよう要請している。戦闘の情報がもたらされた一二日にはすでに、陸軍卿はベルニエールに対して負傷した将軍についての情報を求めており、一八日の書簡では近衛部隊の負

傷者への注意を喚起し、二八日の書簡では連隊ごとの死傷者数の一覧表を送るように命令している。(57)

戦闘と負傷兵

戦闘により大量に発生した負傷者への対処も大問題だった。王権は一七〇八年一月の王令で、傷病兵の問題に対処するために、全国の主要都市や主な部隊に医師と外科医を配置することを決定し、前線の五〇の都市と要塞に各一人の医師と外科医を置き、これに加え、四つの方面軍および八八個の歩兵連隊、四八個の騎兵連隊、一五個の竜騎兵連隊および八個の近衛兵中隊に各一人外科医を配置することが定められた。(58) 戦闘の勃発に備えて、これらの医師たちを利用して軍隊の近くに病院が設置された。マルプラケの戦いの前日の報告で、ベルニエールは軍隊の至近に多くの病院を設置したことを報告している。(59)

しかし、戦闘による負傷者はこのような措置では対処できないほど膨大であった。ベルニエールは一二日の書簡で病院の必要性を指摘し、(60) 一四日の書簡でもカンブレーやル・ケノワに新たな病院を設置せねばならないこと、病院の請負業者や病院の聖職者たちに一万エキュを分配したが不十分で、より多くの金銭が必要であると述べている。(61) さらに彼は一五日の書簡で外科医の増員と古布や包帯を陸軍卿に要求した。(62) これに対して、ヴォワザンも一三日の書簡で早々に、八人から一〇人の外科医を派遣すると述べている。(63)

エノーの場合には、戦場に近いモブージュに負傷兵たちが運ばれてきたが、ドゥジャは一六日に、管区内のシャルルロワ、ナミュールおよびサンブル川とムーズ川のあいだの諸村の外科医をモブージュに派遣し、サンブル川を利用してナミュールに二百人の負傷者を輸送したと陸軍卿に報告し、陸軍卿も二〇日付の返信でこの行いを賞賛している。(64) 負傷者は、アラスにも搬送されたようである。一二日の書簡で、ベルナージュはアラスにはすでにドゥエイの軍務官ル・ロワが回してきた千〜千二百人の病兵や負傷兵がおり、前日の戦闘の結果さらに同数の負傷者がアラスに送られるであろうと述べ、ここでも病院の請負人は仕事を投げ出す寸前であり、資金の提供が必要であると訴えている。(65)

戦闘と後方支援

戦闘へと至る展開やその結果は、地方長官たちの後方支援任務にも大きな影響を与えた。特に七月二八日にトゥルネイの都市部が陥落した後、両軍が東へと展開していく過程で、軍隊への補給品の輸送は困難をきわめた。八月三〇日にベルニエールは、軍隊への食糧供給は現時点ではなんとか維持されているが、予期せぬほどの速さでの部隊の移動に対して危惧を抱いていた。[66] この危惧はトゥルネイの要塞部が陥落した九月三日以降、現実となった。部隊の移動に対処するために、陸軍卿は九月六日付の書簡で、敵がリュクサンブールやロレーヌ方面へと移動する場合には、シャンパーニュの地方長官アルイと連絡を取り、彼が集めた穀物を使用してムーズ川上流域で補給を行う準備をするようにベルニエールに命じている。[67] この時期、補給物資の東への移動が焦眉の急であり、ベルニエールもそれを十分に理解していた。彼は六日付の書簡で、ベルナージュに対して管区内のすべての穀物と粉をヴァランシエンヌとル・ケノワに輸送するよう連絡したが、陸軍卿からも重ねて指示してほしいと要請している。[68] さらに戦いの前日の報告でも部隊の移動の速さに触れており、敵の進出によりブラバント方面とサンブル川方面からの穀物輸送が不可能となったことと、モブージュとの連絡線が切断されたために、食糧補給は混乱をきわめていると述べている。[69] 移動する部隊が接近してきたエノーでは、ドゥジャの指揮のもとでパンの焼成までが行われ、部隊に供給されていたが、これも混乱に巻き込まれた。彼は九日付の書簡で、モブージュに六万食のパンがあるが、軍隊の位置がはっきりしないために、ベルニエールから輸送の時期と場所に関する情報が届くのを待っていると報告している。[70]

このため、補給問題が作戦に支障をきたす例もあった。八月末に同盟軍がオイゲンの部隊を迅速に東に展開させたとき、ヴィラールはリュクサンブールの部隊をさらに東へと展開して、これに対処しようとした。しかし、ヴァランシエンヌとコンデで小麦粉が枯渇しており、部隊がそこよりパンの補給を受けることができなかったために、ヴィラールは数日間を無駄にして敵の移動に対処できなかった。[71] 同盟軍より早く右翼に展開して先制攻撃を行うべきであったとの主張は、補給の面を考慮すると実現性に欠けるものであった。

マルプラケの戦いが終了すると部隊の退却に対応した支援が必要となった。ベルニエールはル・ケノワに移動して軍の露営地との間を往復して事後処理に従事した。彼はパリを八日に発った二〇万リーヴルを利用し、負傷した中隊長には四〇リーヴル、下位の将校には一〇リーヴルを支給した。[72] また、二六日の報告ではオランダで捕虜となっている将校の交換費用の二万五〇〇〇リーヴルについて触れており、[73] 戦闘はフランドル方面軍の出費をさらに増加させた。食料に関しては、部隊の移動に合わせて供給ルートが変更された。ファルジェとともに穀物の買付を行っているジロが一〇月までに四千袋の穀物を買い付ける予定だったが、陸軍卿はそれらの集積地としてディナン南方のジヴェを指定した。[74] 戦況の悪化を危惧して、安全性の高い東南のムーズ川沿いの都市が選ばれたのである。

戦闘後の混乱した状況のもとで、他の管区の地方長官たちはベルニエールへの支援に努めた。アラスでは一二日の時点ですでに、戦闘の結果と危機的な状況に関する連絡がベルニエールより届いており、ベルナージュは財務総監と陸軍卿に宛てて事態への対処について報告している。[75] その内容は、アラスに残っていた千四百余袋の小麦粉をル・ケノワとヴァランシエンヌに向けて送付、ソワッソンの地方長官ドルメッソンに使者を急派し、そこに残っている千二百袋のブルターニュ産小麦の輸送を急がせる、[76] アミアンとペロンヌにある千〜千二百袋の小麦を迅速に上記二都市に送付、ピカルディーで強制徴発を行っている大麦粉の供給の督促、などであった。また、ベルナージュは一五日にブーフレール元帥から管区内の食糧を速やかに送るよう要請されており、これへは現在手元の穀物はほとんどなく、サン・ヴナンに到着予定のブルターニュからの小麦を待っていることと、ピカルディーとソワッソンでの大麦と雑穀の強制徴発（各二万袋）の見通しについて返信している。[77] この後もベルナージュは精力的に穀物を収集し、フランドル方面軍を支援し続けた。

ソワッソンでは一四日付の書簡でドルメッソンがアラスに送る一万袋の大麦の強制徴発命令を通達し、できる限り迅速にさせるが、収穫がまだ終わっていない地域もあるので、送付には三週間程度が必要であるとベルナージュに連絡したと述べている。その後、ベルニエールからドルメッソンに要請があり、これらの穀物はアラスではなく直接カンブレーかル・ケノワ、あるいはヴァランシエンヌに送付されることとなり、ドルメッソンは二四日の財務総監宛の書簡で、九月末には約半量を送付できる見込みだと述べている。(78)

エノーでは一三日に五万食のパンを積んだ五〇台の馬車がモブージュを出発し、ル・ケノワに向かった。(79) エノーからの補給に関して、陸軍卿は一四日の書簡で、サンブル川を下りモルマルの森の縁を通ってル・ケノワに至る経路をとるよう命令し、一六日にはパンの輸送用としてジヴェとランドルシーとの間で穀物を輸送中の百台の馬車をパンの輸送用に差し向けると伝えている。(80) 陸軍卿の期待を受けドウジャは一三日から一六日までに一一万食のパンと三百袋の穀物をル・ケノワに運び、その後もパンや穀物の供給を続けた。

戦闘と将兵

戦闘とそれを遂行した軍人との関係はどうだったのだろうか。将軍たちにとっては、戦闘での功績と自身の栄達が密接に関連していた。この戦いでは、軍を指揮した二人の将軍のあいだで、戦闘後の帰趨が大きく左右した。

ヴィラールの負傷後に全軍を指揮して整然と撤退を行い、フランス軍の損害の拡大を食い止めたブーフレールであったが、この行為が高く評価されることはなかった。モンスの攻略戦後、彼は一一月一二日に国王が滞在していたマルリー宮に赴いた。朝方に到着した彼はルイ一四世に面会を求め、許されると王の部屋で二人は再会した。(81) この日は午前一〇時にバイエルン選帝侯が訪問し、狩猟や祝宴が催されるなど、多忙な一日であったが、それでも元帥に対する国王の扱いは、重要な戦闘を戦い抜いて帰還した将軍へのものとしては礼儀を欠くものであり、明らかに国王はブーフレールに対してある種のわだかまりを持っていた。そして、マントノン婦人や王太子が二人を仲介しようとしたが、無駄だった。(82)

サン-シモンは、ブーフレールの戦闘での行為を高く評価しており、(83) 彼に対する国王のこのような扱いを「嫌気と失墜」と評している。彼によれば、主たる敗因はヴィラールによる軍の配置で、彼が負傷する前に戦闘の帰趨はすでに決まっていた。しかし、ヴィラールは彼の偶然の負傷とその後のブーフレールの指揮に敗因を求め、モンス攻略戦での敗北なども批判して、国王にブーフレールの軍人としての能力への疑義を抱かせ、同時に自身の評価を高めようとしたのだった。(84) ブーフレールとの親交が篤く、ヴィラールを嫌っていたサン＝シモンのこの分析をそのまま鵜呑みにはできないが、ブーフレールへの関心の低さに比べ、宮廷のヴィラールへの評価は非常に高かった。九月一九日には王はヴィラールをペール・ド・フランスに叙任した。(85) ル・ケノワで静養していたヴィラールは、頻繁に自身の健康状態に関する書簡を国王や親しい貴族たちに送っていたが、九月二七日に膝に膿がたまり、病状が思わしくないとの手紙が国王に届くと、国王は自身の第一外科医であるマレシャルを翌日の夜明けに彼のもとに派遣することを命じた。この処置が功を奏して回復したヴィラールは、一一月一三日にパリの館へ帰り、二〇日にヴェルサイユに国王を訪れた。国王は彼に気を遣い、以前よりも快適なコンティ公のアパルトマンを彼に与えた。(86)

戦いの英雄となることをヴィラールがどの程度意図していたのかはよくわからない。しかし、彼は手紙などによる自己主張を常に欠かさず、それが二人の評価の差に影響を与えたのは確かであろう。先に引用した一一日付のヴィラールの書簡は負傷した状況での短い手紙であるが、主に自分自身のことについてしか述べていない。これは翌日に書かれたやや長い書簡でも同様であり、敵の死傷者や奪った軍旗の多さを指摘し、自己を正当化する内容となっている。これに対して、一一日に書かれたブーフレールの書簡は、まずヴィラールの負傷やその作戦や命令の正しさに触れるなど、彼に配慮したものとなっている。(87) また、代理の司令官としてブーフレールが派遣されることを九月二日に知ったヴィラールは、元帥職の先任であるブーフレールが自分に代わって指揮権を行使することを懸念し、ヴォワザンに即座に返信して指揮権はあくまでも自分にあることを確認している。(88) 実際にはブーフレールは自身の指揮権をまったく主張せず、ヴィラールの指揮下に入ったために、彼の懸念は杞憂であったが、このことはヴィラールの自身の地位への固執をよく示している。

このように、戦闘での軍人への行動が客観的に評価されていたわけではなかった。しかし、戦闘への参加やそこでの功績の主張は、将軍たちにとっては軍隊や宮廷でのみずからの地位の形成に大きな影響を与えていたのだった。

日常的な部隊の維持が課せられた将校たちにとっては、最も深刻だったのが戦闘による損害であった。ピエモンテ連隊の中隊長であったシュヴァリエ・ド・キンシーはマルプラケでは右翼に布陣し、オラニエ公の指揮する部隊と戦ったが、回想録のこの年の締めくくりの部分で次のように述べている。「私は今年の戦役の間に中隊の兵士のほとんどを失い、失った兵士たちの大部分はマルプラケの戦いで殺されたのだった。そのため、私は国王が私に派遣してくださった一〇名の者とともに、中隊を定数にする努力をせねばならなかった」。彼にとっては、マルプラケの戦いは自身の中隊の経営にとっての痛手であった[89]。

では、末端で戦闘に参加した兵士たちはどうだったのだろうか。多くの者たちは戦いの後に軍曹や伍長に昇進した。また、負傷兵にとっての最大の報いは廃兵院への収容であった。負傷の程度や勤続年数、戦闘での所属連隊の働きなどが考慮されて収容が決定されたが、この戦いでの収容数は四〇六人だった。負傷者の生存率が約三分の二だとするチャンドラーの推計を使用すると、約六千〜七千の負傷者の生き残りが四千〜四千五百人となり、廃兵院への収容率は一〇％程度となる[90]。

戦闘と社会

戦闘は当時の社会にどのような影響を与えたのだろうか。戦場の住民たちの存在やその戦闘による直接的な損害については史料が存在しないためによくわからない。

王権は一六八八年より国王民兵制を導入して正規軍の兵力不足を補完しようとした。スペイン継承戦争では召集された全民兵が正規軍に編入され、戦争の期間、全国で約二六万人が招集された[91]。マルプラケの戦いでの損害が民兵の召集数に影響を与えたとは断定できない。一七一〇年の民兵召集王令はこの戦闘の前日、九月一〇日にすでに公布されており、召集数も全国で一万七〇五〇人と前年とほぼ同数であった。だが翌年には、一七一〇年八月一日王令で二万二九〇〇人の召集が定められた後、翌年一月二〇日の王令でさらに一万六〇〇〇人の召集が定められている。この戦闘との直接的な影響関係は推定できないが、戦局の悪化は住民に対する兵役の負担を確実に増加させた[92]。また、一七一〇年には新税である王国一〇分の一税が導入されており、戦況の悪化は臣民の経済的負担も増加させた。

また、戦闘は前線の地方にさまざまな負担を引き起こした。八月三一日にダンケルクの地方長官ル・ブランは管区内のニエップの森でサン・ヴナンやエールの防衛用に樹木が伐採されており、被害が出ていると財務総監に報告している[93]。彼は現地にフランドルの森林総監テルランを派遣して調査を実施させると述べた後に、「現状では諸事を規則どおりに行うことができないのは明らかです。しかし、多くの者たちがそこから利益を得ようとするような全般的な混乱は避ける必要があると信じています」と述べ、戦乱による社会の被害を認め、それに乗じて利益を得ようとする者たちが存在することを示唆している。

都市民にとっては、軍隊の駐屯の弊害も大きな負担であり、地方長官にとっても深刻な問題であった。この年の二月にはトゥルネイで駐屯兵による略奪事件が発生している[94]。ヴァランシエンヌにいたベルニエールは一九日に現地より報告を受けた。それによれば、一八日の夜七時に、サン・ジャンの兵舎に駐屯していた兵士と騎兵が二軒のパン屋を略奪し、それを発端として兵士たちと衛兵とのあいだで銃撃戦が発生した。銃撃戦はほどなく終了し、翌朝には警備体制が強化されて混乱は収束するとの見解が示された。しかし、二〇日付の現地からの報告では、略奪はさらに拡大して多くの肉屋やパン屋が兵士たちに襲われた。現地の官僚や軍人の分析では、原因は部隊への俸給の未払いであった。地方長官もその認識に与して、支払いの一部でも実施するために、借入をすべきであるが信用が枯渇しているので難しいと二〇日付の書簡で報告している。結局この略奪は三日間続いた。また、戦闘地域周辺での略奪行為も住民にとっては深刻な問題であった。ドウジャは九月九日付の書簡で、敵の軽騎兵により多くの村が略奪を受けており、サンブル川とムーズ川との間で略奪行為を止める方策がないことを報告している[95]。

軍隊への食糧供給に反対して住民が蜂起する例もあった。六月には穀物の強制徴発の実施を契機として、多くの都市で住民による騒擾が発生した。五月二三日に届いた王令により、アミアン徴税管区は小麦とライ麦を混合したもの一万五千袋を徴発することが定められた[96]。ベルナージュは五月三〇日付の書簡ではアラスで騒擾が発生したことを報告している。それによると、強制徴発に反対して武装した女性たちが糧秣供給人の事務所を取り囲み、町の街路を駆け回ってこの任務に従事している者への怒りを表明しつつ、自分たちのパンが奪われていることが耐えられないと叫んでいた[97]。この騒擾は次にカンブレーに飛び火し、六月三日付のベルニエールの財務総監への報告では、六月一日に住民たちが騒擾を起こし、鎮圧にはヴィラールによる部隊の派遣が必要となった[98]。さらに六月六日には、ヴァランシエンヌで武装した女性たちが貯蔵庫を押し破る事態が発生している[99]。

カンブレーとヴァランシエンヌの事件に際して、ベルニエールは一方では軍隊の護衛を強化し反抗する者を厳しく罰するべきであると述べているが、他方で餓死に直面している住民たちの厳しい状況への理解を示している。この時期の強制徴発は、穀物所有者全員にその量の申告を課した四月二七日の王令を受け[100]、余剰穀物の徴発を企図したものであり、都市の一般住民より徴発するものではなかった。しかし、都市民にとっては軍隊への供給目的に都市から穀物が搬出されることは、自身の生命に対する危機と映ったのだった。

戦闘と政治

王権にとって戦闘の勝利は自身の栄光を宣伝する絶好の機会であり、ルイ一四世治世下では戦勝を描いたアルマナなどの版画が大量に制作され、市中に出回った。しかし、マルプラケの戦いをテーマとしたアルマナは存在せず、この戦いは王の栄光を高めるためのイマジネールとして機能しない、敗北であった。だが、この戦いは活字文化や国際政治に向けてのメッセージの対象とはなった。たとえば、政府系の雑誌の『ガゼット』や『メルキュール・ガラン』では戦いについての記事が各種掲載され、フランスの「勝利」が主張された。

『ガゼット』では九月二一日号に一四日付のヴァランシエンヌ発の記事が掲載された。ここでは八日の軍隊の動きから戦闘の状況が描写され、数で勝っていた敵が一万二千人の死者とそれ以上の負傷者を出したのに対し、フランス側の損害は六千から七千人と格段に少なかったことを強調し、味方部隊の活躍について触れている。続く九月二八日号では二〇日付のブリュッセルからの記事で、フランスが撤退したという同盟軍側の評価に対し、フランス軍は秩序だった撤退を行ったと反論している。さらに敵の死傷者の多さを強調し、死傷した敵側将軍を列挙した。また同号の二一日付のリュエヌのキャンプからの記事では、フランス軍は健在でありヴィラールの症状も良好であると書かれている。この後、一〇月五日と一二日の号でもブリュッセル発の記事として、ブリュッセルとその周辺の同盟軍占領下の諸都市に負傷者が続々と運ばれてくることを報じ、敵の損害の多さを伝えている。

『メルキュール・ガラン』では九月号が約一四〇頁をこの戦いの記事にあてている。ここでは戦いへの参加者の報告を集成するかたちで記述が進められ、その中心は一三日付のブーフレールの国王宛書簡であった。前出の『ガゼット』を含め、六編の戦闘報告が掲載された後に、将軍たちの働きが賞賛されている。最後の部分で同盟軍の戦闘報告に触れ、そこでは損害が過小評価されていると批判を加えている。

また、外務卿コルベール・ド・トルシによるプロパガンダ政策でもこの戦いが取り上げられた。『スイス人の手紙』という形式で行われていたプロパガンダの系列として、ジュネーヴの都市役人からアムステルダムの都市役人への手紙が捏造され、それが印刷されて主にオランダで配布された。[101] ここでは、フランスは戦いで疲弊しておらず、その資金もまだ豊富であり、オランダでの資金難や食糧不足の報道を信用してはならないことが述べられている。

フランス側の主張に対して、同盟側も戦闘におけるみずからの勝利を主張していた。オランダで発行されているフランス語新聞『ガゼット・ダムステルダム』では、同年の七四号から八三号にこの戦いに関する記事が掲載されている。ここでは逆にティリーやマールバラ、オイゲンなどの同盟軍の将軍の書簡や報告が掲載されるとともに、一三日付のブーフレールの書簡や『ガゼット』の記事なども掲載され、これへの批判が加えられた。[102] 和平交渉などを背景とし、戦闘は各国のプロパガンダの格好の題材となっていたのである。

イギリスでは、マルプラケの戦いは実際の政治にも少なからぬ影響を与えた。この時期にはホイッグとトーリが熾烈な党派抗争を繰り広げていたが、この戦いでの大規模な損失は、講和を求めるトーリの攻勢を強め、翌年の主戦派大蔵卿ゴドルフィンの失脚と総選挙でのトーリ圧勝の一因となった。また、この政局の転換により、マールバラは政府の支持を失った。一七一〇年と一一年の戦役でめだった成果を示さなかった彼は、一一年に公金横領のかどで告発、解任された。翌年、彼は亡命を余儀なくされてイギリスを離れ、大陸各国を遍歴した。その後、イギリスでの政情の変化を受け、一七一四年八月一日に帰国を果たした。この日にちょうどアン女王が死去し、次の国王ジェームズ一世によりマールバラは軍職に復帰するが、以前ほどの政治的影響力は持ち得なかった。一七一六年五月にはマールバラは発作を起こし、事実上の引退状態となり、一七二二年に七二歳でその生涯を閉じた。

おわりに

以上、マルプラケの戦いをめぐる状況について考えてきた。ここで見えてきたのは、当然のことであるが戦闘と国制・社会などとの密接な連関であった。この時期の戦闘はすでに大量の兵士の動員が行われ、後方支援体制の整備が求められた。すでに戦争は軍隊のみで行われるのではなく、補給や負傷者の処理など、ある程度地域との協力が必要となっており、官僚機構による支援も必要不可欠であった。その意味で、補給などの支援体制の状況が作戦行動の結果を左右する可能性があった。逆に、戦闘や作戦行動は、地域社会にさまざまな影響を与えるとともに、国内政治や国際関係にも大きな影響を及ぼした。特に戦闘の指揮官となった大貴族にとって、戦闘結果は自身の宮廷内での地位の変化と密接に関連していたのだった。

官僚たちについてみれば、彼らは厳しい条件のもとでその職務の遂行に尽力し、ある程度の成功を収めた。特に戦闘前後に部隊が急速に移動したとき、彼らは中央や他の地方長官と緊密に連絡を取りつつ、補給物資が供給されるよう努力した。このほか、負傷兵への対応や穀物の購入の指示・監督、各種情報収集など、この時期の前線の官僚たちは戦争遂行に対して欠かせない存在となっていたのだった。

最後に軍事革命論との関係を考えてみよう。軍事革命の概念は一九五五年に行われたマイケル・ロバーツの講演に端を発する。[103]ロバーツは自身の研究領域であるスウェーデンを対象として一五六〇年から一六六〇年にかけての戦術や戦略、戦争の規模の変化とそれらの社会に与えた衝撃を「軍事革命」と定義した。彼は新たな戦術に対応したスウェーデン軍の形成は三〇年戦争でかの国にめざましい勝利をもたらし、絶対主義国家の形成を助長したと結論づけた。また、この議論を受けて、ジェフリー・パーカーは戦術の変化としてイタリア式築城術を強調するとともに、よりグローバルな視野で、この革命により西欧世界の優位がもたらされることになったと述べている。[104]ジェレミー・ブラックによる修正もあるが、[105]この議論は学会である程度の市民権を得ていると言えよう。

そこで、軍事革命の時期とそれにより絶対主義国家の形成が助長されたとの議論と、本章の内容との関係を述べてみよう。軍事革命により膨大になりつつある戦費をまかなうために、徴税機構をはじめ官僚制が整備されたとの議論は説得力がある。しかし、本章で扱った地方長官の制度が本格的に整備・展開されるのは一六五三年にフロンドの乱が終了し、一六六一年にルイ一四世の親政が開始された後であることを考えれば、一六六〇年までを軍事革命の時期とすることには疑問が残る。また、マルプラケの戦いは、パーカーが強調するイタリア式築城術を基盤とする攻城戦ではなく、両軍が移動を行いつつ平坦な場所で遭遇した機動戦であった。マールバラとヴィラールもスペイン継承戦争中のドイツでの戦役で機動戦を経験しているが、本章の対象であるフランドル地方ではこのような戦いは稀なものであった。しかし、地方長官たちは経験が少ない事例に対してある程度対応することができた。この意味では、地方長官に代表される官僚制は、軍事革命の結果というよりはむしろ前提であると考えることも可能であろう。もちろん両者は相互依存的に発展するものであり、一方的な影響関係を主張することには意味がない。今後は、本章での分析のように、具体的な事例を積み上げて、軍事革命論について議論することが必要となろう。

註

（1）André Corvisier, *L'armée française de la fin du XVIIe siècle au ministère de Choiseul, Le soldat*, Paris, 1964.

（2）Jean Chagniot, *Paris et l'armée au XVIIIe siècle, Etude politique et sociale*, Paris, 1985, Jean-Luc Quoy-Bodin, *L'armée et la franc-maçonnerie: au déclin de la monarchie sous la Révolution et l'empire*, Paris, 1987, Jean-Pierre Bois, *Les anciens soldats dans la société française au XVIIIe siècle*, Paris, 1990. など。軍人による研究としては、軍事史料館の館員を務めたボディニエ氏の一連のプロソフォグラフィー研究、Gilbert Bodinier, *Les officiers de l'armée royale combattants de la guerre d'indépendance des Etats-Unis de Yorktown à l'an II*, Vincennes, 1983, Id., *Les gardes du corps de Louis XVI*, Versailles, 2005. や François Bonnefoy, *Les Armes de guerre portatives en France, du début du règne de Louis XIV à la veille de la Révolution*. Paris, 1991. などがある。

（3）エコノミカ出版社より、「戦役と戦略コレクション」というシリーズが出版されており、ルイ一四世期の戦闘を扱ったものとしては、以下の作品がある。Gérard Lesage, *Denain (1712), Louis XIV sauve sa mise*, Paris, 1992, André Corvisier, *La bataille de Malplaquet 1709, L'effondrement de la France évité*（以下、Corvisier, *Malplaquet* と略）. Paris, 1997, Henri Pigaillem, *Blenheim 1704, Le prince Eugène et Marborough contre la France*, Paris, 2004, Bertrand Jeannougin, *Louis XIV à la conquête des Pays-Bas espagnols, La guerre oubliée 1678-1684*. 英語圏のものでは、John A. Lynn, *The Wars of Louis XIV 1667-1714*, Edinburgh, 1999（以下 Lynn, *Wars of Louis XIV* と略）などがある。

（4）同盟軍側の兵力は約二〇万人だった。John A. Lynn, *Giant of the Grand Siècle, The French Army 1610-1715*, Cambridge, 1997, pp. 41-8.

（5）以下、戦いの推移については De Vault (éd. par Pelet), *Mémoires militaires relafits à la succession d'Espagne sous Louis XIV*, t. IX, Paris, 1855, Corvisier, *Malplaquet*, Lynn, *Wars of Louis XIV*, David Chandler, *Marlborough as Military Commander*, Staplehurst, 1973 を参照。

（6）ここまでに陥落した都市は、ルーヴェン（五月二五日）、ブリュッセル（二六日）、ヘント（三〇日）、アールスト（三〇日）、オウデナルデ（六月三日）、ブルージュ（三日）、アントウェルペン（六日）、メーネン（八月一八日）、デンデルモンド（九月五日）、アト（一〇月二日）などだった。

（7）要塞の多くは都市に隣接する形で建設されていた。このため攻城戦ではまず、都市部の攻防が行われ、それが陥落すると防御側は要塞に立てこもり、さらに攻防を続けた。当時の戦術については、Geoffrey Parker, *The Military Revolution, Military Innovation and the Rise of the West, 1500-1800*, Cambridge, 1988（大久保佳子訳『長篠合戦の世界史――ヨーロッパ軍事革命の衝撃　一五〇〇～

一八〇〇年』同文館、一九九五年）を参照。

（8）一七〇九年一月六日に寒波が到来した後、並はずれた寒さが三月末まで続き、小麦の生育が壊滅状態となった。そのため穀物価格が高騰し、生活の危機を引き起こした。これらの影響は戦争の前線であった北部や東部においてとりわけ顕著であった。Marcel Lachiver, *Les années de misère, La famine au temps du Grand Roi*, Paris, 1991.

（9）彼は国王の補給への関心の薄さに触れ、軍隊では一日に千二百袋（約二四〇トン）の小麦が必要であり、金銭なしでも少しは戦えるが、パンなしでは戦えないと述べている。Melchior de Vogüé (éd.), *Mémoires du Maréchal de Villars*, t. 3, Paris, 1889, pp. 42 et 47.

（10）当時の軍隊の編成や軍隊行政の概要については、拙稿「ヨーロッパ最強陸軍の光と影――フランス絶対王政期の国家・軍隊・戦争」阪口修平・丸畠宏太編『近代ヨーロッパの探求　軍隊』ミネルヴァ書房、二〇〇九年所収を参照。

（11）戦時には、連隊を分割した大隊（騎兵の場合には中隊）が部隊運用の単位となった。

（12）トゥルネイの要塞陥落間近の八月三〇日に、ヴィラールは軍隊の状況と今後の防備計画に関する詳細な報告書を国王に送っている。また、戦いの前日の九月一〇日には、自軍の配備が完了した旨を書き送っている。Vault, *op. cit.*, pp. 338-345.

（13）Daniel-François Voysin (1654-1717)　一六五四年に法服貴族家系に生まれ、パリ高等法院評定官（一六七四年）、訴願審査官（一六八三年）就任後、一六八八年にエノー地方長官に就任した（九八年まで）。その地で戦争の支援を実施したため、彼は軍隊や戦争に関する知識が豊富だった。以下、官僚の経歴については、Michel Antoine, *Le gouvernement et administration sous Louis XV*, Paris, 1978、安成英樹『フランス絶対王政とエリート官僚』日本エディタースクール出版部、一九九八年。

（14）陸軍卿設置の目的は、大規模化した部隊への補給や宿営など、従来の軍事組織では対処できないことの処理であった。移動経路など支援任務に関連して彼が作戦について意見を述べることがあっても、陸軍卿には部隊の指揮権はなく、将軍たちとの役割分担ができていた。拙稿「フランス絶対王政期の軍隊行政」『歴史学研究』六五〇号、一九九三年。

（15）*L'état de la France*, Paris, 1708, t. 3, pp. 36-7.

（16）Charles Etienne Maignard de Bernières (1667-1717).

（17）Louis de Bernage (1663-1732). 大評定院評定官（一六八七）、訴願審査官（一六八九）、リモージュ地方長官（一六九四-一七〇二）、フランシュ-コンテ地方長官（一七〇二-〇八）、アミアン地方長官（一七〇八-一八）、ラングドック地方長官（一七一八-一七二五）。

（18）Jean Charles Doujat (1653-1726). メッス高等法院評定官（一六八〇）、大評定院評定官（一六八六）、訴願審査官（一七〇一）、ポワティエ地方長官（一七〇五-〇八）、エノー地方長官（一七〇八-二〇）、ムーラン地方長官（一七一九-二三）。

（19）財務総監への報告は国立文書館 Archives nationales（以下 A. N. と略）, série G^7 に、陸軍卿へのそれは防衛省戦史室 Service historique de la Défense（以下 S. H. D. と略）, série A^{1} にまとめられている。地方長官は必要に応じて、同内容の書簡を両者に送付したり、複写をもう一方に送付したりしていた。たとえば、一七〇九年四月一四日にベルナージュは、軍隊への小麦の買い上げにより、アブヴィルやサン・トメールなど管区内の都市で騒擾が発生していることを財務総監（AN, G^{7} 1638 n° 178）と陸軍卿（S. H. D., A^{1} 2157, n° 133）に同文面で報告している。

(20) 概要については、拙稿「フランス絶対王政期の軍隊と社会」『駒澤大学文學部研究紀要』第九八号、一九九八年を参照。

(21) たとえば、一七〇六年一一月一〇日に、陸軍卿シャミヤールとラクールとのあいだで、翌年のフランドルおよびドイツでのパンの供給契約が結ばれている。これによると、戦役期間の六ヵ月（一八四日）で、フランドル方面軍には一食あたり二六ドゥニエで一日に一〇万九千食を供給し（六ヵ月で二〇〇五万六千食）、ドイツでは一食あたり三一ドゥニエで一日に九万二千食を供給する（六ヵ月で一三二四万八千食）ことになっていた。合計金額が三八八万三九三三リーヴル六ソル八ドゥニエとなり、これに馬の費用や雑費を加えて、総契約額は五一三万四五九〇リーヴル六ソルとなっている。A. N., V^{7} 242, n° 299.

(22) J. -É. Iung, *Service des vivres et munitionnaires sous l'Ancien Régime: la fourniture du pain, de munition aux troupes de Flandre et d'Allemagne de 1701 à 1710*, Paris, École nationale des chartes (thèse dactylographie), 1983, pp. 226-233. 最終的には一七一〇年九月二三日の国王諮問会議裁定で、糧秣供給人には、袋と製粉、製パンおよび部隊までの輸送経費として、一食につき一二ドゥニエ支払うことが定められた。A. N., E 820^{b}, n°s 212 et 213.

(23) Bernières à Voysin, le 7 juillet 1709. S. H. D., A^{1} 2154, n° 194.

(24) Bernières à Voysin, S. H. D., A^{1} 2154, n° 267.

(25) 八月一一日の報告では、彼は前週に届いた資金のうちの一〇万リーヴルをファルジェに送り、それによりファルジェは五千～六千袋の小麦を購入した。ベルニエールは小麦をドゥエイ、ヴァランシエンヌおよびカンブレーに送付するよう指示している。Bernières à Voysin, S. H. D., A^{1} 2154, n° 255.

(26) Bernières à Voysin, S. H. D., A^{1} 2154, n° 194.

(27) Voysin à Bernières, le 3 août 1709, S. H. D., A^{1} 2154, n° 239.

(28) Bernières à Voysin, S. H. D., A^{1} 2154, n° 243.

(29) ピカルディー、ソワッソンおよびシャンパーニュの三地方で、秋の戦役や冬営のために、八万袋（一袋の重量は二〇二リーヴル）の大麦の徴発が命令されている。

(30) 一七〇九年一〇月には、前線の露営地に滞在していたベルニエールのもとにベルナージュとドゥジャが訪れ、冬期の補給や冬営に関する協議を行った。そこでまとめられた意見をメモワールとして連名で陸軍卿に送付している。S. H. D., A^1 2154, n°s 312–314.

(31) Bernièeres à Voysin, S. H. D., A^1 2154, n°s 198–201.

(32) ファルジェによる穀物買付費用が二〇万リーヴル、食糧輸送に一五万リーヴル、三人の地方長官（アラス、エノー、ダンケルク）への分配金が一二万リーヴル、メーグルモンによる買付費用が四万リーヴル、ベテューヌでの六千袋の穀物購入費が一〇万リーヴル、パンを焼くかまどの費用が一万リーヴルなど。

(33) Mongelas à Desmaretz, A. N., G^7 1784, n° 301. 手形は一七世紀末に貨幣の改鋳が繰り返された際に、新貨幣の発行が間に合わず、一時的に紙の貨幣が発行されたことに端を発し、一七〇一年には年利四%で発行される手形となった。一七〇三年には利率が八%に上昇し、その翌年からは"billets de monnaie"という名称で国家の支出のために大量に発行された。一七〇六年一〇月の発行残高は一八〇万リーヴルであったという。François Bluche (dir.), *Dictionnaire du Grand Siècle*, Paris, 1990, pp. 1050–1051.

(34) Bernières à Voysin, le 11 août 1709, S. H. D., A^1 2154, n° 254.

(35) Bernage à Voysin, le 10 août 1709, S. H. D., A^1 2158, n° 17.

(36) Bernières à Voysin, S. H. D., A^1 2154, n° 214.

(37) Bernard à Desmaretz, le 19 juillet 1709, A. N., G^7 1121, Bernières à Desmaretz, le 28 juillet 1709, A. N., G^7 263, n° 411.

(38) Bernières à Voysin, le 12 juillet1709, S. H. D., A^1 2154, n° 202.

(39) Bernières à Voysin, S. H. D., A^1 2154, n° 222.

(40) Bernières à Voysin, le 25 mai 1709, S. H. D., A^1 2154, n° 128.

(41) S. H. D., A^1 2152, n° 170, De Vault, *op. cit.*, p. 345.

(42) S. H. D., A^1 2152, n° 177, De Vault, *op. cit.*, pp. 364–365.

(43) "Relation de la bataille de Malplaquet, donnée le 11 septembre 1709, par un officier particulier qui était à la gauche", dans Maurice Sautai, *La bataille de Malplaquet d'après les correspondants du Duc du Maine à l'Armée de Flandre*, Paris, 1904, pp. 157–184.

(44) A. de Boislisle (éd.), *Mémoire de Saint-Simon*, t. 18, Paris, 1905, p. 193.

(45) この議論は同時代の将軍フーキエール侯がその回想録で、ヴィラールは防衛陣地を構築せずに、さらに右翼より回り込んでナミュールやシャルルロワへ至る道を守りつつ、モンス救援に向かうべきであったと述べたのが発端であった。*Mémoires de M. le marquis de Feuquières, lieutenant général des armées du roi, contenants ses maximes sur la guerre, & l'application des exemples aux maximes*, Londres, 1740, t. 4, pp. 45–52.

(46) Léon Lecestre (éd.), *Mémoire du Chevalier de Quincy*, t. 2, Paris, 1899, p. 352.
(47) Sautai, *op. cit.*, p. 85.
(48) Chandler, *op. cit.*, p. 253.
(49) ヴィラールの防御的姿勢を批判するソーテもこの点は同じ意見である。Sautai, *op. cit.*, pp. 47-48.
(50) マールバラは正面攻撃を好んでおり、ブレンハイムの戦い（一七〇四年）やラミリーの戦い（一七〇六年）ではいずれもこの方法で勝利を得ていた。Chandler, *op. cit.*, pp. 254-256.
(51) Corvisir, *Malplaquet*, p. 106.
(52) Doujat à Voysin, S. H. D., A^1 2156, n° 186.
(53) Bernières à Voysin, S. H. D., A^1 2154, n° 283.
(54) Bernières à Voysin, S. H. D., A^1 2154, n° 226, Bernières à Desmaretz, A. N., G^7 263, n° 412.
(55) Doujat à Voysin, S. H. D., A^1 2154, n°s 174, 179 et 180.
(56) Bernières à Voysin, S. H. D., A^1 2154, n° 295.
(57) Voysin à Bernières, S. H. D., A^1 2154, n°s 286, 290 et 303.
(58) "Edit du Roy portant Création d'offices de Conseillers de Sa Majesté, Medecins & Chirurgiens Inspecteurs Généraux, & Majors à la suite des Armées, dans tous les Hôpitaux, Villes Frontieres, & anciens Regiments", A.N. G^7 1801, n°1.
(59) Bernièeres à Voysin, S. H. D., A^1 2154, n° 282.
(60) Bernièeres à Voysin, S. H. D., A^1 2154, n° 283.
(61) Bernièeres à Voysin, S. H. D., A^1 2154, n° 287.
(62) 一八日にパリから発送された。Bernièeres à Voysin, S. H. D., A^1 2154, n°s 288 et 298.
(63) Voysin à Bernièeres, S. H. D., A^1 2154, n° 286.
(64) Doujat à Voysin, S. H. D., A^1 2156, n° 194, Voysin à Doujat, *ibid*, n° 201.
(65) Bernage à Voysin, S. H. D., A^1 2158, n° 70.
(66) Bernières à Voysin, S. H. D., A^1 2154, n° 272.
(67) Voysin à Bernières, S. H. D., A^1 2154, n° 279.
(68) Bernières à Voysin, S. H. D., A^1 2154, n° 280.

（69）Bernières à Voysin, S. H. D., A¹ 2154, n° 282.
（70）Doujat à Voysin, S. H. D., A¹ 2156, n° 184.
（71）*Mémoire de M.* le marquis *de Feuquières*, t. 4, pp. 41-42.
（72）Bernières à Voysin, le 14 septembre 1709, S. H. D., A¹ 2154, n° 287.
（73）Bernières à Voysin, S. H. D., A¹ 2154, n° 299.
（74）Bernières à Voysin, S. H. D., A¹ 2154, n° 289.
（75）Bernage à Desmaretz, le 12 septembre 1709, A. N., G⁷ 1639, n° 13. 陸軍卿宛の書簡は現存しないが、ベルナージュはこの書簡が陸軍卿宛のものの複写であると述べている。
（76）ソワッソンはこの年の収穫が比較的豊富であり、軍隊への重要な穀物供給源となっていた。また、ブルターニュ産の小麦がこの地を経由して送られる場合もあった。これらの穀物は、ノワイヨンに集積された後にベルナージュの管区内のペロンヌなどに送られた。そのため、ベルナージュはドルメッソンと連絡を取り、自身の管区を経由して、フランドル方面軍へと穀物を輸送する任務を担っていた。A. N., G7 1651, n°s 2, 5 et 20.
（77）Bernage à Boufflers, le 15 septembre 1709, A. N., G⁷ 1639, n° 17 et S. H. D., A¹ 2158, n° 75. ベルナージュの管区では、徴発した大麦粉が九月二〇日頃より続々と集まり始めた。
（78）d'Ormesson à Desmaretz, A. N., G⁷ 1651, n°s 38 et 47.
（79）Doujat à Voysin, S. H. D., A¹ 2156, n° 188.
（80）Voysin à Doujat, le 14 septembre, S. H. D., A¹ 2156, n°s 189 et 193.
（81）Louis-François de Bouschet, Marquis de Sourches, *Mémoire du marquis de Sourches sur le règne de Louis XIV*, t. 12, Paris, 1882, p. 115. スルシュ侯爵の回想録でも、彼が国王と会ったことのみが書かれており、彼の功績などについてはなにも触れていない。
（82）*Mémoire de Saint-Simon*, t. 18, p. 218.
（83）サン-シモンはブーフレールの撤退の指揮を「見事で栄誉ある撤退」と評し、すでに左翼の部隊がダルタニャンの命令により撤退を開始していたので、彼は退却を選択せざるを得なかったと述べている。*Ibid.*, t. 18, pp. 189-190.
（84）一六四四年に生まれたブーフレールは、六〇年代より実戦に参加して頭角を現し、九二年にフランス元帥、九四年にフランドル総督となり、スペイン継承戦争では初期の勝利に貢献した。一七〇八年のリールの攻防戦から帰還した後には、パリにおける国王の代理の役に任ぜられていた。彼はマントノン婦人の友人でもあり、篤信派のメンバーとして広い人脈を有していた。*Dictionnaire du*

（85）Grand Siècle, p. 219. サン-シモンによれば、軍隊内での自身の地位を高めたいヴィラールやアルクールと、軍事部局内でのブーフレールの影響力を排除したいヴォワザンがそろって国王の不興を買うようにし向けたのだった。*Mémoire de Saint-Simon*, t. 18, pp. 197–198 et 212–219. その後、体力の悪化も手伝い、ブーフレールは自宅に引きこもることになり、一一年八月に六七歳の生涯を閉じた。

（86）*Mémoire du marquis de Sourches*, t. 12, p. 75. ブーフレールについてはこの時、健康状態を理由として戦役終了後には指令官役を解任し、帰還することが命ぜられた。

（87）*Ibid.*, pp. 88 et 121. ヴィラールのパリ帰還とヴェルサイユ訪問は、『ガゼット』一一月二三日号の記事にもなっている。この配慮はヴィラールに対するだけではない。書簡の中段でブーフレールは、各部隊やその指揮官たちのめざましい活躍について触れている。S. H. D., A[1] 2152, n° 171. De Vault, *op. cit.*, pp. 345–348.

（88）S. H. D., A[1] 2152, n° 134.

（89）*Mémoire du Chevalier de Quincy*, t. 2, pp. 389–390.

（90）Corvisier, *Malplaquet*, pp. 133–134.

（91）拙稿「フランス絶対王政期の国王民兵隊」『史学雑誌』第九八編六号、一九八九年。Georges Girard, *Le service militaire en France à la fin du règne de Louis XIV, Racolage et Milice (1701–1715)*, Paris, 1922, pp. 163–201.

（92）アルトワ、エノー、フランドルなどでは一七〇六年より民兵の割り当てはなく、前線という地域特性が配慮されている。民兵拠出の影響はむしろ国の内部地域で顕著だった。

（93）A. N., G[7] 273, n° 119.

（94）以下、この事件についてはS. H. D., A[1] 2154, n°s 43–46, 48.

（95）S. H. D., A[1] 2156, n° 184.

（96）代金は過去3回の市場取引の平均値として徴税管区の会計より支払われることとなっていた。A. N., G[7] 1638, no 271. 二五日にはヴィラールも強制徴発実施を命じている。

（97）Bernage à Voysin, A. N., G[7] 1638, n° 281, Bernage à Desmaretz, S. H. D., A[1] 2157, n° 226.

（98）Bernières à Desmaretz, A. N., G[7] 1643, n° 251.

（99）Bernières à Voysin, S. H. D., A[1] 2154, n° 135.

（100）A. N., AD I, 683, f. 44. この政策については、拙稿「一七〇九年の危機と王権の対応――穀物政策を中心に」『駒澤大学文學部研究紀要』

六一号、二〇〇三年。

(101) *Seconde lettre d'un conseiller du Grand Conseil de Genève, à un Bourguemaître d'Amsterdam*, s. d., B.N., Lb^{37}. 4374. なお、文書によるプロパガンダについては、Joseph Klaits, *Printed Propagande under Louis XIV, Absolute Monarchy and Public Opinion*, Princeton, 1976. を参照。

(102) *Mémoire de Saint-Simon*, t. 18, additions par Boislisle, p. 542.

(103) Michael Roberts, *The Military Rovolution, 1560–1660*, Belfast, 1956.

(104) Parker, *op. cit.*

(105) 彼は軍事技術の変化としてロバーツが主張した時期以降の一六六〇年から一七二〇年の重要性を強調するなどしている。Jeremy Black, *European Warfare 1660–1815*, London, 1994.

第二章

地域住民とマレショーセ隊員

――王権の手先？　あるいは民衆の保護者？

正本　忍

はじめに

民衆世界の秩序維持の方法としてはモラル・エコノミーやシャリヴァリ（ラフ・ミュージック）が知られている。また、紛争処理の方法として、近年、和解、示談、調停のような司法外裁定（infrajudiciaire, infra-justice）への関心が急速に高まってきている[1]。これら民衆の側からの自律的な秩序維持の方法とは別に、王令、裁判所、警察のような支配権力の側から設定される秩序維持の方法もある。民衆世界の秩序維持は、民衆による自律的な方法を支配権力による強制的な方法が取り込もうとする形で、両者がせめぎ合いつつ併存している緊張状態にあると考えられる。

さて、一八世紀前半期のフランスは、一七世紀半ばのパリのポリス改革を経て[2]、一七二〇年にマレショーセ改革が行われ[3]、都市のみならず、都市外の生活空間にあっても、王権の警察網が広く展開していった時期にあった。その都市外の治安維持を担当した組織がマレショーセである。マレショーセは、王国の空間と人口の大部分を占める田園地帯と国王道路（grand chemin）（≒幹線道路）の治安維持を担当する警察（騎馬警察隊）であり、プレヴォ専決事件（cas prévôtaux）を最終審として裁く特別裁判所（プレヴォ裁判所）でもある。その隊員はローカルな民衆世界と国王権力の接点で活動している。すなわち、マレショーセ隊員は、王権の強制力として民衆と対峙する一方、安全と正義をもたらす民衆の保護者としての国王の役割を体現する存在でもある。王権の手先か、民衆の保護者か。民衆はマレショーセをどのように見ていたのだろうか。これは、より広く考えれば、統治される民衆が自分たちの生活領域に入り込んでくる統治権力をどのように見ていたかという、民衆による統治権力の受容の問題ともいえるだろう。

また、我々は、マレショーセが国王軍に属する一部隊であったことを確認しておかねばならない。マレショーセの成員は中隊（compagnie）を指揮しプレヴォ裁判を行う将校（プレヴォ（prévôt des maréchaux, prévôt général）と副官）、プレヴォ裁判役人、隊員に大別されるが、プレヴォ裁判役人以外の成員は全員、軍人である。王権はマレショーセの軍隊としての性格をフランス革命まで維持したばかりか、フランスは現在に至ってもなお、マレショーセを引き継いだ国家憲兵隊（Gendarmerie nationale）を軍隊の内部に留めている。[4] したがって、マレショーセ研究は、フランスの伝統ともいえる軍隊による日常的な治安維持の歴史を繙くことでもある。

本章では、以上のような観点から、一八世紀前半（一七二〇～一七五〇年）のオート＝ノルマンディー地方（ルアン総徴税管区（généralité））においてマレショーセと地域住民の関係について検討する。以下、まず、住民が直接かつ日常的に接触していたマレショーセ隊員の職務について確認する。ついで、隊員がどのような人物であったかをその出身社会層、出身地、および在地性の面から検討する。最後に、住民が隊員をどのように見ていたかを隊員との接触の際の住民の反応によって検証する。なお、我々が参照する主な史料は、セーヌ＝マリティーム県古文書館（Archives départementales de la Seine-Maritime : ADSM）所蔵のプレヴォ裁判文書、閲兵記録、地方長官文書（特に地方長官・陸軍卿間の連絡書簡）と国防省歴史課古文書館（Service historique de la Défence : SHD）所蔵のマレショーセの成員名簿である。[5]

第一節　隊員の職務

マレショーセの成員はその活動の舞台、職務の内容によって二つに大別される。将校とプレヴォ裁判役人の活動の主な舞台はプレヴォ裁判所である。他方、隊員は管区（基本的に総徴税管区）全体に五名からなる班（brigade）の形で展開し、各班の指揮官（上級班長、班長、班長補佐の三階級があった）と騎兵（本章では班の指揮官と騎兵を隊員と総称する）は、田園地帯や幹線道路を騎馬で巡回していた。一七二〇年の改革以降、将校やプレヴォ裁判役人は原則としてプレヴォ裁判所の所在地を離れて巡回することはなくなったから、[6] 我々は地域の住民と日常的に接触した隊員の職務により注目することになろう。

マレショーセの裁判管轄

まず、マレショーセの裁判管轄、すなわちプレヴォ専決事件を確認しておこう。プレヴォ専決事件は一六七〇年の刑事王令第一編第一二条に規定されたが、ここではプレヴォの裁判管轄を最終的に確定した一七三一年二月五日の国王宣言によってマレショーセの裁判管轄を整理しよう。[7]

犯罪者の質に基づくプレヴォの管轄（compétence *ratione personae*）には、健常の乞食（mendiant valide）、浮浪者、無宿者（gens sans aveu）（一七三一年の国王宣言第一条）、体刑・追放刑・加辱刑に処せられた者（同第二条）、軍人による暴行、抑圧、その他の犯罪、脱走、脱走の幇助（同第三条）が含まれる。犯罪の質に基づく管轄（compétence *ratione materiae*）としては、国王道路上の窃盗、押し込み強盗（vol fait avec effraction）、押し込みによる瀆聖、反乱・民衆騒擾・武器を携帯しての違法な集まり（attroupemens & assemblées illicites, avec port d'armes）、国王の委任によらない徴兵、偽造貨幣の製造・変造が挙げられている（同第五条）。

犯罪者の質に基づくプレヴォ専決事件は、犯罪の行われた場所に関わりなくプレヴォと副官の管轄に属する。一方、犯罪の質に基づくそれの場合、プレヴォや副官は自らが駐在している都市では裁判権を持たない（同第六条）。彼らが駐在した都市というのは上座裁判所が置かれた都市で、当該時期のオート＝ノルマンディーではルアンとコードベックである。彼らはこれらの都市の外ですべてのプレヴォ専決事件の裁判権を持っていたわけで、ここにマレショーセの主要都市の外の警察としての性格が鮮明に現れている。また、プレヴォの裁判権からは聖職者、貴族、国王書記官（secrétaire du Roi）や国王裁判所の法曹が免除されたこと（同第一一～一三条）にも留意しよう。つまり、よく知られているように、マレショーセは乞食・浮浪者、脱走兵など漂泊する者たちや国王道路上の犯罪者を摘発する公道警察であると同時に、定住者としてはとりわけ農村の民衆層を取り締まる農村警察なのである。

隊員の活動とマレショーセのイメージ

プレヴォや副官は以上のような裁判管轄を持っていたが、隊員は具体的にどのような活動をしていたのだろうか。彼らの通常の任務は、管轄区内の農村、小都市、国王道路の騎馬による定期的な巡回、乞食・浮浪者、無宿者、脱走兵、その他の犯罪者の捜索・逮捕・投獄である。また、召喚状の通達などプレヴォ裁判所の執達吏としての職務もある。さらに、地方長官、フランス元帥（maréchal de France）、地方総督、その他の裁判所、高等法院の法院長や検事総長、治安総代理官（lieutenant général de police）、総括徴税請負（Ferme générale）などからも出動を要請されたから、隊員は、道路賦役の監視、国王民兵（milice royale）の人選の補助、武装解除、徴税の補助、公金輸送の護衛、新教徒の改宗強制、貴人の移動の護衛、家畜の病気の蔓延防止などの特別な任務を遂行することもあった(8)。

住民との関係という観点からより注目すべき特別任務は、武装解除、国王民兵、道路賦役、徴税に関わる任務である。なぜなら、これらはいずれも住民が嫌った負担や強制に関わっており、隊員に対する住民の反感を惹起しかねない任務だからである。実際、後述するように、先行研究はこれらの任務に対する住民の反抗例を挙げている。とくに、武装解除は、ギュイエンヌ地方とオーヴェルニュ地方のマレショーセを研究したI・キャメロンによって、マレショーセが住民の抵抗を最も受けた職務と指摘されている。[9] 農民にとってはウサギやオオカミなどの害獣の駆除、犯罪からの自衛、あるいは秘密裏に行う密猟のために武器は必要であったし、都市のブルジョワも武器の携帯を望んでいたから、[10] それだけ抵抗も多かったのであろう。

このように隊員は在地の諸権力から動員され、さまざまな職務を遂行していたが、基本的にはプレヴォの指揮下で活動している。したがって、プレヴォおよびプレヴォ裁判に対する同時代人のイメージは、隊員に対しても反映されたはずである。

時期は下るが、一七七三〜九〇年にプレヴォが扱った三七六八の事例を分析したN・カスタンは、死刑判決の多さ（年平均して被疑者の一九％が死刑で、その四分の一が車刑）から、プレヴォを「裁判官の中で最も恐ろしい」と評している。[11] これに対してオーヴェルニュ地方のマレショーセを研究したD・マルタンやフランドル地方のマレショーセを調べたJ・ロルニエから、死刑の比率は低かったと異論が出されているが、[12] 大革命前夜の全国三部会招集の際、国王に宛てられた陳情書（cahier de doléances）にプレヴォ裁判を含めた特別裁判所の廃止の請願が数多く現れ、[13] 実際、一七九二年にマレショーセから改組された国家憲兵隊がプレヴォ裁判を廃止して騎馬警察部門だけを引き継いだことを見ても、プレヴォ裁判に対するイメージは一般的に芳しくなかったと考えられる。

たしかに、隊員はそのプレヴォ裁判において捜査、逮捕、投獄、証人召喚などを担ったから、住民は隊員の背後にプレヴォやプレヴォ裁判の影を見たであろう。しかし、それでも、一七二〇年以降より身近になったマレショーセの班と隊員の存在は、地域の安全のために不可欠だったと思われる。一八世紀末には安全はもはやマレショーセの班の存在なしには考えられなかったとの指摘があるが、[14] 事実、管見の限り、前述の大革命前夜の陳情書では班の増設の請願は見られても、その廃止を求める請願は見られなかった。オート＝ノルマンディーのルアンやル・アーヴルのバイイ裁判所管区でも同様である。[15] また、一七九二年に創設された国家憲兵隊がマレショーセの二・五倍の人員（一万七九二名）に増強されたことを考えても、[16] 少なくとも大革命前後の不安な社会状況の下では、マレショーセ隊員は治安維持に必要な存在として認められていたといえる。

隊員によるパトロールの有効性

マレショーセが警察として住民に頼りにされるには、何より隊員による巡回が有効でなければならない。オート＝ノルマンディーの場合、各班の巡回日誌、主要な住民による隊員の巡回証明が残っておらず、[17] 隊員がどのようにパトロールしていたのかその全体像はわからない。そこで、間接的なアプローチながら、隊員の数と質の面からパトロールの有効性について考えてみたい。

一七二〇年のマレショーセ改革は、それまでバイイ裁判所の所在都市を中心に展開していたマレショーセを、少人数とはいえ総徴税管区全体により細かく展開させた。オート＝ノルマンディーのマレショーセの班も、ルアン総徴税管区全体に概ねバランスよく配置されている。[18] 当該地方の各班の管轄区を示す文書は見つかっていないが、一七一三年時点でこの地方にあった一八五〇の都市、町（bourgs）、教区を[19] 二〇班一〇〇名の隊員でパトロールしたわけだから、平均すれば一班あたり約九二の都市・町・教区を担当していたことになる。

一八世紀後半ながら、具体的なデータがあるギュイエンヌ地方のマレショーセと比較してみよう。この地方では一七八〇年代に地方長官のために「マレショーセの班一覧」なる詳細な文書が作成されていて、これによれば、たとえば、リモージュ・ボルドー間の幹線道路上に位置するペリグーの班は一二二の教区、一六〇の定期市、二五〇の市、一二二の祭を監視していたし、ボルドー・トゥルーズ間の幹線道路上に位置するアジャンの班は一六八の教区、二五〇の定期市、二九一の市、二三〇の祭を監視していた。アジャンの西方二〇キロほどに位置するネラックの班はもっと大変で、一九八の教区、二六二の定期市、三三二の市、二二五の祭を担当していたという。この地方の隊員は毎月一五回、班の駐屯地から九・五〜一四・五キロ程度を騎馬で五、六時間かけて巡回していたが、キャメロンは、彼らが管轄区全体をパトロールするには時間が足りなかったとみている。[20]

オート＝ノルマンディーでは広大なギュイエンヌよりも一つの班が担当する教区数は少なかったようだが、それでもこの地方の人口密度の高さを考えれば[21]、隊員数が十分であったとは思えない。このような隊員と班の不足は同時代人にも認識されていて[22]、大革命前夜の陳情書に見られる班増設の請願も、班の必要性を示すと同時に、隊員数の貧弱さを同時代人が訴えたものとも解釈できる。

パトロールを担う隊員の質はどうだろうか。一七三三年、陸軍卿は各地の地方長官に対して巡回を怠っている班の存在を指摘し、巡回の監視の強化を指示しているから[23]、隊員の勤務態度に問題がないわけではなかった。また、一七四五年、ルアンの副官が地方長官に提出した報告書によれば、ルアンやその他の班の隊員の幾人かは自営農(laboureur)で、詰め所（hôtel）に住まず自分たちの農場に住み、小麦や家畜を取引し、定期市や市場に赴いて家畜を売り、自分自身の用事で忙殺されるため、義務を疎かにし、命令を執行せず、巡回証明書を出してもらういくつかの教区に姿を見せるに留め、それ以上のことはしない、という[24]。さらに、当該地方のマレショーセで一七二〇〜六〇年に離職した隊員二九三名のうち九〇名（三〇・七％）が免職されているのを見れば[25]、隊員の資質に疑問符がつかないわけでもない。

以上を考慮すれば、一八世紀前半のオート＝ノルマンディーのマレショーセは、隊員や班の数が必ずしも十分ではなく、隊員の質や勤務態度にも問題を抱えていたようである。しかし、だからといって、一七二〇年の改革でマレショーセという「国家」警察が初めて王国全体に広く稠密に、国王裁判所がないような農村部に至るまで展開したことの意義は失われない。我々にとってここでより重要なのは、隊員による巡回がどの程度有効であったかという点について難しい評価を下すことよりむしろ、五六七の班の全国展開と二八四八名の隊員（いずれも一七三〇年時点）[26]の巡回によってマレショーセが住民により身近な警察として存在したこと、そして王権の警察網が王国全体にかけられたことの意義を再確認することであろう。

第二節　隊員の出身社会層、出身地、在地性

住民の隊員に対する距離の取り方は、隊員が住民にとってどれほどよそ者かという点に左右されると考えられる。隊員は国王権力を帯びた時点で住民にとってよそ者であるが、その程度は彼らの出身社会層、出身地、地域への密着の程度によって変わってくるだろう。このように隊員の出身社会層、出身地、在地性は隊員と住民の関係に影響する、したがって隊員の活動にも影響する要素であるにもかかわらず、マレショーセ関係文書はこれらに関して限られた情報しか提供しない。一八世紀前半のオート＝ノルマンディーのマレショーセ隊員に関する個人情報は、主として国防省歴史課古文書館所蔵のマレショーセの二つの成員名簿（Y^b 858 が一七二〇～三〇年を、Y^b 859 が一七三〇～六〇年を対象とする）とセーヌ＝マリティーム県古文書館に数年分のみ残る閲兵記録に負っている。ところが、いずれの史料にも隊員の出身社会層に関する情報はほとんど皆無であり、隊員の出身地に関する情報も Y^b 859 には全く記載されていない。このような史料状況による情報不足を先行研究で補いつつ、本節では以下、隊員の出身社会層、出身地、在地性の功罪について検討していこう。

隊員が属する社会層

マレショーセの成員名簿や閲兵記録は、隊員の出身社会層に関する情報を提供しない。そこには隊員がマレショーセ入隊前に所属した部隊、階級、兵役期間が記載されていて、一七二〇年のマレショーセ改革は軍隊経験を採用条件として規定しなかったものの、[27]隊員の大多数が国王軍を経てマレショーセに入隊したことが判明する。一八世紀の国王軍の兵員名簿を精査したA・コルヴィジエが兵士の少なくとも三分の二は農村出身と指摘しているから、[28]隊員には農村出身者が多かったと推測される。

成員名簿から親の職業が判明する唯一の事例は「部隊の子弟（enfant de corps）」、すなわち隊員の子が採用される事例だけで、一七二〇～六〇年の当該地方の隊員で親子関係が確認されるのは九例である。[29] その他、貴族と思われる人物が入隊する事例も数例見られるが、[30] 貴族身分を確認できるのは国王の近衛連隊（garde du corps du Roi）に五年間の勤務経験を持ち、ルアン第一班の騎兵に就任した Fr. Bernardin de Banville（n°s 26, 228）だけで、彼は〝écuyer〟である。隊員の出身社会層に関して成員名簿や閲兵記録から得られる情報はこの程度しかない。

その他、後述するように、隊員が起こした不祥事が陸軍卿・地方長官間の連絡書簡に現れて彼らがブルジョワや自営農であることを垣間見せる事例があるが、隊員の出身社会層に関してはこれ以上のことはわからない。隊員の父親の職業を知るためには教区記録簿で彼らの洗礼記録を見つけなければならないし、そのためには彼らの出生地を特定する必要がある。マレショーセ入隊前に彼らが就いていた職業を知るためには、公証人文書等を繙くことが求められる。これらの作業は今後の課題とせざるを得ない。

他の地方の隊員はどうかといえば、前出のキャメロンは、「『部隊の子弟』以外の騎兵の大多数は、軍の最下層から、農民の息子あるいは都市出身の都市の職人の息子から立身した者あるいは少なくとも転職した者」で、班の指揮官には多くのブルジョワと貴族が含まれると指摘する。[31] アンシアン・レジーム末期のブルターニュ地方ナント副官管区のマレショーセに関して教区記録簿も駆使した精緻な研究を行ったE・エストーは、騎兵の出身社会層について、職人、商人の息子が最も典型的としている。[32]

読み書きの能力が隊員の採用条件となるのは一七六〇年以降だが、隊員（とくに班の指揮官）は逮捕や捜索の調書を作成する必要があったし、プレヴォ裁判所やその他の裁判所の補助的な業務もしていたので、最低限の読み書きは求められたであろう。当時の識字率を考えれば、隊員となるには教育の機会が得られる程度の社会層だったと考えられる。少なくとも下層民が入隊するのは難しかったであろう。[33]

表 2-1　各地のマレショーセの隊員の出身地（1720 ～ 1730 年）

マレショーセ（中隊）	班の駐在都市の出身者	同じ総徴税管区出身者	左の 2 項目の合計	他の地方の出身者	国外の出身者
Paris	40	40	80	18	2
Soissonnais	30	70	100	0	0
Picardie	35	50	85	15	0
Champagne	60	35	95	5	0
Orléannais	40	40	80	18	2
Touraine	30	65	95	5	0
Berry	25	55	80	18	2
Bourbonnais	35	40	75	25	0
Poitou	25	50	75	25	0
Limousin	40	50	90	10	0
Auvergne	30	45	75	25	0
Lyonnais	25	50	75	25	0
Aunis	25	45	70	28	2
Duché de Bourgogne	30	69	99	0	1
Rouen	30	60	90	10	0
Caen	25	70	95	5	0
Alençon	35	50	85	15	0
Bretagne	20	55	75	20	5
Guyenne	10	65	75	24	1
Montauban	45	30	75	25	0
Dauphiné	20	65	85	13	2
Languedoc	15	70	85	13	2
Provence	30	65	95	3	2
Béarn	5	80	85	15	0
Roussillon	5	40	45	53	2
TroisEvêchés	25	50	75	23	2
Flandre	20	30	50	30	20
Hainaut	20	35	55	25	20
Alsace	10	45	55	43	2
Comté de Bourgogne	15	65	80	20	0

注 1）　数字は%。

2）　Sturgill, *op. cit.*, pp. 66-67 の表に「左の 2 項目の合計」を付け加えた。

表2-2(1)　オート＝ノルマンディー地方のマレショーセ隊員の出身地（1723年1月1日時点）

班	属する徴税管区	1-①	1-②	1-③	2-④	2-⑤	不明
Rouen-1	Rouen	1					4 (1)
Rouen-2	Rouen	3		1			1 (1)
Rouen-3	Rouen	3 (1)	1				1
Tôtes	Arques		1	2 (1)			2
Dieppe	Arques	1		2 (1)			2
Eu	Eu	3		1		1 (1)	
Neufchâtel	Neufchâtel	1	1	2 (1)	1		
Aumale	Neufchâtel	1	1	1		1 (1)	1
LaFeuillée	Lyons		3 (1)	2			
Ecouis	Andely	3		2 (1)			
Magny	ChaumontetMagny	1		2		2 (1)	
Louviers	Pont-de-l'Arche		1	2 (1)	1		1
Evreux	Evreux	5 (1)					
Caudebec	Caudebec	1 (1)	2		1	1	
Cany	Caudebec	2	1	1		1 (1)	
Goderville	Montivilliers		1 (1)	3			1
Pont-l'Evêque	Pont-l'Evêque	2		2 (1)			1
Cambremer-1er	Pont-l'Evêque		3 (1)		1		1
Pont-Audemer	Pont-Audemer		2	1	2 (1)		
Bourg-Achard	Pont-Audemer		2	3 (1)			
計		27 (3)	19 (3)	27 (7)	6 (1)	6 (4)	15 (2)

出典：SHD, Y^b 858, pp. 461-481より作成。

1　同じ総徴税管区の出身者
①所属する班の駐屯地の出身者
②所属する班の駐屯地を含む徴税管区の①以外の教区の出身者
③別の徴税管区の出身者

2　別の総徴税管区の出身者
④隣接する総徴税管区あるいは地方（カン、アランソン、パリ、ピカルディー）の出身者
⑤その他の総徴税管区の出身者

注
(1)　括弧は各班の指揮官（の出身地）を示す。
(2)　18世紀前半期、オート＝ノルマンディー地方のマレショーセはルアン及びコードベックの2つの副官管区（lieuenance）に20班が展開している。班の駐屯地の変更は4回あり、GodervilleからSt.-Romainへ（1724～1725年頃）、CambremerからVernonへ（1731年8月）、CanyからCambremerへ（1731年12月）、La FouilléeからLyons-la-forêtへ（1740年10月）それぞれ移転している。
(3)　2つの表に示した班の順番はそれぞれの典拠となる史料で示された順番に従った。
(4)　「不明」には全く記述がないものと記述があっても特定できないものを含む。前者は1723年の6例のみで、その他は地名が記されているものの特定が難しい事例である。
(5)　同名の教区が複数ある場合、特にオート＝ノルマンディー地方で同名の教区が複数見られる場合があり、出身地の特定は容易ではない。この表の作成にあたっては、同名の教区が複数存在する場合には、原則として、班の駐屯地に近い教区の出身と見なした。出身教区を厳密に特定するためには各隊員の洗礼記録を参照する必要があるが、今回はその作業をするには至らなかった。

表2-2(2)　オート＝ノルマンディー地方のマレショーセの隊員出身地(1748年12月10日時点)

班	属する徴税管区	1-①	1-②	1-③	2-④	2-⑤	不明
Rouen-1	Rouen	3		1 (1)		1	
Rouen-2	Rouen	1		3 (1)	1		
Rouen-3	Rouen	2	1 (1)				2
Tôtes	Arques		4			1 (1)	
Dieppe	Arques			1	2		2 (1)
Eu	Eu			1	1 (1)	1	2
Aumale	Neufchâtel	2		1 (1)	1	1	
Neufchâtel	Neufchâtel	1		1	1	1	1 (1)
Lyons	Lyons		3	1			1 (1)
Ecouis	Andely	1	1	1		2 (1)	
Magny	ChaumontetMagny		1	4 (1)			
Vernon	Andely			4 (1)	1		
Louviers	Pont-de-l'Arche	2	1 (1)		2		
Evreux	Evreux	3				1 (1)	1
Caudebec	Caudebec		2	1	1 (1)	1	
St.-Romain	Montivilliers		3	2 (1)			
Bourg-Achard	Pont-Audemer	2	2	1 (1)			
Pont-Audemer	Pont-Audemer	2	1	1 (1)	1		
Pont-l'Evêque	Pont-l'Evêque		1	1	3 (1)		
Cambremer-2e	Pont-l'Evêque		3		1	1 (1)	
計		19	23 (2)	24 (8)	15 (3)	10 (4)	9 (3)

出典："Revue de la compagnie de la marechaussee ..., faite le dix decembre 1748", ADSM, C 750 より作成。

注

(6) 教区名・地名の調査には主として以下の文献、地図を使用した。

Arbellot (Guy), Goubert (Jean-Pierre), Mallet (Jacques) et Palazot (Yvette), *Carte des généralités, subdélégations et élections en France à la veille de la révolution de 1789*, Paris, 1988.

Begouën Demeaux (Maurice), *Noms de lieux dans le Pays de Caux*, Paris, 1977.

Beaurepaire (François de), *Les noms des communes et anciennes paroisses de la Seine-Maritime*, Paris, 1979.

Beaurepaire (Charles de), *Dictionnaire topographique du département de Seine-Maritime*, Paris, 1982-1984, 2 vol.

Drouault (Jean), *Les vicomtés en Normandie au XVIIIe siècle*, Caen, 1924.

Gouhier (Pierre), Vallez (Anne) et Vallez (Jean Marie), *Atlas historique de Normandie*, Caen, 1967-1972, 2 vol.

Lepelley (René), *Dictionnaire étymologique des noms de communes de Normandie*, Caen, 1996.

Lepelley (René), *Noms de lieux de Normandie et des Iles anglo-normandes*, Paris, 1999.

Dictionnaire national des communes de France, Paris, 1984.

隊員の出身地と在地性

マレショーセに関する諸王令は、採用する隊員の出身地や出自に関してほとんど規定していない。[34]隊員は一七二〇年の新マレショーセの創設時に全国で一斉に採用されたわけではなく、各地の中隊ごとに採用され、その後も欠員が生じるたびにそれぞれの中隊で個別に補充されている。つまり、現地採用なので、地元出身者の採用が多くなることはある程度想定されている。

新マレショーセ創設後一〇年間（一七二〇〜三〇年）の全国三〇のマレショーセの隊員について調べたC・C・スタージルによれば、出身地が判明している隊員の二七％が所属する班の駐屯都市の出身者であり、五三％が同じ総徴税管区の出身者であるという（表2－1参照）。[35]一八世紀後半の事例だが、一七七一年と一七七九年のマレショーセの視察官による閲兵記録を調査したC・エムズリィによれば、一七七一年では一三・三％、一七七九年では一一・二％の隊員が出身都市に駐屯する班に勤務し、一七七一年では七六・四％、一七七九年では七三・六％が出身地方のマレショーセに採用されたという。エムズリィは、上述のスタージルのデータと比較して「顕著な減少」を認めつつも、かなりの数の隊員たちが「未だ地域への絆を保持していた」と評価する。[36]

表2－1によれば、新マレショーセ創設後一〇年間のオート＝ノルマンディーの隊員の九割が当該総徴税管区の出身であるという。我々は独自に、隊員の在地性をより詳しく検証すべく、出身地に関する情報がよく揃っている一七二三年と一七四八年を選び、表2－2⑴⑵を作成してみた。すなわち、まずルアン総徴税管区の出身者と別の総徴税管区の出身者に大別し、前者は①所属する班の駐屯地（教区）の出身者、②所属する班の駐屯地を含む徴税管区（élection）の①以外の教区の出身者、③別の徴税管区の出身者に、後者は④隣接する総徴税管区あるいは地方（カン、アランソン、パリ、ピカルディー）の出身者、⑤その他の総徴税管区の出身者に細かく分類した。[37]

当該時期の隊員は一〇〇名なので、一七二三年では少なくとも四六％、一七四八年では少なくとも四二％が勤務する班がある徴税管区の出身である。総徴税管区まで枠を広げると、いずれの年も少なくとも六割以上、出身地の特定が可能な者に限定すると一七二三年では約八六%、一七四八年でも七割強が出身の総徴税管区のマレショーセに勤務していることになる。隣接する総徴税管区以外からの入隊者は少なく、どちらの年にも外国人は皆無である。

隊員の在地性の功罪

隊員の在地性はマレショーセの活動の有効性に大きく影響すると考えられるが、それはプラス面とマイナス面でどのように働くだろうか。

在地性の高さのプラス面は、管轄区の住民に関する知識、彼らを取り巻く文化的・社会的環境および地理的・自然的環境に関する知識であろう。マレショーセの摘発の対象は、しばしば乞食・浮浪者、脱走兵など漂泊する者、追い剥ぎや密輸犯などの路上の犯罪者である。見通しの悪い道、間道、森林、河川、居酒屋、旅籠など、危険な場所、怪しい場所、逃亡経路になりそうな場所、人々が集まる場所に関する知識と土地勘は、通常の巡回の際にも、被疑者の探索・追跡の際にも、隊員の大きな武器となる。

住民に関する知識も欠かせない。隊員にとっても、住民にとっても、不審者は誰よりもよそ者、素性の知れぬ者である。管轄区の住民全員の把握は無理だとしても、地元出身者や長期勤務者であれば、住民やよそ者をより識別しやすくなるであろう。また、隊員は住民を知るだけでなく、住民に知られる必要もある。住民にとって隊員は何より国王権力を代行するよそ者であり、別の地方、別の教区の出身者であれば、二重のよそ者である。隊員がわずか五名で職務を遂行するには住民の協力は欠かせないから[38]、住民に対してよそ者の程度が低い方が隊員によってはより活動しやすいはずである。

さらに、住民からより多くの、より信頼できる情報を得るためには、彼らと顔見知りになるだけではなく、最低限、彼らが話す言葉でコミュニケーションをとらねばならないし[39]、司祭や住民総代といった地域の重要人物、住民が寄り集う居酒屋や旅籠の主人と良好な関係を保持しなければならない。住民間の人間関係、村同士の関係、地域の慣習、地域の生活のリズム（収穫、祭、定期市の時期など）も知っている必要があるだろう。

ところが、このように隊員の活動にとってその在地性の問題は重要だと考えられるにもかかわらず、王権がこの点を顧慮していないように見える事例がある。一七三一年の一連の班の駐屯地移転の件である。[40] 同年八月二九日付の命令でカンブルメール（Cambremer）班はヴェルノン（Vernon）に移転になり、この移転に伴って生じた不都合により同年一二月一三日付の命令で今度はカニ（Cany）班がカンブルメールに移転される。管轄区に関する隊員の知識と経験の蓄積に配慮したとすれば、王権はカニ班をヴェルノンに移し、かつてのカンブルメール班をカンブルメールに戻すこともできたはずである。カンブルメール班の隊員たちはヴェルノンへの移転を快く思わなかったらしく、班の指揮官を除く騎兵四名全員が移転命令のふた月後までに辞職するか他班に転出するかしている。こうして、カンブルメールにおよそ一一年間駐屯した班のこの地で蓄積された知識や経験は失われることになったのである。[41]

次に、在地性の高さのマイナス面について考えてみよう。まず、地元の有力者との癒着が考えられる。隊員は主任司祭、住民総代、領主役人などから巡回の実施を証明してもらう必要があった。[42] したがって、有力な住民に対する隊員の立場は必ずしも強いものではなく、住民による捜査協力の必要性も合わせて考えれば、彼らへの配慮は欠かせなかったであろう。隊員が結果的に彼らの権力の後ろ盾となることも考えられる。地元有力者との癒着のほか、犯罪、とくに密輸、密猟の見逃しあるいは幇助など、犯罪者との共謀の可能性もある。

この二つの危険性をともに想起させるのが、密輸タバコの一部を横領した廉で免職、投獄されたヴェルノン班の騎兵 L. Jubert（n° 447）と N. Saintebeuve（n° 457）の事例である。[43] 二人の人物保証をしたヴェルノンの主要な住民たちによると、彼らはヴェルノンのブルジョワで、「常に誠実な人として生活してきた」し、証人たちの知る限り、「かつて密輸に全く手を出していない」という。証明書は三通。二五名ほどの署名が見えるが、署名したのは元市参事会員、古くからの「名士（notable）」、パリのシャトレ裁判所の騎馬執達吏（huissier à cheval）、塩税局の徴税官、主任司祭、助任司祭などの面々である。[44] この二人の騎兵が実際に密輸に関与していたか否かについて史料はこれ以上語らないが、彼らに対する免職、投獄の処分が正しかったとすれば（彼らの処分は取り消されてはいない）、法を犯したこの治安の守り手たちは地域の有力者たちの庇護下にあったことになる。[45]

隊員の在地性のもう一つの問題点は、副業との関連から生じる。一七二〇年の全面的改組の際、旧マレショーセの隊員の職務怠慢の改善策として、十分かつ定期的な俸給の支給の必要性は認識されていた。[46] しかしながら、俸給の貧弱さと副業への従事は大革命まで解消されることはなかった。[47] 俸給を不十分と感じ、地元に生活基盤があれば、副業による収入は隊員たちにとって大きな誘惑となるであろう。

隊員の副業としては居酒屋・旅籠の経営、職人（パン、ガラス、樽、武具などの）、商人（馬、タバコ、塩、羊毛などの）、公証人、弁護士、外科医などさまざまな職種が指摘されているが、[48] 当該時期のオート＝ノルマンディーで見られるのは、隊員が農業に勤しんでいる事例である。リヨンス（Lyons-la-forêt）班（旧ラ・フゥイエ（La Feuillée）班）の騎兵G. Le Beaube（n° 229）が騎乗馬の損失を口実として特別手当（gratification）を請求した件に関して、地方長官は陸軍卿に対して、この騎兵は「馬を耕作に使用したり、私用のために自分の管轄区だけでなく隣接する徴税管区の市場や定期市に馳せ参じるのに使って」いると報告している。[49]

この地方長官の調査ではさらに、ラ・フゥイエ班がリヨンスへの移転命令（一七四〇年一〇月二一日付）[50] を一年半も無視して移転していなかった事実も判明する。地方長官によれば、「ラ・フゥイエからリヨンスに一年半前から移転されていたこの班の騎兵たちは、隊員にも騎乗馬にも都合の良い宿舎を提供されていながらラ・フゥイエに留まり続け、リヨンスには時々行くだけ」であり、このため、「必要のあるとき、彼らと連絡をとるのに苦労している」という。リヨンス班の隊員が移転命令を無視するという暴挙に出た理由は何か。地方長官は、「全員が自営農であり、職務よりも家事に忙しい」として、隊員の出身社会層に原因を求めている。つまり、副業のため隊員としての職務を疎かにし、班の全員で移転命令を無視するに及んだわけで、隊員の在地性の高さとそのマイナス面が明瞭に現れている。さらに、プレヴォと地方長官のお膝元ルアンの班でも、自営農でもある隊員が「自分自身の用事に忙殺され」、「自分の義務と公共の利益を疎かにする」事例は、前節の終わりですでに指摘したとおりである。

以上のように、マレショーセ隊員は、概ね彼らが日々接した地域住民と同じ社会層の出身であり、同じ地域の出身者であった。地元出身者の比率をどのように評価するかは難しいところだが、いずれにせよ、プラス、マイナスの両面で隊員の活動に影響した彼らの在地性は、彼らと住民との関係にも作用したと考えられる。(51)

第三節　隊員と接触する際の住民の反応

最後に、地域住民がマレショーセ隊員をどのように見ていたのかを検討するために、隊員と接触した時の住民の反応に注目しよう。隊員はパトロールの際に最も頻繁かつ日常的に住民と接触することになるだろう。制服に身を包み、武装し、騎乗した体格の良い男たち。(52)安心にせよ、反感にせよ、隊員の姿は何らかの感情を住民の心に引き起こさずにはおかないであろうが、事件が発生しない限り、通常の巡回での両者の接触は基本的には表面的なものである。また、巡回に関しては、それが隊員の最重要かつ日常的な職務であるにもかかわらず、一八世紀前半では具体的な規定（担当地区、頻度、時間など）は見られず、隊員による巡回日誌や主要な住民による巡回証明もまた、当該時期のオート＝ノルマンディー地方のマレショーセに関しては残っていない。したがって、隊員の日々の巡回の実態や巡回中の隊員が住民にどのような態度で接していたかを知るのは難しい。(53)そこで本節では、地方長官・陸軍卿間の連絡書簡とプレヴォ裁判文書から隊員と接触する際の住民の反応を探ってみよう。以下、住民と隊員が互いに接近するねらいを視野に入れやすくするために、隊員から住民に働きかける場合、住民から隊員に働きかける場合の二通りに分けて検討を進める。

隊員からの働きかけに対する住民の反応

隊員が被疑者以外の住民と積極的に接触する主な機会といえば、捜査協力を求めるとき、証人に対してプレヴォ裁判への召喚を通達するとき、特別な任務を遂行するときであろう。

当該地方の住民が隊員からの捜査協力にどのように応えたかを示す史料は少ない。住民が捜査に協力した事例では、たとえば、監獄への連行中、被疑者に逃亡され森の中に逃げ込まれた隊員が住民とともに被疑者を狩り出し、再逮捕にこぎつけた事例、商人二人の協力を得て窃盗犯を逮捕した事例、旅籠で同室となった商人・自営農から金を盗んだ被疑者を旅籠の主人に協力させて捜索し逮捕した事例などがあるが、[54] これらの事例では住民が積極的に隊員に協力したのか、協力せざるを得なかったのか、よくわからない。

住民の隊員に対する感情がより鮮明に表出するのは、隊員からの働きかけに対して住民が抵抗したときである。マルタンは、「マレショーセに対する反抗、その頻度、その理由は、マレショーセがその監視と保護を任されていた社会へのマレショーセの同化を評価する最良の方法」と指摘するが、[55] 実際、先行研究は、史料としてより残りやすいということもあるだろうが、職務中の隊員に対する抵抗の方により注目している。たとえば、隊員に見つからない道を脱走兵に教えるといった形で現れた隊員に対する反感や、国王民兵の籤引きの忌避者を連行しようとした隊員が住民に殴られた事例、武装解除に赴いた隊員が武装した住民と衝突し死傷した事例、定期市で発生した殴り合いを止めようとした隊員が暴行された事例など暴力的な反抗も指摘されている。[56] 当該時期のオート＝ノルマンディーの場合、地方長官や陸軍卿レベルで問題とされるほどの隊員に対する反抗の事例はわずかしかない。詳細が判明するのは、縁日で班長補佐が暴行された以下の事例のみである。

一七三二年八月一〇日日曜日、ラ・フゥイエ班の班長補佐 J. Fortin（n°225）は騎兵二名とともに、大規模な縁日が催されていたボーヴォワール（Beauvoir）教区のサン＝ローラン修道院前に、「そこで起こり得る混乱と口論を防ぐため」赴いた。居酒屋の主人 Boucherot 兄弟の弟に対する Fortin の発言をきっかけに、彼は Boucherot によって暴行、侮辱されてしまう（この時、他の二名の騎兵は修道院の隣の親戚宅にいて、その場にはいなかった）。その場には他に Fortin の知らない者たちもいたが、彼らもまた Fortin を侮辱したという。Fortin は、同行していた息子二人によって助け出され、駆けつけた二名の騎兵とともに「苦労して」Boucherot 兄弟を逮捕し、副官の所に連行した。

兄弟の暴行に関して Fortin には思い当たるふしがあった。第一にパリのシャトレ裁判所の執達吏が兄弟の動産を差し押さえようとした時に執達吏に協力した件、第二に彼らの姉妹の婚約者を逮捕した件である。この男は数件の窃盗の廉でプレヴォ裁判によって裁かれていた。[57] Boucherot 兄弟の Fortin への暴行と侮辱は彼に対する恨みによるのだろうが、問題はそのまわりの者たちが兄弟の暴行を止めなかったばかりか彼らに加勢したことである。Fortin はラ・フゥイエ近隣の都市リヨンスの出身、つまり地元出身で、一七二〇年の改革前からこのときまで通算しておよそ三二年間もマレショーセに勤務しているベテラン隊員である。[58] Fortin たちが情報を求めて Boucherot 兄弟の居酒屋に立ち寄ることもあっただろう。この事件の前に周辺の住民が Fortin をどう見ていたかはわからない。しかし、Boucherot 兄弟がひとたびこの班長補佐に対して強い反感を行動で示した時点で、ローカルな紐帯の要の一つである居酒屋の主人の側に立つ住民が少なからずいたことははっきりしている。彼らの生活圏に侵入してくるマレショーセ隊員に対して普段は感情を露わにすることのなかった住民が、一つの緊張をきっかけにそれを露出させたように見える。地元出身者であるにもかかわらず、自分たちの縁日に入り込んできたマレショーセ隊員というよそ者――「ここに何しに来た」という Boucherot 兄弟の一人の発言は、その場にいた者たちの気持ちを端的に表していると思われる――に対する住民の冷たい視線が想像されて、隊員と住民との間の埋め難い溝が垣間見えるのである。

この他、暴力的な反抗ではないが、マレショーセの将校や隊員からの協力要請に対して主任司祭が非協力的な態度を示す事例が二つある。一七三一年一〇月に田園地帯および国王道路上で何度も小麦を盗んだとして、ボルドー教区在住の Recher 父子は「告発と人々の糾弾（voix publique）」に基づいて逮捕・投獄された。証人尋問（information）手続のために書記官を伴って同教区に赴いた副官は、手続の遅れで証人尋問が何時間も始められないことに苛立ち、同教区の主任司祭宅に赴いて、被疑者の生活と素行について、また彼らが本当に窃盗犯なのかどうか、司祭に尋ねた。副官の問いに対して、司祭は「私は教区民の父です。教区民について悪くいうことはできません。他の人に聞いて下さい」と答え、証言を拒否したのである。[59]

上記の事例は一司祭の非協力であるが、もう一つの事例はより深刻である。マレショーセ隊員は、「犯罪者や脱走兵が名前や生誕地を偽って軍隊を隠れ家にすることのないように」、一七三〇年一月一七日の王令で設けられた徴募兵の人相書き・手配書の検査を行っていたが、ルアンの副官が陸軍卿に指摘するところによれば、大多数の主任司祭が教区の洗礼記録簿を隊員に提示するのに難色を示すという。この報告をうけて陸軍卿は、主任司祭に協力を促すよう、また必要があれば司教たちの力にも頼るよう、地方長官に指示している。[60] 教区民に関する豊富な情報を持ち、教区で指導的な立場にあった司祭たちの非協力的な態度は、住民全体に対する影響も大きかったであろうし、[61] マレショーセの活動に大きな支障となったであろう。

しかし、以上のように、隊員からの働きかけに対して住民が反感や非協力的な態度を示すことはあったものの、少なくとも一八世紀前半のオート＝ノルマンディーでは隊員への反抗が騒擾や隊員の殺害にまで発展することはなかったようである。[62] これらの突出した事例から隊員と住民の対立的な関係を一般化することはできない。むしろここで注目すべきは、これらの事例のほとんどにおいて地域の治安は危機的状況に陥っていたわけではないという点である。隊員の日常的な巡回それ自体に対する抵抗もほとんど見られない。マルタンは、判決を執行する執達吏やそれを補助するマレショーセ隊員への抵抗、連行される被疑者の奪回を、裁判所による「社会的制裁」と「その武装した手先」に対する拒絶と見なし、武装解除を拒否したり主任司祭による守護聖人の祭におけるダンスの禁止を容認しなかったりする住民の抵抗を、治安維持が引き起こす抵抗と捉え、後者の場合はマレショーセは抵抗の直接の対象ではないと指摘する。[63] エストーもまた、住民が示すマレショーセに対する嫌悪は部分的には「社会的規範の拒絶」によると考え、マレショーセが「社会的規範」の尊重の強制を任務としていることが問題だという。[64]

マレショーセが「社会的制裁」や「社会的規範」を強制する王権の手先として現れるとき、あるいは共同体に独自に存在する規範とは異なる規範をそこに持ち込む闖入者として現れるとき、住民は隊員により明確な反感を抱くのである。それでは、逆に、自ら隊員に働きかけるとき、住民は隊員をどのように見るのだろうか。

住民から隊員に働きかける場合

マレショーセに対する住民の感情は、住民から隊員に働きかけるときに最も明瞭に現れる。住民が隊員に積極的に接触しようとする場合で最も考えられるのは、犯罪や不審者、事件について隊員に訴え出るときであろう。プレヴォ裁判の逮捕・投獄調書には、マレショーセにとってその事件がどのように始まったかが記されている。調書によれば、隊員は巡回中に犯罪、不審者、事件等に自ら遭遇したり気づいたりすることもあるが、それ以上に住民から通報あるいは告発を受けてそれらを知ることになる。詰め所にいるときに通報されることもあれば、巡回中に通報されることもある。通報するのは被害者だけではなく、別の住民の場合もある。また、通報は被疑者の身柄が拘束される前に行われるときもあれば、被害者あるいは住民が被疑者を捕縛した後で行われるときもある。

これら住民による隊員への通報は、彼らがマレショーセを認知し、犯罪の抑止と事件の解決のためにその力に期待したことを示している。事件の発生直後に通報した場合は、住民はマレショーセに犯人逮捕とその処分を委ねたことになり、被疑者の拘束後に通報した場合は、犯人の処分を委ねたことになる。ただし、被害者あるいは周囲の住民はいつでも直ちにマレショーセに通報していたわけではない。事件発生の数日後に通報する事例もあれば[65]、自ら犯人を追跡して捕らえ盗品を取り戻した後、隊員に犯人を引き渡さずに済ませる事例もある[66]。つまり、事件が発生すれば即マレショーセに通報というわけでは決してなく、マレショーセは事件への対応策の一つ——重要な選択肢ではあっても——ということである。対応策を選ぶのはあくまで被害者あるいはその周囲の住民なのである。

それでは、住民はどのような場合にマレショーセに事件を委ねたのだろうか。この点を検討するうえで興味深い事例を三つ挙げてみよう。

一七三三年二月二日、フランクール（Flancourt）教区の主任司祭および住民三名から、同教区に住む Jean Pellerin なる人物が彼らを侮辱し、暴力をふるい、焼き殺すと脅迫したとして、ブール＝アシャール（Bourg-Achard）班に通報と告発があった。被疑者は、司祭らによる国王民兵の籤引きの該当者リストの作成を妨害したのである。[67] 被疑者が同教区で前年のクリスマス・イヴに発生した火災の犯人と疑われていたこともあって、隊員たちは同教区に赴き、被害者の一人の家で「人々の糾弾によって（à la clameur publique）」Pellerin を逮捕している。つまり、放火犯としても疑われていたこの日雇い農民が司祭や主要な住民に暴力をふるったばかりか放火すると脅迫するに及んで、同じ教区民であってももはや教区の手に負えないとして告発が為されたと考えられる。司祭たちの判断は人々の指弾によって支持されているように見える。[68]

一七三三年八月一七日、ポン＝トードゥメール（Pont-Audemer）班はボンヌヴィル＝ラ・ルヴェ（Bonneville-la-Louvet）教区で起きた窃盗と犯人捕縛の通報（通報者は不明）を受けて出動した。犯人はよそ者の浮浪者で、ボンヌヴィルから三・五キロほど離れた小都市コルメイユ（Cormeille）の酒場にいるところを追跡してきた被害者とその兄弟によって見つけ出され、「人々の糾弾によって」捕縛、コルメイユの監獄に引き立てられている。この事例では被害者は自力で被疑者を捜し出し、別の教区の住民の協力を得てその身柄を拘束している。[69] ここまでの過程に隊員は全く関与しておらず、マレショーセには被疑者の処分のみが委ねられている。ここに見られるのは窃盗犯、乞食・浮浪者、よそ者に対して地域の住民が教区の別なく協力して対処する、住民対窃盗犯・乞食・浮浪者・よそ者の構図である。

一七三二年七月七日、コードベック班の隊員は巡回中に、トレモーヴィル（Trémauville）教区の Delamare 宅で夜間に何者かが戸をこじ開けたという話を数人から聞いたので、同教区に急行し、Delamare から以下のような話を聞き出した。乞食・浮浪者たちの会話を自分の店で耳にした酒場の主人が彼らの後をつけ、彼らが Delamare の地下貯蔵庫の戸をこじ開けようとしているのを短銃を撃って阻止し、Delamare に知らせた。Delamare は他の数人と彼らを追跡したが、近くの麦畑に彼らの所持品を見つけただけで、彼らを捕らえることはできなかった。ところが、その翌朝、彼らの一人が所持品を返してくれるよう頼みに来た。すぐさま男を捕らえたが、司祭や他の住民たちのいる前で慈悲を乞う姿を見て男を逃がしてやった、というのである。隊員はこの話を聞いて直ちに周辺の教区でこの乞食・浮浪者を捜索し、被疑者二名を逮捕している。[70] この事例では、事件の解決後に介入したマレショーセが治安維持の主導権を当事者たちから取り戻そうとしているように見える。

上記の三つの事例を含め我々が現在までに調査した数十の逮捕調書によれば、住民が隊員に通報したのは押し込み強盗、乞食・浮浪者が関わる事件、国王道路上の犯罪が多く、通報された被疑者の多くも乞食・浮浪者、脱走兵といった漂泊する者である。つまり、プレヴォの管轄に含まれる犯罪や被疑者と住民にとってのよそ者である。また、殺人や暴行など危険な犯罪や、定住者であっても累犯者、逃亡者、凶悪犯の場合は通報されている。したがって、隊員に通報されたのはほとんど、被害者自らあるいは共同体の内部では解決できない、彼らの手に余る犯罪や被疑者であり、迅速な対応が求められる犯罪であった。

窃盗の通報を受けた隊員が早朝四～五時に被害者宅に直行し事情を聞いた事例や午後一〇時に住民が捕まえた乞食を詰め所に連れて行った事例など[71]を合わせて考えれば、時間を選ばず発生する犯罪に対して迅速に対応できるマレショーセの存在が際立ってくる。住民は自分たちの手に余る犯罪、迅速な対応が必要な犯罪に対しては、マレショーセを有効な対応策と見なし、活用していたのである。

おわりに

近世フランスの犯罪史に詳しい浜田道夫は、ラングドック地方に関するニコル・カスタンの研究に依拠しつつ国家の司法装置と共同体との関係について、「共同体はふだんはその内部で事件・紛争を解決しようとする」が、「共同体の許容範囲を越えた累犯者や他処者の犯罪者については、『怒号の追い立て』（clameur publique）の中で彼らを騎馬警察隊（マレショーセのこと・引用者）に引き渡すのである。ここでは秩序の維持をめぐり、共同体と外部権力が持ちつ持たれつの関係にある」と的確に指摘する。[72] 以上の我々の検討によれば、マレショーセの隊員と地域住民との関係もまた、持ちつ持たれつの相互補完的な関係といえる。最後にこの両者の共存がどのように成立したかを検討して、本章を閉じることにしたい。

一七二〇年のマレショーセ改革は王国全体に細かくマレショーセの隊員を展開させた。地域の住民は改革以前よりはるかに身近に隊員と接触することになったはずである。隊員の多くが地元の出身者であり、かつ住民と同じ社会層の出身であったことも、隊員と住民の間に親和性を醸成したであろう。住民が巡回中の隊員や詰め所にいる隊員に通報したことは、彼らがこの国王の警察の存在を認知し、自分たちの生活空間の安全や事件の解決のためにある程度その力に頼っていたことを示している。たしかに、人員不足で隊員のパトロールは必ずしも王国全体に行き渡らなかったであろう。しかし、かつて身近にいなかった、あるいはいても十分には活動していなかった旧マレショーセの隊員を知っている住民が改革後の隊員に過剰な期待を寄せたとは思えないから、そのことで隊員に対する住民の不満や反感が大きく引き起こされることはなかったであろう。

住民はむしろ、国王の警察力の不十分さが結果的に従来の共同体による相互扶助および紛争処理のシステムを維持させる点を重視したのではなかろうか。警察力の弱さゆえに、王権は事件や紛争を住民から「奪う」ことができなかった。すべての空間を常時掌握していない以上、王権が事件や紛争、その処理を独占するのは不可能である。それらは当事者、その周囲（多くは共同体、あるいは社団）、王権の三者でそれぞれの意図のもとで共有されることになる。

このように、マレショーセ隊員の遍在とその人員の少なさによって、住民共同体の秩序維持システムと王権の秩序維持システムの共存が成り立つ。隊員の介在が住民の秩序維持の方法に抵触しない場合（たとえばパトロール）、両者の共存は維持される。しかし、それが抵触する場合（たとえば、武装解除のような特別任務）、王権の規範を民衆世界に強制する力としてマレショーセが介在する場合、両者の共存は難しくなる。その強制の程度が住民の容認の限界を超えたとき、住民は何らかの形で抵抗の意思を表明していた。その意思表示は時に暴力による抵抗に至ることもあったが、決して両者の共存自体を破壊することはなかったのである。

翻って、王権はマレショーセ改革によって王国全体に国王の警察網を展開させたが、王国の治安をより効率的に維持するには、その人員の少なさゆえに、民衆世界に根付く秩序維持のシステムを尊重し、援用するしかなかった。王権にとって民衆の秩序維持システムの廃止が問題だったのではなく、どのようにしてそれを王権の秩序維持システムの中に取り込み活かしていくかが問題だったのである。このように考えるならば、ある社団に対して、その社団独自の論理を尊重しつつも、それを王権の論理と共存するような形で組み直して、つまり、それを王権の論理の中に組み込んで、結果的に王権の支配を拡充させていくという、絶対王政期の統治システムを、我々は警察の領域において見ていることになるのではなかろうか。

註

（1）近世フランスに関しては、一九九〇年代以降B・ガルノがクリミナリテ研究の再考を促し、より広い視野からの裁判研究を精力的に推し進めているし、今世紀に入ってA・フォランを中心とするグループもまた、民衆により身近な裁判所（領主裁判所や国王の中・下級裁判所）のさまざまな機能に関心を向けている。彼らは積極的に研究集会を組織し、多くの成果を公表しているが、ここでは以下の二つのみを挙げる。Garnot (Benoît)（sous la direction de), *L'infrajudiciaire du Moyen Age à l'époque contemporaine. Actes du colloque de Dijon 5-6 octobre 1995*, Dijon, 1996 ; Follain (Antoine)（sous la direction de), *Les justices locales dans les villes et villages du XV*^{e} *au XIX*^{e} *siècle*, Rennes, 2006. 彼らに先行する以下の研究も忘れてはならない。Castan (Yves), *Honnêteté et relations sociales en Languedoc (1715-1780)*, Paris, 1974 ; Castan (Nicole), *Justice et répression en Languedoc à l'époque des Lumières*, Paris, 1980. また、同様の問題関心は日本においても、ドイツ中世史の服部良久の最近の研究や歴史学研究会編『紛争と訴訟の文化史』青木書店、二〇〇〇年に見て取れる。

（2）高澤紀恵「パリのポリス改革――一六六六～一六六七」『思想』第九五九号、二〇〇四年、六二～八七頁（のちに高澤紀恵『近世パリに生きる――ソシアビリテと秩序』岩波書店、二〇〇八年所収)。

(3) マレショーセ改革については、拙稿「一七二〇年のマレショーセ改革――フランス絶対王政の統治構造との関連から」『史学雑誌』第一一〇編第二号、二〇〇一年、一～三六頁、および「近世フランスにおける地方警察の創設――オート＝ノルマンディー地方のマレショーセ（一七二〇～一七二二年）」『法制史研究』第五七号、二〇〇八年、一六一～一八八頁を参照。

(4) Larrieu (Louis), *Histoire de la maréchaussée et de la gendarmerie des origines à la Quatrième République*, Maison-Alfort, 2002, pp. 167, 319 ; Brouillet (Pascal) (sous la direction de), *De la Maréchaussée à la Gendarmerie. Histoire et patrimoine*, Maisons-Alfort, 2003, p. 43.

(5) これらの史料に関しては拙稿「一八世紀オート＝ノルマンディーのマレショーセ関係史料について」『長崎大学教養部紀要』第三七巻第二号、一九九六年、一八八～一八九頁、一九一～一九六頁を参照。

(6) Hestault (Eric), *La lieutenance de maréchaussée de Nantes (1770-1791)*, Maisons-Alfort, 2002, p. 107.

(7) *Recueil général des anciennes lois françaises depuis l'an 429 jusqu'à la Révolution de 1789*, éd. par Jourdan, Decrusy et Isambert, Paris, t. XVIII, 1822-1833, p. 374 (中村義孝「資料　ルイ一四世一六七〇年刑事王令」『立命館法學』第二六三号、一九九九年、二六〇～二六一頁); Déclaration du Roi, "sur les cas Prevôtaux ou Présidiaux", SHD, X^{F} 1.

(8) 隊員の職務についてより詳しくは以下を参照。Larrieu, *op. cit.*, pp. 252-268 ; Cameron (Iain A.), *Crime and repression in the Auvergne and the Guyenne 1720-1790*, Cambridge, 1981, pp. 56-132 ; Lorgnier (Jacques), *Maréchaussée, histoire d'une révolution judiciaire et administrative*, Paris, 1994, t. I, pp. 269-307.

(9) Cameron, *op. cit.*, p. 84.

(10) パリのブルジョワの武器携行については、高澤紀恵「近世パリ社会と武器」二宮宏之・阿河雄二郎編『アンシアン・レジームの国家と社会――権力の社会史へ』山川出版社、二〇〇三年、一〇一～一三〇頁、六〇～六八頁を参照。

(11) Castan (Nicole), "La justice expéditive", *Annales E. S. C.*, 31e année, n° 2, 1976, pp. 347-348.

(12) Martin (Daniel), "La maréchaussée au XVIIIe siècle. Les hommes et l'institution en Auvergne", *Annales historiques de la Révolution française*, 1980, a. 50, n° 239, p. 117 ; Lorgnier (Jacques) et Martinage (Renée), "L'activité judiciaire de la maréchaussée de Flandres (1679-1790)", *Revue du Nord*, 1979, t. 61, n° 242, pp. 603-604 ; id., "Procédure criminelle et répression devant la maréchaussée de Flandres (1679-1790)", *Revue historique de droit français et étranger*, 59e année, 1981, p. 197.

(13) 大革命前夜、人々はマレショーセの警察力を好意的に評価しても、プレヴォ裁判には否定的であった。N. Castan, *op. cit.*, p. 190 ;

Cameron, *op. cit.*, p. 243.

(14) Hestault, *op. cit.*, p. 340.

(15) Bouloiseau (Marc), *Cahiers de doléances du Tiers Etat du bailliage de Rouen pour les Etats généraux de 1789*, Rouen, 1960, t. II, pp. 172, 197 ; Le Parquier (E.), *Cahier de doléances du bailliage du Havre pour les États généraux de 1789*, Epinal, 1929, pp. 132, 209.

(16) 一七八九年の隊員数（ラッパ兵を除く）は三九三〇名という。Drilleau (Bernard), *La Maréchaussée aux* XVIIe *et* XVIIIe *siècles*, Université de Lille III, 1986, p. 288.

(17) オーヴェルニュのマレショーセでは勤務日誌（journal de service）が残存しているようだが、ナント副官管区の隊員の巡回日誌は残っていないという。Cameron, *op. cit.*, p. 76, n. 44 ; Hestault, *op. cit.*, pp. 25, 291.

(18) 拙稿「オート＝ノルマンディー地方のマレショーセの領域的編成――一八世紀前半を中心に」『西洋史学論集』第三八号、二〇〇〇年、六四頁。

(19) Gouhier (Pierre), Vallez (Anne) et Vallez (Jean-Marie), *Atlas historique de Normandie*, t. II (Institutions, économie, comportements), Caen, 1972.

(20) Cameron, *op. cit.*, pp. 75-77.

(21) Dupâquier (Jacques), "Essai de cartographie historique : Le peuplement du Bassin parisien en 1711", *Annales E. S. C.*, 24e année, n° 4, 1969, p. 993.

(22) Cameron, *op. cit.*, pp. 19-20 ; Hestault, *op. cit.*, pp. 373-375.

(23) Lettre de D'Angervilliers, secrétaire d'Etat à la guerre sans adresse (aux intendants d'après le contexte), 12 février 1733, ADSM, C 748.

(24) Lettre sans signature (de La Bourdonnaye, intendant de la généralité de Rouen) à D'Argenson, serétaire d'Etat à la guerre, 30 mai 1745, ADSM, C 749.

(25) SHD, Y^b 858, pp. 461-481, Y^b 859, pp. 466-490. 内訳は"cassé"（三二名）、"destitué"（一八名）、"remercié"（一名）および"congédié"（三八名）である。

(26) 拙稿「近世フランスにおける地方警察の創設」、一七一頁、表5。

(27) 軍隊経験が採用条件として課されるのは一七六〇年四月一九日の王令（第一編第八条）からで、「可能な限り、その他の陛下の部隊ですでに兵役に就いていた」ことが求められた。Larrieu, *op. cit.*, p. 145. ただし、すでに一五七三年一月一五日の国王宣言（第四条）

はプレヴォに対して、「良い兵士（bons soldats）」にだけ騎兵職を委ねるよう命じている。Saugrain (Guillaume), *La Maréchaussée de France ou receuil des Ordonnances, Edits, Déclarations, Lettres patentes, Arrests, Reglements & autres Pieces. . .*, Paris, 1697, p. 178. 一八世紀前半のオート＝ノルマンディー地方のマレショーセにおいて、軍隊経験が実質的に採用の基準として働いていたことに関しては、拙稿「一八世紀前半期オート＝ノルマンディー地方のマレショーセ隊員――年齢、身長、軍隊経験」『西洋史学論集』第四七号、二〇〇九年、一〇〜一三頁参照。

(28) Corvisier (André), *Les contrôles de troupes de l'Ancien Régime*, Paris, 1968, t. I, p. 54.

(29) たとえば、ヴェルノン班の騎兵 Louis Marche (n° 458) のポストを引き継いだ Jean Marche (n°s 191, 459) と Pierre Marche (n° 460) はそれぞれ Louis の兄弟、息子である。SHD, Y^{b} 859, pp. 473, 484. なお、本章で隊員に付した番号は、拙稿 "Liste des hommes de la maréchaussée en Haute-Normandie (1720-1750)"（『総合環境研究』（長崎大学環境科学部）第六巻第二号、二〇〇四年、八一〜一三一頁）の隊員名簿の番号である。

(30) たとえば、ある歩兵連隊で中隊長副官？（lieutenant）を務めた後でヌーシャテル班の班長に就任し、わずか二ヵ月弱でポン＝トードゥメール班の上級班長に昇進した Noël Ducroq de Malavergne (n°s 176, 472) などは貴族だと思われる。

(31) Cameron, *op. cit.*, p. 48.

(32) Hestault, *op. cit.*, p. 180. なお、本書の内容の一部は、拙稿「マレショーセ隊員と社会――Eric Hestault の最新の研究に寄せて」『総合環境研究』第一〇巻第二号、二〇〇八年、五三〜六五頁で紹介されている。

(33) 奉公人や羊飼いであったことが判明して隊員への任命が取り消された事例もある。SHD, Y^{b} 859, p. 484 ; Corvisier (André), *L'Armée française de la fin du XVIIe siècle au ministère du duc de Choiseul. Le soldat*, Paris, 1964, t. II, p. 926.

(34) 管見の限り、一五七九年五月のブロワの王令第一八八条が、プレヴォに対して、定住者でない者および彼らの奉公人を騎兵に採用することを禁じているのみである。Saugrain, *La Maréchaussée de France*, pp. 234-235.

(35) 一七二〇〜三〇年に全国のマレショーセに採用された隊員六四一一名のうち三四三一名（五四％）について出身地が判明しているという。Sturgill (Claude C.), *L'organisation et l'administration de la maréchaussée et de la justice prévôtale dans la France des Bourbons, 1720-1730*, Vincennes, 1981, pp. 66-67.

(36) Emsley (Clive), "La maréchaussée à la fin de l'Ancien Régime : note sur la composition du corps", *Revue d'histoire moderne et contemporaine*, 1986, t. 33, pp. 624-625, 630. ただし、ブルターニュ地方のマレショーセ隊員には、他の地方の出身者が多かったようである。エムズリィによれば、一七七一年と一七七九年の同地方の隊員の過半数がブルターニュ外の出身者である。また、ベルタン

＝ムロによれば、将校、上級班長は全員、地元出身者が採用されたものの、その他の隊員については地元で全員を供給することができず、「地理的に大きな流動性」があるという。Bertin-Mourot (Éliane), *La maréchaussée en Bretagne au XVIIIe siècle (1720–1789)*, Université de Rennes, 1969, pp. 143–145.

(37) 本来なら、隊員が所属する班の管轄区の出身者か否かが彼らの在地性を見るうえで最も重要な指標になるだろうが、各班の管轄区自体がわかっていないので、そのような分類は不可能である。また、隣接する総徴税管区に近い都市の班では、隣接する総徴税管区の出身者の方がルアン総徴税管区の出身者より地元出身者ということもあり得る。そもそも、徴税管区や総徴税管区という徴税に基づく行政管区が住民にどれだけの帰属意識をもたらしたかという根本的な問題もある。それにもかかわらず、現時点ではこの分類が最も意味あるものと思われる。

(38) Cameron, *op. cit.*, p. 126.

(39) たとえば、ブルターニュのマレショーセには隣接するノルマンディーの出身者、またフランス東部や北部の出身者、さらに外国人も採用されているが、彼らはこの地方独特の言葉や生活スタイルに遭遇することになる。Bertin-Mourot, *op. cit.*, pp. 144–146.

(40) SHD, Y^{b} 859, pp. 482, 484. この移転の経緯に関しては、拙稿「オート＝ノルマンディー地方のマレショーセの領域的編成」、六九〜七〇頁参照。

(41) この一連の移転は同時に、隊員の地域への執着の強さも窺わせる。ヴェルノンへの移転後、直ちに班を去った四名の騎兵のうちT. Michel (n°s 446, 423 et 395) は再設置されたカンブルメール班に戻り、n° 463 とn° 371 の Antoine Gorge が同一人物だとすれば（その確認はできなかった）、彼もまたカンブルメール班に復帰したことになる。

(42) Larrieu, *op. cit.*, p. 170 ; Cameron, *op. cit.*, p. 76.

(43) Lettre de D'Angervilliers à La Bourdonnaye, 3 avril 1733, ADSM, C 748.

(44) Certificats des habitants de la ville de Vernon, 13, 15? et 16 août 1732, ADSM, C 748.

(45) 同時期のイギリスでは税関に設置された騎馬巡査（riding officer）が密輸品の押収、密輸人の逮捕を担ったが、ここでも取り締まる側と地域との距離の近さがプラスとマイナスの側面から問題にされている。佐久間亮「密輸の時代――一八世紀イギリスにおける密輸と地域社会」常松洋・南直人編『日常と犯罪――西洋近代における非合法行為』昭和堂、一九九七年、三八〜四六頁。

(46) Larrieu, *op. cit.*, pp. 140–141. 拙稿「史料紹介『全王国におけるマレショーセのすべての将校・プレヴォ裁判役人、隊員の官職の廃止、および新しいマレショーセの中隊創設を定める王令』（一七二〇年三月）」『西洋史学論集』第四五号、二〇〇七年、九九頁。

(47) Martin, art. cit., pp. 103–106 ; Cameron, *op. cit.*, pp. 21–33 ; Emsley, art. cit., pp. 638–641. 副業は隊員を汚職に引き込む大きな原因で

もあったが、一七六〇年にオーヴェルニュの地方長官が隊員の過半数が副業を営んでいると嘆いたように、隊員の副業は蔓延していた。

（48）Martin, art. cit., p. 105 : Sturgill, *op. cit.*, pp. 70-71 : Cameron, *op. cit.*, pp. 30-31.
（49）Lettre de Breteuil, secrétaire d'Etat à la guerre à La Bourdonnaye, 2 avril 1742 et Lettre sans signature (de La Bourdonnaye) à De Breteuil, 23 avril 1742, ADSM, C 749.
（50）SHD, Y^{b} 859, p. 474.
（51）隊員の在地性の功罪に関しては以下も参照。Cameron, *op. cit.*, p. 55 : Emsley, art. cit., pp. 630-632.
（52）マレショーセ隊員がかなりの高身長であったことに関して詳しくは、拙稿「一八世紀前半期オート＝ノルマンディー地方のマレショーセ隊員」、六〜一〇頁参照。
（53）エクゥイ（Ecouis）班の上級班長 N. de La Marche (n° 244) は、教区の助任司祭と教会参事会員を侮辱、脅迫し、修道院の柵をこじ開けることを望み、御者の妻を無理矢理奪うことを望み、さらに巡回に際しては貴族や豪農の家に食事を求めて行くといった職権濫用まで行っているとして告発されている。Copie de la lettre du s^{r}. . . . , sans date (vers 1730), ADSM, C 748. 住民に対する隊員の態度を明示する例は現時点ではこれくらいしか見あたらず、この素行の悪い班の指揮官の例を一般化することはできない。
（54）Lettre d'Hennin, subdélégué à Magny à "Monseigneur" (De Gasville, d'après le contexte), 3 juillet 1731, ADSM, C 748 : Procès-verbal de capture de Denis du Roos, 14 février 1721, ADSM, 7BP117 : Procès-verbal de capture de Guillaume Drieu, 28 avril 1733, ADSM, 7BP113.
（55）Martin, art. cit., p. 110.
（56）Cameron, *op. cit.*, pp. 222-230 : Hestault, *op. cit.*, pp. 344, 351-354.
（57）Copie du procès-verbal dressé par J. Fortin, sous-brigadier à La Fouillée, 10 août 1732 et Lettre de D'Angervilliers à La Bourdonnaye, 27 août 1732, ADSM, C 748.
（58）SHD, Y^{b} 858, p. 469 et Y^{b} 859, p. 474 : ADSM, C 750, 1100.
（59）Procès de Daniel, Jean et Nicolas Recher, ADSM, 7BP58.
（60）Lettre de Breteuil à La Bourdonnaye, 8 mai 1742, ADSM, C 749.
（61）主任司祭の行政的役割および彼らの教区民に対する影響力に関しては以下を参照。Plongeron (Bernard), *La vie quotidienne du clergé français au XVIIIe siècle*, Paris, 1974, pp. 141-148 : Gutton (Jean-Pierre), *La sociabilité villageoise dans l'ancien France.*

Solidarités et voisinages du XVIe au XVIIIe siècle, Paris, 1979, 198-206.

（62）Fortin の事件のほか、ブランヴィル（Blainville）教区の住民がルアン第三班の隊員たちに暴行した事例があるが、この事件の詳細は不明である。Lettre de D'Angervilliers à De Gasville, 12 octobre 1731, ADSM, C 748.

（63）Martin, art. cit., p. 110.

（64）Hestault, *op. cit.*, p. 341.

（65）たとえば、Procès-verbal d'un "vol fait a fescamp chez le s^{r}. le Metay de quatre barils de harang dont Allexandre Lacorne de Gruchet est soupconné", 5 avril 1732, ADSM, 7BP94 参照。

（66）たとえば、ある浮浪者・無宿者による窃盗事件では、被害者とは別のブルジョワが被疑者を追跡して盗品を取り戻した後、被疑者を逃がしている。この通報をうけた隊員は直ちに被疑者を追跡し、「人々の糾弾によって」逮捕している。Procès-verbal de capture de Jean-Baptiste Vinante, 1er décembre 1731, ADSM, 7BP36.

（67）国王民兵の籤引きによる選出に関しては、Corvisier, *L'Armée française de la fin du XVIIe siècle au ministère du duc de Choiseul*, t. I, pp. 201-204 および佐々木真「フランス絶対王政期における国王民兵制」『史学雑誌』第九八編第六号、一九八九年、六六、七一～七三頁を参照。

（68）Procès-verbal de capture de Jean Pellerin, 2 février 1733, ADSM, 7BP113.

（69）Procès-verbal de capture de Jacques Requier, 18 août 1733, ADSM 7BP94.

（70）Procès-verbal de capture de Jean Cousin et de Charles Geudin, 7 juillet 1732, ADSM, 7BP36.

（71）Procès-verbal d'un vol, 2 août 1731, ADSM, 7BP58 ; Procès-verbal de capture de Jean-Baptiste Anglereau et de René Le Bot, 21 et 22 avril 1736, ADSM, 7BP93.

（72）浜田道夫「アンシャン・レジーム期犯罪史研究の諸問題」『商大論集』第四七巻、一九九五年、一九～二〇頁。

第三章

帝政期ドイツにおける徴兵検査の実像

——徴兵関係資料を手がかりに

丸畠宏太

はじめに

原則上男子国民全員に国防を必任義務として課する一般兵役制は、近代国民国家の軍制として二〇世紀までには世界各地で広く受容されたが、その源流が一九世紀初頭のプロイセンにあることは、つとに知られている。筆者は以前から、一九世紀のプロイセン軍制と、旧来の身分制的性格が色濃く残るほかのドイツ各邦の軍制とを比較しながら、近代ドイツ史のなかでこの国民国家に固有の軍制がいかに成立・発展し、それが一八七一年創建のドイツ帝国においていかに定着・深化したかを探求してきた。[1] 近年、ドイツでもウーテ・フレーフェルトが、プロイセン＝ドイツにおける国民国家の形成に兵役義務が果たした役割を力説し、青年男子が兵営生活を営むなかでいかに国家国民として教化されていったかを解明したのをはじめ、[2] 軍事史の分野でも、社会史、日常史の成果を取り入れ、兵役に就く普通の人々の視線に立った研究がなされるようになったのである。[3]

とはいえ、一般兵役制が確立した帝政期に徴兵検査がどのように実施されたか、壮丁の選別がいかに行われたか、そこで何らかの操作が行われた可能性はあったかなど、徴兵検査の現場の諸相が研究対象となることは、これまでほとんどなかったし、[4]帝国全体の徴兵検査結果については、二〇世紀初頭から帝国統計局の年報に公表されていたにもかかわらず、これを駆使した兵役の実態解明も不十分であった。その結果、帝政期の軍隊と社会にかかわる諸問題で、十分な検証がなされないままなおざりにされている論点も少なくない。その一つが、徴兵政策において農村出身者が優先的に徴集され、都市出身者はなるべく軍隊に入れないようにされたという言説である。たとえば、ハンス＝ウルリヒ・ヴェーラーが依拠する一九一一年の数値によれば、入営者のうち六四％が農村部出身、二二・三％が農村的色彩の強い小都市出身、七％が中都市出身、六％が大都市出身であったが、当時全人口中に占める割合は農村部が四〇％強、小都市部が二五％、中都市部が一三・四％、大都市部は二一・三％であった。つまり、全人口の三四・七％を占める都市住民層が兵士に占める割合は、一三％に過ぎなかった。その理由としては、保守勢力がなお幅を効かせていた軍上層部と政治指導部が、当時「帝国の敵」と目された都市労働者階級が軍隊に入って反政府活動をすることを恐れ、徴兵業務のところでの意図的操作によって、皇帝の忠実なる藩屏となりうる農村出身者を優先させたため、というのである。[5]この説明は今日においても一般に受け入れられており、当時の政治的状況からして納得できる部分もあるが、後に述べるように、この数値を持ち出して、官憲側の政治的配慮に基づいた意図的操作があったとの結論を出すだけでは、議論が少し乱暴に過ぎるであろう。本来ならば、徴兵業務にかんする文書をはじめとするさまざまな資料を駆使して、主張をさらに裏打ちする必要があるところだが、残念ながら従来そこまで踏み込んだ研究はなされてこなかった。[6]

以上のような研究状況を踏まえ、本章ではまず前提作業として、プロイセン＝ドイツが安定した兵役制度を有するに至った歴史的経緯を概観する。ここでは、兵役システムの全国一律性と公平性の二原則が、国民統合に大きな役割を果たしたことが明らかにされるであろう。続いて、一八八八年一一月二二日制定の「国防規定」[7]と、『ドイツ帝国統計四季報』[8]、『ドイツ帝国統計年鑑』[9]所収の徴兵検査結果、それにプロイセンのヴェストファーレン州に属するいくつかの徴兵区の兵事資料を用いて、世紀転換期ごろのドイツで普通の人々がいかなるプロセスを経て兵役に就いたかを、帝国全体および各邦・州の視点＝マクロの視点と、各地域の徴兵区の視点＝ミクロの視点から分析・検討する。ここでは、兵役の一律性と公平性の原則の蔭にあるさまざまな操作、地域間格差と、その背景について考察がなされるであろう。

ここで資料状況について少し述べておくと、『ドイツ帝国統計年報』には帝政初期から簡単な徴兵検査結果が掲載されていたが、『ドイツ帝国統計四季報』に徴兵検査結果が掲載されるようになったのは一九〇二年度分からで、内容は年を追うごとに詳しくなった。これは当時、国民の兵役適格性をめぐる議論が、軍部のみならず医学界、国民経済学界をも巻き込んで拡大していたことと関係がある。⑩また、徴兵検査にかんする資料については、わが国と同様に徴兵業務の現場は各自治体であったため、今日の州レベルや都市レベルの文書館には、断片的ながら兵事関係の資料が残されているところが少なくない。そのなかでも、比較的資料がよく保存されている地域の一つが、今日のノルトライン＝ヴェストファーレン州東部・北部地域であり、考察対象がこの地方になった理由の一つがこうした資料状況によるものであることを断っておく。

本論に入る前に、二つの用語について、ここでの意味を簡単に説明しておく。
徴集　徴兵検査に合格した者が軍隊に取り込まれること。志願者は含まない。
入営　徴兵検査に合格した者が軍隊に取り込まれること。志願者も含む。

第一節「長い一九世紀」のドイツと一般兵役制

国民統合装置としての軍隊

周知のように、国民国家ドイツ帝国がドイツ統一戦争と呼ばれる一連の戦争を経て創建されたことは、新帝国で軍隊ないし軍事的なものの価値をことさら高めるうえで、決定的な意味をもった。⑪近年では、ドイツの市民的世論における統一戦争の役割を分析したフランク・ベッカーが明らかにしているように、統一戦争の最終段階であるプロイセン＝フランス戦争（実質は独仏戦争）は、少なくとも形式的には、ナポレオン三世のフランスがプロイセンに宣戦布告し、これに対してプロイセンが侵略者から国を守るために戦端を開く、という経緯ではじまった戦争であった。こうした認識に立って中産市民層に担われたジャーナリズムは、この戦争は戦時動員によって召集された国民各層が一致団結して、侵略者フランスに抗する防衛戦争であるとの世論を形成し、国民全体が積極的にこの戦争に参加する意義を社会に広く普及させた。かくしてドイツ統一戦争は、国民統合を促進するうえで決定的役割を果たしたのである。(12)

しかしながら、国民は劇的な戦争をつうじてのみ形成されたわけではない。フレーフェルトはこうした戦争による国民統合を外からの国民形成と呼んだが、彼女がそれ以上に着目したのは、あまり人々の耳目を驚かせることもなく、すでに一九世紀初頭からはじまっていた軍隊による社会の規律化・統合化過程であった。フレーフェルトはこれを内からの国民形成と呼んだが、この過程に大きな役割を果たしたのが一般兵役制であり、(13)その出発点に位置するのが、一八〇六年の対フランス敗北を契機にプロイセンではじまった軍制改革と、解放戦争が終わって間もない一八一四年九月四日に、その集大成として公布された国防法（正式名称は「兵役義務にかんする法令」）である。では、一般兵役制はいかなる点で国民形成に寄与したのであろうか。

社会に定着する兵役義務

筆者はすでに別稿で、軍制改革の時代背景と国防法の成立事情について詳しく論じてきたので、(14)ここでは国防法の規定を出発点として、統一戦争以前の兵役義務受容の諸相に目を向けてみよう。

まず国防法の内容について、ここでは一般兵役の原則が宣言されたことのほかに、以下の議論に必要な限りでその内容を紹介しておこう。(15)兵役期間は常備軍での現役三年（一八三七年から五五年までは二年）、予備役二年であったが、財産・教養市民層には旧来の兵役免除特権に替わって、猟兵・狙撃兵部隊（Jäger–und Schützenkorps）に一年志願での入隊が認められた。以上の期間を終えた者は、戦時に国内外で常備軍の補完的役割を果たす第一召集、戦時に国内防衛の任務にあたる第二召集の国土防衛軍（Landwehr）にそれぞれ七年所属したが、常備軍に入営しなかった者も第一召集の国土防衛軍に編入された。軍事力の核をなす常備軍は「戦争に備えての全国民の基幹教育学校」と位置づけられ（国防法四条）、ここに軍隊の国民教育的意図があらわれていた。また国土防衛軍は、地方自治体ごとにその主導のもとに編成され、平時の召集は一年のうちわずかな訓練期間だけ、将校団も常備軍とは別に組織され、市民層出身者にも将校への道が開かれるなど、民兵的色彩が強かった。

以上のように、国防法は兵役における男子国民の平等原則を謳い、段階ごとの兵役の形態や服務期間などを規定していたが、そのは内容はあまりに簡素で、条文はわずか一九しかなく、兵力については「その都度の国家の事情に応じて定められる」（国防法三条）ものとされており、兵役検査を含む徴兵業務の実施方法、徴兵検査合格の基準、常備軍配属か国土防衛軍配属かを判断する基準、さらには、兵事にかんする法令違反者に対する処分といった具体的事柄については、何の規定もなかった。これは現場での恣意に委ねられる可能性が高かったことを示唆しているが、これに加えて、従来兵役免除の対象だった中産市民層らには、文化の破壊者であるとして常備軍隊そのものに嫌悪感を有する者も少なくなかったため、新国防法施行直後の兵員補充においては、地域ごとにかなりの混乱や不正と思われる行為が見られた。

たとえば、新たにプロイセン領となった都市アーヘンでは、一八一七年度に徴兵検査を受けた男子約五〇〇〇人のうち、健康上の理由で兵役不適格とされた者と、家庭の事情や営業活動に不可欠といった理由で兵役免除になった者が、ともに二〇〇人以上あり、必要とされる新兵数の三分の二くらいしか満たせなかった。当時徴兵業務の現場を仕切っていたのは、おもに都市中産階層からなる兵員補充委員会であり、委員会メンバーが同じ中産階層出身者に有利な、すなわち彼らが兵役から免除されるような判断を下すことも多かったという。ナポレオン時代フランスの支配下にあったアーヘンでは、その当時、兵役該当者が代理人を立てることが認められていたため、代理人を認めないプロイセン型軍制に対する拒絶感が強かった[16]。また、ケルンの地方当局からは、そもそも平時に一般兵役の原則を堅持することに批判の声が上がった。彼らは、この原則にこだわるところにこそ新しい軍制の実現が困難をきわめる原因があるのだとし、フランス時代の徴兵制に戻すことを要求したのである。こうした要求はケルンに限らず、各地の都市で開かれた[17]。

国土防衛軍に対しても、住民の拒否的対度は根強かった。国土防衛軍は、常備軍のような厳しい規律の下に置かれていたわけでなく、その構成員が実際に軍務に就くのは、第一召集の国土防衛軍でも年に二度の訓練時だけで、その期間は合計四週間程度に過ぎなかったが[18]、これですら下層民衆は大きな負担と感じた。下ライン左岸地域の例が示すところでは、点呼や教練に無断で欠席する者が少なくなかったが、これは、わずか数日とはいえ、その間に生活の糧を得る手段を奪われることに対する不安からくるものであったという[19]。また、中産市民層からの教練欠席願いも少なくなかったが、当局への嘆願書からは、危急時はともかく、平時に国土防衛軍を召集するのは余計で無意味のこととの認識が窺える[20]。

このように一九世紀前半においては、兵役義務公平の原則はまだ市民社会に十分受け入れられておらず、新たにプロイセン領となった地域ではなおのこと、旧来の制度への愛着が強かった。ではこうした状況の下で、中央政府と軍部は、国民統合の観点から事態にどのように対処したであろうか。また、そのような行動の根底にある基本姿勢はどのようなものであっただろうか。

ライン地方が正式にプロイセン領となって間もない一八一五年四月五日、国王フリードリヒ＝ヴィルヘルム三世はこの新領地住民に対して、彼らもまた国防法に定められた兵役義務を負うよう呼びかけた。これはすなわち、プロイセンでは新たなスタート地点の最初から、国土全体を統一的軍制のもとに置くとの方針が定められていたことを意味する[21]。ライン地方における国防法導入初期の混乱にも、この基本方針に沿って対処がなされた。なかでも重要なのは、それまでの徴兵業務であまりに地域差が大きかったことへの反省から、一八一七年に制定された「徴集規則」である。これは徴兵業務の細則を定めたものであり、兵役義務から除外される者、一年だけの猶予を含む兵役免除の条件、猟兵・狙撃兵部隊への志願の条件のほか、壮丁名簿の作成方法、徴兵検査の手続きなどが具体的に定められ、以後の統一的徴兵業務の指針となった(22)。

現地からの不平不満に対しては、政府は妥協のない態度で対処した。たとえば、ベルリン中央でシュタインの改革政策を受け継いだ国務大臣ハルデンベルクは、中産市民層こそが積極的に兵役をこなして国民全体に範を示すべきだと主張し、ライン地方からだけでなく、旧来の特権を拠り所にポツダム、ブラスラウなどの都市からも提出された兵役免除嘆願を却下した。こうした一般兵役の原則を断固貫こうという態度は、内務省においても軍事省においても貫かれていた(23)。ライン地方当局は、同地でこれまで有効であったナポレオン型モデルへの馴化を求めてきたが、これにも中央政府は耳を貸さなかった(24)。

ライン地方への一般兵役制導入は、この地方を中央政府の意思のもとに服従させ、プロイセンの兵役システムに無条件に組み込むことを意味した(25)。これが新領地住民のプロイセン全体への統合の制度的基盤となったことは重要である。そこでその意義を浮き彫りにするために、オーストリアのイタリア人地域であるヴェネチアでの兵員補充政策と比較してみよう。この地がオーストリア領となったのはナポレオン時代からであり、プロイセンのライン地方同様、ここでも兵役を軸とした住民のオーストリア国家への統合が、当然のことながら議論の俎上に上った。だがヴェネチアにおける兵員補充政策は、その原則からしてライン地方とは大きく異なっていた。当時、オーストリアの兵役期間は一四年が普通であったが、ヴェネチアでは新住民のオーストリア政府に対する不満を考慮して八年とされた(26)。さらに年度ごとの兵員補充にしても、プロイセンが国家全体の要請に応じてその数を算定し、地域ごとの入営率にあまり大きな違いがないようにされたのに対し、オーストリアではむしろ地域ごとの事情が優先され、入営者数も入営率もそれに応じてまちまちであった(27)。要するに両国は、兵役義務をつうじて新領土住民を教化・規律化しようという意図は同じであったが、オーストリアが新住民の当面の不満を和らげるために、短期的視野で兵役政策を妥協的に遂行したのに対し、プロイセンは新住民とのあいだにある程度の軋轢が生じることも辞さず、長期的視野で全国共通の兵役制度に彼らを最初から取り込み、兵役をつうじて地域の相違を超えたプロイセン国家への帰属意識を育てようとしたのである。(28)

一八一八・一九年には内務省の指示で、それまでに公布された兵役にかんする法令の実施状況を伝える報告書が提出されたが、それによれば、国土防衛軍勤務の負担が大きすぎることや、規定の曖昧さに由来するいくつかの不公平感などがあったものの、常備軍での兵役期間が三年と短いので軍隊生活につきものの苦難にもどうにか耐えられるうえ、ナポレオン時代の軍制より個人の事情への配慮がなされているなど、ライン地方でもその評価は否定的ではない。(29)ごく初期には先に述べたような不平不満もあったにせよ、徴集規則をはじめとする法令をつうじて、兵役は徐々にではあるが、確実に定着しつつあったと見てよい。

兵役義務に対する住民の公平意識は、兵役制度の受容に欠かせない要素であるが、その意味では、プロイセンで兵員補充の規模が毎年ほぼ安定していたことは、重要である。具体的数値をあげると、一八五〇年代中ごろまでは、プロイセン全体で新兵補充数は毎年ほぼ四万人ぐらいであり、そのうちライン地方の割り当ては一七％前後であったが、これは国全体の人口に対するこの地方の人口の割合といつもほぼ一致していた。この時期、プロイセンの兵力は人口増加にもかかわらずほとんど変化していなかったが、一八四八年革命前後など一時的に兵力が強化されたときにも、補充兵員数に大きな違いはなかった。このように兵員補充が安定していた理由としては、兵役期間が短く新兵のローテーションが円滑だったこと、予備役、国土防衛軍のかたちで危急時に現役に組み込める予備兵力が十分に温存されていたことがあげられよう。(30)

一八五〇年代末にはじまった陸軍大臣アルプレヒト・フォン・ローンによる軍制改革で、新兵補充数が大幅に増加したときには、もはや住民の不平不満はほとんど聞かれず、むしろ兵役に就く壮丁が増えて兵役の公平性が高まったとの肯定的な声が高かったという。[31] 兵役をつうじての内からの国民統合は、統一戦争以前に着実に進展していたのである。

第二節　マクロの視点から見た帝政期の兵員補充

前節では、プロイセン＝ドイツにおいて、すでに帝国創建以前にいかに安定した徴兵システムが形成・確立されたかを、歴史的に概観した。そこで本節では、国民国家ドイツ帝国の後半、すなわち陸軍兵力も兵員補充数もほぼ安定していた一八九〇年代からのおよそ二〇年間を中心に、まずこの時期の兵役の段階と、徴兵検査を中心とする兵員補充手続きを概観し、つぎに、おもに『ドイツ帝国統計四季報』掲載の統計表を用いて、帝国および各邦・州のレベルで徴兵検査の結果とその特徴を分析することにする。とくに注目したいのは、兵役の公平原則の実態はどのようなものであったか、地域ごと・年度ごとの相違の背景は何かといった疑問に答えるための手がかりである。

帝政期の兵員補充のプロセス

考察対象時期に有効であった兵役にかんする法令は、一八八八年に改訂されたものである。[32] ここではこの改訂国防規定に基づいて、まず当時の陸軍における兵役の段階を概観しておこう。

二〇歳に達した男子国民は徴兵検査に合格して徴集されると、現役として三年、予備役として二年、常備軍に所属した（一八九三年からは歩兵は現役二年、予備役三年、騎兵などについては現役三年のまま）。なお、体力的に常備軍での兵役に耐えうる者であれば、志願で一七歳から現役兵となることもできた（二四条）。この段階までを常備役と言うが、これを終えた者は五年間第一召集の後備役（Landwehr）[33] に編入され、危急時には、おもに国内の守備に就いた（一二条）。また、兵役検査に合格したがその年の補充要員数の関係で現役として徴集されなかった者は、一二年間補充予備（Ersatzreserve）に編入された。補充予備の者は休暇兵と見なされ、現役兵に欠員が出た場合や危急時には、現役として召集されることになっていた（一三条）。ここまでの一二年間が兵役義務期間とされた。これ以外に、兵役に就いた者とそうでない者を問わず、一七歳から四五歳まで兵役義務を負う男子国民は全員、危急時だけの防衛組織である国土民兵隊（Landsturm）に属した（二〇条）。

つぎに、青年男子が徴兵検査を受けて兵舎に入営するまでのプロセスをたどってみよう。一九世紀末の時点で、帝国は全部で一九の軍管区に区分され[34]、それぞれが一つの兵員補充区をなしていた。それぞれの兵員補充区は四つの歩兵旅団区に分かれ、各歩兵旅団区にはいくつかの後備役大隊区が属していた。各後備役大隊区はさらに徴兵区に区切られたが、この徴兵区が徴兵業務の最小単位であった（一条）。

徴兵業務を担当する機関は三つの段階からなっていたが、いずれの機関も軍事当局の担当官と文民行政府の担当官からなり、徴兵業務は両者の共同作業で行われた（二条）。

まず、最小単位である徴兵区ごとに設置された兵員補充委員会。ここでは、徴兵業務の基礎となる準備業務と、徴兵検査業務が行われた。準備業務の核をなしていたのは、徴兵作業に要する基礎名簿の作成・運用である。基礎名簿には壮丁名簿、アルファベット順名簿、徴兵検査結果未決者名簿（Restantenliste）の三種類があった（四四条）。

壮丁名簿には、ゲマインデあるいはゲマインデ相当の区域に在住する壮丁全員の名前が記載された。この名簿は生誕年度ごとに作成されるので、一人の壮丁は一つの壮丁名簿にしか記載されないことになる。壮丁名簿のもととなる名簿として、各ゲマインデで作成される出生名簿があった。これには当該年度にその地で生まれたすべての男子が記載されており、乳児期死亡者をはじめ、徴兵検査年度までに死亡した者もすべて記された。壮丁名簿はこの出生名簿と、徴兵検査の年の一月一五日から二月一日までの間になされた壮丁本人の届け出をもとに作成された。アルファベット順名簿には、徴兵検査の年度に徴兵区に在住する二〇歳壮丁全員の名前が記載されたが、壮丁名簿がその代わりを果たすところも多かった（四五～四七条）。

徴兵検査結果未決者名簿には、徴兵区在住者のうちで三年目の兵役義務年が終わってもなお最終決定が下されていない壮丁の名前が記された（四八条）。[35]

以上の名簿をもとに、兵員補充委員会は三月から四月にかけて徴兵検査を実施した（六三～六五条）。検査担当官は後備役大隊区指揮官、歩兵将校一名、軍医一名および必要な補助要員からなり、非軍事官庁は必要に応じて補助要員を部下職員から調達した。さらに非軍人の構成員として、当該地区の人事に精通している者も用いられることがあった。

こうして、二〇歳壮丁と前年までの検査でまだ最終決定の下されていない者とは軍医の身体検査を受け、まず兵員補充委員会の名の下に仮決定が下された。これを下すのは軍事当局の責任者であった。仮決定の種類は兵役除外（おもに受刑者など品格上問題のある者）、徴兵検査不合格（健康上の理由による）、海軍を含む常備軍各種部隊への徴集、陸海軍の補充予備、国土防衛軍への配属のほかに、一定期間（通常一年間）の徴兵猶予があった（二九～三五条）。徴兵猶予の理由については、つぎのように分類された。

(a)一時的な兵役除外理由による――刑罰を受けた者など。

(b)一時的な健康上不適格の理由による――治癒の見込みがある者。

(c)市民生活上の事情の配慮による――たとえば、当該壮丁が一家の唯一の経済的支えである場合、保護領あるいは外国に持続的に暮らしている場合など。

(d)要員過剰による――当該年度の必要要員が満たされれば、残りの兵役適格者は余剰として、翌年まで徴集を猶予される。要員過剰による徴兵猶予は三年目まで認められる。

兵員補充委員会による暫定決定の結果は、徴集候補者提案名簿という形で編集された（五〇条）。ここには最終決定が下されるべき者の名前が記載され、最終決定機関である上級兵員補充委員会に委ねられた。この名簿における記載区分は以下のとおりである。

名簿Ａ　兵役除外対象者。
名簿Ｂ　(a)精神疾患、(b)肉体疾患による徴兵検査不合格対象者。
名簿Ｃ　(a)家庭の事情、(b)低レベルの兵役適格、(c)一時的不適格により国土民兵隊第一召集に提案される者。
名簿Ｄ　上記と同じ理由により補充予備に提案される者。
名簿Ｅ　陸軍に徴集が提案される者。
名簿Ｆ　海軍に徴集が提案される者。

兵員補充委員会の提案を受けて最終決定を下すのが、上級兵員補充委員会である（三六～四三条）。この委員会は歩兵旅団指揮官、旅団副官、後備役大隊区指揮官、上級軍医一名、補助要員からなった。ここで下される最終決定は以下のとおりである。

(a)兵役除外（品格上不適格）。
(b)徴兵検査不合格（健康上不適格）。
(c)第一召集の国土民兵隊へ。
(d)陸軍または海軍の補充予備へ。
(e)陸軍または海軍の現役として徴集。

徴集が決まった者は、この段階で徴集予定の部隊に報告された。ここで補充予備証と休暇証が次期初年兵に交付され、それ以降当該者は休暇中の兵卒扱いとされ、軍籍に身を置くこととなったのである。正式の入隊は、毎年秋が普通であった。

帝国レベルにおける徴兵検査結果

これより年度ごとの統計を使って、帝国レベルでの徴兵検査結果の分析に入ろう。

表 3-1　帝国人口と年度ごとの兵力

年度	帝国人口	陸軍兵力	人口あたり陸軍兵力（%）	海軍兵力	陸海軍総兵力	人口あたり陸海軍総兵力（%）
1880	45,095,000	422,589	0.937	11,116	433,705	0.906
1881	45,428,000	449,257	0.989	11,352	460,609	1.014
1887	47,630,000	491,825	1.035	15,244	507,069	1.065
1891	49,762,000	511,657	1.028	17,083	528,740	1.063
1894	51,339,000	584,548	1.138	20,498	605,046	1.179
1900	56,046,000	600,516	1.065	28,326	628,842	1.122
1905	60,314,000	609,758	1.006	40,862	650,620	1.079
1910	64,568,000	622,483	0.959	57,304	679,787	1.053
1914	67,790,000	800,646	1.181	79,000	879,000	1.297

出典：*Sozialgeschichtliches Arbeitsbuch*（註 40）S.171; Wehler, *Das Deutsche Kaiserreich*（註 5）S.151 より作成。

まず、ヴィルヘルム期ドイツ帝国の兵力全体を概観しておく（表3−1）。人口あたり総兵力の変化を見れば、一八九〇年代中葉までは軍備拡張が確実に進んでいることがわかる。このころ海軍の増強は微々たるものであったから、陸軍の増強がこの数値に如実に反映されていると言ってよい。だが以後一九一〇年前後までは、人口増加に見合った兵力増強がなされていない。この間、海軍については艦隊協会をはじめとする圧力団体のプロパガンダ活動に後押しされ、イギリスをライバルに見立てた建艦計画が進行していたため、急激な軍拡が進んだが、人口あたりの陸軍兵力は、ほぼ横ばいないし若干減少ぎみという状況であった（一九〇〇年における人口あたりの陸軍兵力は一・〇六五%、絶対数は六〇万五一六人、一九一〇年には〇・九五九%、絶対数は六二万二四八三人。この間、人口は五六〇五万人から六四五七万人に一・一五%増加）。これはシュティーク・フェルスターの説に従うならば、一方で世界政策を背景とした軍拡要求があったにもかかわらず、これに伴う軍隊の大衆化を恐れる保守的軍国主義者の兵力抑止政策が、なお十分に効果を発揮していたためである[36]。陸軍がふたたび兵力大増強に転じるのは第一次世界大戦の直前、一九一二・一三年に懸案であった軍備拡張計画が実行に移されてからである。

つぎに、この時期の兵員補充状況を、徴兵検査の結果から考察してみよう（表3−2）。入営者の数が一八九二年の二〇万人台に対して

表 3-2　年度ごとの徴兵検査結果

年度	徴兵検査予定者	兵役除外	兵役不適格	国土民兵隊	補充予備	徴集	一年志願者	その他志願者	志願者合計	入営者合計	最終確定者	入営率%	実質入営率%	兵役適格率%
1880		1,113	95,681	140,255		140,541			18,767	159,308	396,357		40.19	
1884		1,281	67,780	151,837		142,521			19,970	162,491	383,389		42.38	
1888		1,245	45,548	178,136		161,247			27,935	189,182	414,111		45.68	
1892		1,280	30,043	118,312	81,796	169,830			30,383	200,213	431,644		46.38	
1893		1,431	30,496	90,217	84,728	234,685			33,488	268,173	475,045		56.45	
1895	1,540,988	1,285	36,574	103,271	81,549	227,212			39,497	266,709	489,388	17.31	54.5	54.5
1900	1,645,846	1,171	39,345	102,723	82,116	233,459			49,122	282,581	507,936	17.17	55.22	55.6
1903	1,072,819	1,167	41,828	98,992	84,115	214,784	11,660	41,947	53,607	267,391	493,493	24.92	53.09	54.2
1905	1,105,816	976	34,172	111,187	83,064	219,090	11,868	43,060	54,928	274,018	503,417	24.78	54.43	56.3
1908	1,198,189	836	34,133	128,888	92,645	221,852	13,871	47,282	61,153	283,005	539,507	23.62	52.46	54.5
1910	1,245,363	890	34,067	145,226	92,959	216,309	15,176	53,970	69,146	285,455	558,597	22.92	51.1	53
1913	1,328,019	926	31,223	118,300	89,116	305,675	19,804	57,316	77,120	382,795	622,360	28.82	61.51	63.6

出典：*Vierteljahrshefte zur Statistik des Deutschen Reiches; Statistisches Jahrbuch für das Deutsche Reich* 該当巻より作成（註 8、9 参照）。

一八九三年が二六万人台と激増しているのは、この年から現役期間が三年から二年に短縮され、そのぶん各年度あたりの入営者数が増やされたからである。この増員は当然ながら総兵力にも反映されており、一八九一年の陸軍総兵力が五一万一六五七人、人口あたり兵力が一・〇二八%であったのに対して、一八九四年はそれぞれ五八万四五四八人、一・一三八%である（表3－1）。以後、入営者数は一九一〇年ごろまで二六万人代後半から二八万人台前半のあいだで推移し大きな変化はないが、大戦直前の本格的軍拡の影響で、一九一三年には入営者が三八万人と急増している。

では、徴兵検査受験者のうちで、入営した者の割合はどのくらいだったのであろうか。データのある一八九五年以降についてこの入営率を調べてみると、一九〇二年までは一六～一七%台で推移してきたが（一九〇一年のみ一八%強）、一九〇三年には二四・九二%となり、以後一九一二年まではほぼ二三%から二五%の間で推移、軍拡実施後の一九一三年には二八・八二%に上昇している。すなわち二〇世紀初頭においては、徴兵検査を受けた者の約四分の一が現役兵として入営していたことになる（表3－2）。

しかしながら、この数字だけでは壮丁中の入営者の割合を正確に伝えているとは言えない。というのは、当時のドイツにおいて、徴兵検査初年度（壮丁が二〇歳を迎える年）に検査合格、入営とな

表 3-3(1)　1883 年世代壮丁の徴兵検査結果（3 年以内）

検査年度	年齢	徴兵検査該当者	兵役除外	兵役不適格	国土民兵隊	補充予備	徴集	志願（概数）	入営全体
1903	20	473,026	191	17,933	14,954	4,799	98,884		
1904	21	314,615	179	5,556	12,212	6,334	51,903		
1905	22	246,719	188	9,941	79,021	67,223	61,512		
計			558	33,430	106,187	78,356	212,299	53,700	265,999

表 3-3(2)　1888 年世代壮丁の徴兵検査結果（3 年以内）

検査年度	年齢	徴兵検査該当者	兵役除外	兵役不適格	国土民兵隊	補充予備	徴集	志願（概数）	入営全体
1908	20	527,280	99	17,421	15,281	7,377	102,723		
1909	21	361,759	100	5,589	13,100	5,597	54,098		
1910	22	286,289	172	9,926	104,403	77,083	60,071		
計			371	32,736	132,784	90,057	216,872	64,700	281,572

出典：*Vierteljahrshefte zur Statistik des Deutschen Reiches* 該当巻より作成（註 8 参照）。

る者は思いのほか少なかったからである。そこで表３－３(1)、表３－３(2)に従い、徴兵検査初年度を一九〇三年に迎えた世代（一八八三年生まれ。以下、一八八三年世代と記す。ほかの世代も同様）と、一九〇八年に迎えた世代（一八八八年世代）について、その動向を追ってみよう。すると、いずれの世代も初年度に徴集されたのは一〇万人前後、二年目が五万二千人前後、三年目が六万人強と、ほぼ一定の割合で三年間に分散していることがわかる。すなわち、徴兵猶予となって最終決定が一年延期になった者が相当数にのぼるのである。たとえば、一八八八年世代で一九〇八年に徴兵検査初年度を迎えた者の数は五二万七二八〇人、そのなかで最終決定が下された者（以下、最終確定者と記す）は一四万二九〇一人、すなわち二七・一％だけであり（志願者は除く。以下同様）、残り七〇％以上が一年延期の判断を下されたのである。この状況は徴兵検査二年度も同様で、最終確定者の割合は二一・七％であった。結局のところ入営者の総数は、一八八三年世代については同世代壮丁の五六・二三％が、一八八八年世代については五三・四％がそれぞれ入営していたことになる。

このように世紀転換期ごろから一九一二年度まで、年度あたりの世代ごとの徴集数も最終確定者の割合も、ともにそれほど大きく変化していないということは、何を意味するのであろうか。この点については残念ながら先行研究がなく、資料上の判断材料も乏しいが、それでもヒントとなるのは、この安定した数値に見逃せない変化があらわれたときである。それは、陸軍兵力の大幅増強が図られた一九一三年度の徴兵検査結果で、この年だけは二一歳をむかえる世代の徴集者が約八万人、二二歳をむかえる世代の徴集者が約九万七千人と、前年度に比べてそれぞれ約四〇%、四五%増加しているのである（二〇歳をむかえる世代は一一%の増加にとどまる）。この事実から推測されるのは、軍拡など状況の変化に伴う補充員数の変化に備えて、意図的に徴兵の一年（場合によってはさらに一年）猶予判断を一定数下すことにより、融通の利く潜在兵力を温存していたのではないかということである。この点については第三節でさらにミクロの視点から考察する。

つぎに、帝政期ドイツの徴兵検査で兵役適格（かつての日本で言えば甲種合格にあたる）とされた者の進路は、そのほとんど（一九〇八年度を例に取れば全体の約九六・二五%）が入営（志願者は全員）であり、それ以外のごくわずかの者が、国土民兵隊か補充予備に配属されたことも見逃してはならない。すなわち、兵役適格者の数と入営者の数は、兵員補充全体の規模からすれば大きな違いがなかったのである。そこで兵役適格率（最終決定の下された者に対する兵役適格者の割合）に目を向けてみると、一八九二年に四六・三八%だったのが九三年には五六・四五%に跳ね上がり、以後、一九一二年までおよそ五三%から五六%のあいだで推移し、一九一三年には突然六三・六%の高率を示す。これは、一八九三年の二年現役制導入に伴う入営者数の急増、その後の兵力停滞期、一九一二・一三年の軍拡という軍備政策の動きと完全に一致する。こうした点からも、兵役検査においては医学上の客観的合格基準より、その都度の基準の調整で必要補充兵員数に見合った検査結果を下すことの方に重点が置かれていたこと、すなわち意図的操作が行われていたことが予想されるのである。[37] この点をさらに突き詰めていくには、徴兵業務の現場である各クライスなりゲマインデのレベルで、どのような基準で判断が下されたかを見てみる必要があるが、これについても第三節で考察する。

すでに述べたように、プロイセン＝ドイツの兵役システムは、全国統一規格と兵役義務における公平性をその本質としていたが、実際の運用においては、決して客観的基準だけで機能していたわけではないと思われる。そこでつぎに視点を帝国レベルから各邦・州レベルに移して、兵員補充に地域間の違いがあったかどうか、あったとすればそれはどの程度の規模のものであったかを考察してみよう。

各邦・州レベルの徴兵検査結果と地域間格差

表3－4は主要年度の徴兵区別の徴兵検査結果について、本章で必要なデータをまとめたものである。比較のための数値として、とくに兵役適格率に着目することにしよう。

まず一九〇八年のデータによると、帝国全体の兵役適格率が平均五四・五％であったのに対して、これを大きく上回る地域は、第一五軍団（エルザス、六六％）、第一軍団（東プロイセン、六三・五％）、第一七軍団（西プロイセン、六〇・九％）の各兵員補充区、逆に全国平均を大きく下回る地域は、第三軍団（ブランデンブルク、四三・三％）、第一九軍団（ザクセン王国第二軍団、五〇・九％）、第六軍団（シュレージエン、五一・四％）の各兵員補充区であった（括弧内の地域名は軍団駐屯の中心地域）。以上の結果に加えて、表3－4に記された他の年度の結果も考え合わせるならば、平時には独自の指揮・命令系統を有するザクセン、バイエルン、ヴュルテンベルクの軍団をとりあえず除外してみると、上位の常連で登場する軍団の中心地域は東プロイセン、エルザス、西プロイセンなどであり、これに対して下位の中心地域はブランデンブルク、シュレージエンなどである。

こうした兵役適格率の高低の原因については、一九世紀末から国民経済学者、軍事医療関係者、軍上層部のなかでしばしば議論の対象となってきた。ここではその議論を紹介する余裕はないが、その多くは、都市住民と農村住民の労働・生活環境の違いにその原因を求めようとする。すなわち、壮健な肉体と精神を有する農村出身者は兵役に適し、都市化社会の劣悪な環境に生活する労働者などには兵役に適する者が多くないという見解である。(38) そこで一九一〇年

表 3-4　軍団別入営率・兵役適格率

軍団番号	徴兵区	1903 年度					1908 年度					1910 年度					1913 年度				
		徴兵検査受験者	最終確定者	入営者	実質入営率%	兵役適格率%	徴兵検査受験者	最終確定者	入営者	実質入営率%	兵役適格率%	徴兵検査受験者	最終確定者	入営者	実質入営率%	兵役適格率%	徴兵検査受験者	最終確定者	入営者	実質入営率%	兵役適格率%
1	東プロイセン	37,307	16,189	10,779	66.58	66.6	45,503	21,383	13,237	61.9	63.5	47,921	22,391	13,594	60.71	63	33,469	15,790	10,559	66.87	68.6
2	ポメルン	42,911	21,634	12,176	56.28	56.3	46,633	24,905	13,593	54.58	56.2	47,390	23,843	13,129	55.06	56.4	50,010	25,936	16,922	65.24	66.7
3	ブランデンブルク	82,608	33,712	15,617	46.32	46.3	100,897	41,741	17,399	41.68	43.3	101,887	43,357	17,589	40.57	42.1	106,743	47,185	25,368	53.76	55.2
4	ザクセン地方（プロイセン）	54,224	26,107	15,215	58.28	58.3	62,298	28,736	15,668	54.52	56.2	66,674	30,119	16,041	53.26	55.4	69,749	33,243	20,851	62.72	64.3
5	ポーゼン	51,587	23,048	13,622	59.1	59.1	53,160	25,131	13,823	55	55.9	56,993	26,273	13,655	51.97	52.7	60,281	27,872	17,337	62.2	63.3
6	シュレージエン	76,569	29,862	13,923	46.52	46.6	89,203	36,098	18,128	50.22	51.4	93,910	36,456	17,025	46.7	47.8	105,112	40,730	23,856	58.57	60.1
7	ヴェストファーレン	99,020	41,867	23,773	56.78	56.8	108,347	48,633	26,049	53.56	56.4	117,261	50,848	26,030	51.19	53.9	125,901	57,176	36,704	53.74	67.4
8	ラインラント	78,563	34,384	17,694	51.46	51.5	85,005	33,743	16,759	49.67	53.9	86,214	34,710	17,184	49.51	53.5	73,636	32,332	19,303	59.7	64.4
9	シュレスヴィヒ＝ホルシュタイン	56,284	30,839	15,526	50.35	50.3	72,002	33,234	16,569	49.86	51.6	75,899	35,912	18,216	50.72	51.7	75,829	36,387	23669,	65.05	66.1
10	ハノーファー	62,414	27,691	14,644	52.88	52.9	66,106	28,391	15,127	53.28	54.9	67,976	30,387	15,558	51.2	52.8	72,789	33,937	20,296	59.8	61.5
11	ヘッセン＝ナッサウ	50,069	20,683	11,294	54.61	54.6	57,104	25,896	13,335	51.49	54.2	58,330	25,494	13,272	52.06	54.7	60,771	29,894	18,803	62.9	64.8
(1) 12	ザクセン王国	26,677	12,578	6,570	52.23	52.3	37,335	15,677	7,927	50.56	51.5	37,963	17,200	8,388	48.77	49.3	39,008	19,193	11,228	58.5	59.2
13	ヴュルテンベルク王国	30,790	22,192	11,973	53.95	54	33,127	20,246	11,293	55.78	56.6	33,791	20,380	11,366	55.77	57.2	43,499	23,332	14,968	64.15	66.1
14	バーデン大公国	46,164	22,025	11,999	54.48	54.5	47,030	20,302	11,445	56.37	58.7	48,336	21,669	11,122	51.35	53.7	48,054	24,145	15,541	64.37	66.3
15	エルザス	14,356	7,740	4,971	64.22	64.2	14,308	7,227	4,339	60.04	66	15,594	7,089	4,451	62.79	66.7	12,139	5,910	3,857	65.26	68.1
16	ロートリンゲン	6,721	3,297	1,877	56.93	56.9	6,684	2,808	1,456	51.85	58	6,870	2,813	1,455	51.37	58.9	10,569	4,859	3,024	62.24	66.5
17	西プロイセン	38,113	18,180	12,018	66.11	66.1	44,785	19,474	11,636	59.75	60.9	46,883	21,566	12,914	59.88	61	34,137	17,425	11,710	67.2	68.8
18	ヘッセン＝ナッサウ	33,223	13,638	7,037	51.6	51.6	37,229	14,446	7,194	49.8	54.3	39,701	15,979	7,474	46.77	49.7	43,467	18,196	10,138	55.72	59.3
(2)	ヘッセン大公国	20,767	10,092	5,660	56.08	56.1	22,639	9,966	5,079	50.96	53.5	23,267	10,890	5,185	47.61	50.1	25,514	11,242	6,275	55.82	58.7
(3) 19	ザクセン王国	48,060	21,089	10,948	51.91	51.9	52,187	24,371	12,246	50.25	50.9	54,661	24,039	11,586	48.2	48.6	60,393	28,704	15,871	55.29	56.2
20																	24,710	12,103	8,128	67.16	68.2
21																	22,715	10,431	7,229	69.3	72.8
(4) 1	バイエルン王国						38,249	18,401	9,245	50.24	52.3	39,307	18,757	8,899	47.44	49.5	42,633	21,773	12,932	59.39	63.1
(4) 2	バイエルン王国						33,996	16,180	8,879	54.88	57.8	34,202	15,987	8,717	54.53	56.5	38,116	17,884	11,102	62.08	64.4
(4) 3	バイエルン王国						44,362	22,518	12,579	55.86	58.1	44,233	22,438	12,605	56.18	58.3	48,775	26,681	17,124	64.18	66.3
バイエルン全体		116,392	56,646	30,075	53.09	53.1															
帝国全体		1,072,819	493,493	267,391	54.18	57.1	1,198,189	539,507	283,005	52.46	54.5	1,245,363	558,597	285,455	51.1	53	1328,019	622,360	382,795	61.51	63.6

出典：Vierteljahrshefte zur Statistik des Deutschen Reiches 該当巻より作成（註 8 参照）。
（注）
(1)　ザクセン王国第 1 軍団　　(2)　ヘッセン大公国第 25 師団
(3)　ザクセン王国第 2 軍団　　(4)　バイエルン軍団（独自の軍団番号付け）

ごろの統計を用いて、まず兵役適格率上位の地域の特徴を見ると、人口五〇〇〇人以下の中小ゲマインデに暮らしていた住民が帝国全体で五一％強であった当時、東プロイセンでは七三％強、西プロイセンでは六八％強、エルザス（ロートリンゲンを含む）では六一％強が中小ゲマインデ住民であり、人口二万を超えるゲマインデ住人はいずれの地域も二〇％ないしそれ以下であった。[39]つぎに兵役適格率下位の地域に目を移すと、ブランデンブルクには当時人口二〇〇万を超す大都市ベルリンが含まれており（ベルリンを除くブランデンブルクの人口は四〇〇万人強）、シュレージエンは中小ゲマインデ人口こそ五六％を占めていたものの、石炭・鉄鋼などの豊かな鉱物資源を背景に工業化が著しく、中心都市ブレスラウの人口は五〇万を超えていた。[40]ちなみに、やはり健康上の理由を根拠に兵役適格率の農村部優位を主張したプロイセン陸軍省医療課の軍医ハインリヒ・シュヴィーニングによれば、世紀転換期ごろの旅団レベルの平均で兵役適格率が一番低かったのがベルリン市を徴兵区に含む第一一歩兵旅団区の三七・六％で、一番高かったのがエルザスのハーゲナウに駐屯する第六二旅団の七一・五％であったという。[41]

　兵役適格率に見るこうした地域差は二〇世紀にはいってから、具体的数値で言えば、最高率の地域と最低率の地域との差がおよそ二〇ポイントで推移しており、一九一〇年度には二四・六ポイントにまで拡大している（最高率の地域はエルザスで六六・七％、最低率の地域はブランデンブルクで四二・一％）。このように、二〇世紀初頭の兵役における地域間格差を目のあたりにすると、一九世紀前半期のプロイセンで兵役義務の全国一律性・公平性に努力が傾けられていたこととと相容れないように思われる。そこで本章での考察の時代範囲を少し広げて時代をさかのぼり、兵役適格率の地域間格差の変遷を調べてみると、一八九三年の時点で最高値は東プロイセンの六八・四七％、最低値はハノーファーの五一・四四％で、その差は一七・九三ポイント、まだ現役期間が三年であった一八九一年では最高値がロートリンゲンの六〇・九一％、最低値がブランデンブルクの三九・三五％で、その差は二一・五六ポイントと、[42]世紀転換期以降の傾向とそれほどの変化はないが、これが一八八三年時点となると、最高値がヴュルテンベルク王国の四五・二％、最低値がプロイセンのザクセン地方の三二・九％と、その差が一二・三ポイントに縮まり、一八七八年では最高値がバイエルン第二軍団の四四・九％、最低値がブランデンブルクの三二％と、差は一二・九ポイントである。そこで、帝政期初期についてはそれ以前の時代との比較を考慮して、一九世紀前半期にプロイセン領だった地域だけに限定すると、一八七八年から一八八三年までの平均値で最高値はポーゼンの四一・四％、最低値はブランデンブルクの三二・四％と、九ポイントの差に過ぎなくなる。[43]

以上の分析から、一九世紀半ば頃までのプロイセンでは、兵役適格率は地域ごとでそれほどの開きがなかったが、ドイツ帝国においてはその地域間格差が徐々に広がり、世紀転換期には格差がかなり大きくなったと考えてよかろう。

意図的操作の可能性

ドイツですでに一八五〇年代からはじまっていた工業化・都市化が帝政期に入って加速していった事情を考慮するならば、以上のデータ分析から、都市化の進展と兵役適格率の地域間格差、すなわち都市地域と農業地域の格差に深い関係があることが読み取れる。では、こうした格差を生み出した原因はどこに求められるであろうか。本章のはじめに述べたヴェーラーに代表される立場、すなわち、当時の保守的軍部と政府は国内における政治的信頼性こそが重要であるとの認識から、従順な農村出身者を兵士に多く徴集し、労働運動などをつうじて反政府的風潮に染まりやすかった都市民はなるべく軍隊に入れないようにしたという見解[44]は、この現象の説明として妥当であろうか。

ここで注目したいのは、近年ヴィルヘルム期の軍備政策にかんする研究を公にしたオリヴァー・シュタインの見解である。[45] シュタインがまず着目するのは健康問題、なかでも当時は国民病といわれた結核と、とくにビタミン不足にあらわれる虚弱体質であり、彼は、帝政期をつうじて結核による死亡率も虚弱体質者の割合も、ともに都市部で高かったことが統計上明らかだとしている。すなわち、衛生状態、生活環境の悪い都市地域が、農村地域より兵役適格率が劣っていたとするのは、それなりに合理的な説明だというわけである。[46] また、工業化の結果生み出される労働者は決して兵役適格性で農民に劣らないと主張した国民経済学者ルーヨ・ブレンターノも、農業従事者が心身ともに壮健で兵役に適することを認めるに吝かでなかったし、中央党員で軍事問題に詳しいマティアス・エルツベルガーは、保守的大農場経営者であるユンカー層に敵対する立場であったにもかかわらず、ドイツにおける軍事力の支えが農村部にあることを認めていたという。[47]

加えて、工業化・都市化が急激に進みつつあった当時、大都市＝病的状態を自然（ないし農村）＝健康に対峙させることにより、都市大衆社会に批判的な目を向けることが、時代の一つの風潮であった点を忘れてはならない。兵役適格性の問題もまた、こうした都市型社会への批判から出てきたものがほとんどであり、[48]そこに政治的に信頼が置けるかどうかを選抜基準にした結果として農村出身者が優先的に軍隊に徴集されたとの議論は、あまり見られないのである。

ではヴェーラーは、軍部・政府の社会保守的兵員補充政策の証拠とした数値をどこから引用したのであろうか。そこで彼の著書『ドイツ帝国』の該当箇所[49]を見ると、これはマルティン・キッチンの著書『ドイツ将校団』からの引用であることがわかる。[50]キッチンもまたヴェーラーと同じ文脈でこの数値を援用しているが、さらに原典にさかのぼると、帝政期後半に急進右派の立場から軍拡を主張した軍人出身の文筆家フリードリヒ・フォン・ベルンハルディに行き着く。たしかにベルンハルディの著書『ドイツとつぎの戦争』の該当箇所前後では、将来兵役に就くべき若者に悪影響を与える要因として、都市住民の肉体的な脆弱さと社会主義運動が挙げられている。だが、かの数値にあらわれた地域間格差の原因として、徴兵業務の際の軍当局による意図的操作の可能性には何ら触れられていないし、[51]ベルンハルディ自身がこの数値の拠り所としている住宅問題を論じたポザドヴスキーの著書にまでさかのぼると、そこでは兵役適格率における格差の原因は、すでに述べたようなステレオタイプ化された都市に対する批判的視点から説明されているだけである。[52]

結局のところヴェーラーが持ち出した数値は、当時の実際の生活・衛生環境に由来する都市住民の兵役適格性の低さや、農村＝健康、都市＝不健康という（必ずしも保守派の政治イデオロギーとは関係ない）ステレオタイプ化された見解が識者の間でなお強かったことを裏打ちする証拠としては有力だが、皇帝の忠実な藩屏である軍隊から社会的危険分子が意図的に排除されたことの直接的証拠としては、まだ説得力に乏しいと言わざるを得ない。

もっとも以上の考察をもって、兵員補充に際して政治的操作があった可能性を真っ向から否定することもできまい。当時、軍部内の保守派将校の間で、社会主義に染まった都市労働者が軍隊に入り込むことでその政治的信頼性が崩れることに危惧の念が抱かれていたことも、また事実だからである。[53] そこで一つ、表3－4から政治的意図に基づく操作の可能性が疑われるデータを挙げておこう。すでに述べたように、帝政期においては、徴兵検査で最終決定が下された者のうち、兵役適格判断を下された者の割合（＝兵役適格率）と実際に入営した者の割合（＝実質入営率）にはあまり大きな開きがないのが通例であり、とくに一九〇五年度までは帝国レベルで見ればほとんど違いがなかった。ところが一九〇〇年代中ごろから、地域によって両者の差が開きはじめたのである。なかでもこの差が大きいだけでなく、そのずれが長期にわたって続いた場所として、エルザスとロートリンゲンが挙げられる。そこで表3－4にしたがって一九〇八年について見るならば、帝国レベルでの差が二・〇四ポイントであるのに対して、エルザスでは五・九六ポイント、ロートリンゲンでは六・一五ポイントの開きがあり（ちなみにこの年、最も差が大きかった軍団徴兵区はロートリンゲンである）、両地域では大戦前夜に至るまでつねに平均を大きく上回る差が認められるのである。兵役適格者で入営にならなかった者は通常国土民兵隊か補充予備に回され、その理由としては「市民生活上の理由」とされる者が圧倒的に多かった。これはすでに述べたように、具体的には当該壮丁が一家の唯一の経済的支えである場合、保護領あるいは外国に持続的に暮らしている場合などのケースであるが、これに該当する兵役免除者の数がエルザス、ロートリンゲンで突出するというのも容易には納得し難い現象である。そこで、両地域がドイツ統一戦争ではじめてドイツ領となり、帝国への帰属意識という点でも信頼性の薄いところであったという事情も考え合わせるならば、徴兵現場で少なくとも健康上の理由とは無関係の意図的操作が行われた可能性は十分に考えられよう。

ただしこれもヴェーラー説と同じく、体制側にとって不都合な者を徴兵現場で徴集の対象から意図的に排除したことを疑わせる間接的証拠とはなり得ても、そのことを明示した直接的証拠とはいえない。たしかにこれまでの分析から、医学上・健康上の理由以外の要因が働いて兵役検査で何らかの操作が行われた可能性も否定できないが、政治的・保守イデオロギー的理由に基づく兵役からの意図的排除があったという説を実証的に補強するためには、資料に根ざした地道な証拠調べをさらに積み重ねる必要があろう。

第三節　ミクロの視点から見た帝政期の兵員補充

徴兵業務の「現場」

壮丁名簿を作成し、それに則って兵役検査を実施し、その結果に基づいて青年男子を兵役の諸段階に配置することを最初に提案するのは、地域に密着した各徴兵区の仕事であった。すなわち、軍隊が毎年いかなる基準でどのくらいの規模の新兵を補充するかは軍中央の意思に掛かっていたが、実際の徴兵業務はこのように地域レベルで実施されたわけである。それゆえ、徴兵検査の実態に肉薄しようとすれば、どうしても徴兵業務の「現場」すなわち地域ごとの壮丁名簿と、それに書き込まれた検査結果などの情報に目を向ける必要がある。とくに、前節で考察してきた徴兵業務におけるさまざまな操作の可能性をさらに検証していくためには、現場の資料の分析が不可欠である。

そこで以下では、プロイセンのヴェストファーレン地方からいくつかの地域を選んでその壮丁名簿を分析し、徴兵業務の実態にミクロの視点からアプローチを試みる。壮丁名簿にはさまざまな情報が盛り込まれているが、これを網羅的に取り上げていくだけの余裕はないので、本格的分析は別の機会に譲り、ここではまず帝国レベル、各邦・州レベルの結果と比較可能な部分を概観し、つぎに前節での課題であった現場での操作の可能性をいくつかの点で検討する。取り上げる地域は、プロイセンのヴェストファーレン州に駐屯する帝国第七軍団の徴兵区のうち、クライス・テクレンブルク（Kreis Tecklenburg）、[54] 都市クライス・ハム（Stadtkreis Hamm）、[55] 連合自治体ラート（Bürgermeisterei

Rath)[56]の三ヵ所で（クライスは自治体の単位）、限られた残存資料の状況から比較可能性を考慮して、一九〇八年度壮丁名簿に記載された一八八八年世代の者を対象に比較考察を試みる（ただしラートについては、一九〇七年度名簿に記載された一八八七年世代の者を対象とする）。また地域の通時的考察のために、テクレンブルクについては他年度の壮丁名簿も参照する（表３－５）。

ここで、壮丁名簿にどのような情報が書かれているかを示しておこう。

記載要項は全国共通であり、まず所属ゲマインデ名、続いて壮丁氏名、生年月日および生誕地、両親の氏名とその生死、父親の身分ないし職業の順に、壮丁にかんする基本データ記入欄がある。これに続くのが徴兵検査結果の記載欄である。ここには順に検査年度、自己申告の有無、体格と視力、肉体的欠陥、兵員補充委員会による暫定決定、上級兵員補充委員会による最終決定を記入する欄が並んでおり、三年分の記載が可能である。欄外には犯罪歴、国内での移動歴、外国渡航歴など、特記事項が書き込まれている。全体的には、記載事項が必ずしも満遍なく記されているわけではなく、曖昧模糊とした部分も少なくない。また、壮丁名簿はあくまで同じ年に生まれた者をまとめて記載した台帳であるから、これからただちに他の世代も含む年度ごとの徴兵検査結果を読み取ることは不可能である。

クライス・レベル、ゲマインデ・レベルから見た徴兵検査結果

まず、以下で取り上げる三地域の特徴を略述しておこう。

北ドイツの都市オズナブリュックに近い農村地域のクライスであるテクレンブルクには、一九〇八年の時点で行政区画の最小単位であるゲマインデが二〇属しており、一九〇五年時点で人口はおよそ五万六〇〇〇人、ゲマインデのなかには人口七〇〇〇人規模のところもあるが、ゲマインデのおよそ半分はは二〇〇〇人程度以下の農村地域であった。住民の移動はほとんどなく、今回の分析に用いた資料の範囲では一九世紀末にアメリカ合衆国やブラジルなどへ移住する者が目立った程度である。[57]このように、テクレンブルクは社会的流動の少ない農村地域であるから、兵役検

表 3-5　同世代者の地域別徴兵検査結果（3 年以内）

徴兵区名	テクレンブルク					ハム	ラート
壮丁生誕年	1869 年	1874 年	1882 年	1888 年	1892 年	1888 年	1887 年
名簿記載壮丁総数	618	799	752	777	860	740	273
死亡	5	22	8	5	1		
移住	35	41	19	3	0		
誤勘定、不明	7	4	4	8	27		
小計	47	67	31	16	28	44	12
有効壮丁数	571	722	721	761	832	696	261
一年志願有資格者	14	19	31	28	43	26	0
その他志願者	4	12	38	83	55	31	6
徴兵検査年度	1889 年	1894 年	1902 年	1908 年	1912 年	1908 年	1907 年
受験者総数	552	706	646	706	734	647	255
移動、移籍	10	18	22	30	53	90	57
徴　集	68	170	201	105	120	120	33
補充予備	1	2	4	6	0	4	0
郷土防衛隊	10	6	11	16	3	11	6
兵役不適格	16	31	19	19	19	18	3
未　決	437	496	388	480	540	397	156
徴兵検査年度	1890 年	1895 年	1903 年	1909 年	1913 年	1909 年	1908 年
受験者総数	435	495	374	474	533	393	156
移動、移籍	13	14	15	23	41	46	40
徴　集	50	60	57	71	75	34	25
補充予備	0	10	6	3	3	3	3
郷土防衛隊	7	12	18	18	2	10	3
兵役不適格	4	8	9	9	3	6	0
未　決	371	361	293	345	410	292	85
徴兵検査年度	1891 年	1896 年	1904 年	1910 年	1914 年	1910 年	1909 年
受験者総数	367	360	275	345	404	289	85
移動、移籍	3	13	10	14	8	21	13
徴　集	60	114	69	87	172	86	34
補充予備	81	138	76	43	86	22	8
郷土防衛隊	156	45	75	146	103	139	24
兵役不適格	33	17	37	18	12	2	2
未　決	33	32	9	36	23	20	14
3 年間の合計							
移動、移籍	26	45	47	67	102	157	110
徴　集	178	344	327	263	367	240	92
補充予備	82	150	86	52	89	29	11
郷土防衛隊	173	63	104	180	108	160	33
兵役不適格	53	56	65	46	34	26	5

出典：各地の壮丁名簿より作成（註 54、55、56 参照）。

査の動向については安定したデータを得られることが期待される。

都市クライス・ハムは、一九世紀中ごろに二つの針金工場が誕生したのを出発点に、中規模工業都市への発展をはじめた。これを促したのは水運と鉄道で、ハムはヴェストファーレン地方の鉄道網の要衝となり、これに伴って鉄道業や関連企業で労働に従事する者の数も増加したが、決して第二次産業一色の都市ではなく、ハム郡の郡長所在地として多くの学校や官公庁施設も置かれていた。人口は一八九五年に二万八〇〇〇人ほどであったが、一九〇五年には約三万八〇〇〇人へと増加している。[58]

大都市デュッセルドルフ近郊の連合自治体ラートは、一八九五年当時の人口は四〇〇〇人強であったが、二〇世紀初めに市電でデュッセルドルフ市とつながってから同市内に通勤する労働者が増え、加えてこの地に規模の大きな機械工場が建てられたこともあり、一九〇五年の人口は一万一〇〇〇人を超え、一九〇七年には一万三〇〇〇人台にまで達した。[59]当然ながら、住民には工場労働者や工場関係の業務に就く者が圧倒的に多かった。こうした状況から、ラートはテクレンブルクとは対照的に社会的流動性がきわめて高かった。デュッセルドルフ市との緊密なつながりから考えて、ラートは独自性のある自治体というより、むしろ大都市デュッセルドルフの一部と考えてよかろう。なお、ラートは一九〇八年にはデュッセルドルフ市に編入されており、一九〇九年度以降の独自の壮丁名簿は存在しない。[60]

それでは表3－5を参照しながら、地域ごとの一八八八年世代（ラートだけは一八八七年世代）の入営率を算出してみよう。入営率は、壮丁名簿記載者数から死亡、移住そのほかの理由で徴兵検査の対象外となった者、検査は受けたが三年以内に移住ないし他の徴兵区に移管されたことで最終決定に至らなかった者を除いた人数を分母に置き、上級兵員補充委員会から何らかの決定を下された最終確定者と、兵役検査結果未決者名簿に回された者の合計を分子に置いて、これに一〇〇を掛けることにより算出する。その結果、テクレンブルクの入営率は五二・四％、ハムの入営率は五五・二％、ラートの入営率は六四・九％となる。これを同世代の全国平均五三・四％と比較すると、ラートだけ突出するが、他の二つのクライスは平均値前後であることがわかる。だがこの結果からすると、すでに前節で述べたような兵役適格性の農村型社会での高さ、都市的生活環境での低さはうまく説明がつかなくなる。ラートの入営率が異常に高いからである。とはいえ、じつはこの数値には鵜呑みにできない事情がある。それは、ラートのような労働者の多い新興都市には定住する者が少なく、徴兵検査受験有資格者のうち四二・一五％もの者が兵員補充委員会の最終決定をこの地で受けることなく去っているからである。なかには徒弟修行に出て（これは徴兵検査猶予の理由になる）徴兵検査年度三年目までに戻ってこない者もあるなど、ここに属する人々について正確な情報を得ることは困難なのである。

他方、テクレンブルクやハムのような地域のデータは、徴兵の規模などについてそれなりに信頼の置ける情報を提供しているように思われる。たとえばテクレンブルクについて、他の年度の入営率は、一八六九年世代が三四・二七％、一八七四年世代が五四・一％、一八八二年世代が六〇・五五％、一八九二年世代が六三・七％となっており、これはすでに述べた帝国における軍備政策の時代経過とほぼ一致しているし、全国平均からもそれほどずれがない（ちなみに、一八八三年世代の全国平均入営率は五六・二三％。表３－３参照）。

結局のところ、「現場」レベルの徴兵資料で地域ごとの徴兵規模を比較することは、あまり社会的流動性のない地域ならばともかく、とくに徴兵適格率論争などで興味深い都市地域では、資料不足と以上述べたような資料解読の難しさから、きわめて難しいと言わざるをえない。

「現場」での操作の可能性

第二節では、さまざまな理由から徴兵業務の「現場」において世代ごとの入営者数の操作が行われた可能性、すなわち兵舎の入り口における選択の可能性を示唆した。そこでここでは、クライス・レベルの壮丁名簿からこの問題にアプローチしてみよう。着目するのは兵員補充委員会決定と上級兵員補充委員会の決定にずれが生じた場合で、具体的には徴集が仮決定されながら、最終決定の段階で補充予備あるいは国土民兵隊配属に変更されたケースである。

まず、テクレンブルクで一九〇八年に徴兵検査初年度を迎えた世代を例にとると、このケースに該当するのは七七人いるが、これは徴兵検査三年目以内に徴集が決まった者（二六三人）とこのケースに該当する者の合計三四〇人の二二・五五％にあたる。これは、仮決定で徴集とされながら最終的に徴集を免れた者の割合である。これを、世代全体の徴集最終免除率と呼ぼう。さらに、この七七人のうち五四人までが原則上は徴兵猶予のリミットである徴兵検査三年目に、徴集の仮決定から補充予備ないし国土民兵隊への配属に変更されており、三年目入営者が八七人であることを考え合わせるならば、兵員補充委員会での仮決定の段階で徴集が予定されていた一四一人の三八・三％が最終段階で徴集から除外されている。これを検査三年目の徴集最終免除率と呼ぼう。そこでつぎに、ハムにおいて一九〇八年に徴兵検査初年度を迎えた壮丁の動向に目をやるならば、世代全体の徴集最終免除率は一六・六七％、検査三年目の徴集最終免除率は三一・七五％であり、ラートの一九〇七年徴兵検査世代における数値は順に九・八％、一七・〇七％であった。最後に時系列に沿った比較のために、テクレンブルクで一九〇二年、一八九四年にそれぞれ徴兵検査初年度を迎えた壮丁の場合に目を向けると、世代全体の徴集最終免除率は順に一二・一％、一〇・六五％であり、検査三年目の徴集最終免除率は順に二七・三七％、二四％であった。

以上の分析結果と、すでに述べた兵役適格率と実質入営率のずれの問題を考え合わせるならば、人口の増加とは裏腹に兵員補充数も頭打ちとなった一八九〇年代後半以降、このずれが大きくなるにつれて世代全体の徴集最終免除率が上昇していったこと、とくに検査三年目の徴集最終免除率はいずれの地域でも三年間の平均と比較してかなりの高率であったことが明らかであり、ここに何らかの操作の余地があったことが考えられる。

では、こうした操作はいかなる基準なり意図をもってなされたのであろうか。そこで注目しなければならないのは、マルティン・レングヴィラーが指摘するように、上級兵員補充委員会での最終決定の際には健康状態だけを判断基準にするのではなく、その年度の兵員補充数と当該地域への割当て数をも勘案していたということである(61)。すなわち、徴集の仮決定が最終決定で覆るケースが多かったのは、すでに指摘したように、状況の変化に応じて補充必要数の増減に対応できるよう、仮決定段階では徴集予定者をあえて多めにして冗長性をもたせていたため、と考えられるのである。

ただし、最終決定段階で仮決定を追認するか変更するかの判断にいかなる基準が働いたかという点については、少なくともそれを壮丁名簿上だけから読み取ることは困難である。徴兵猶予については、その一部に理由が挙げられているものの（そのほとんどは市民生活上の理由、とりわけ当該壮丁が家族で唯一の労働力というケースである）、仮決定と最終決定が異なった場合の理由は何も記入されていないし、兵役適格者数が補充必要数を上回った場合に徴集者を決める際に実施された籤の番号からも、最終決定との因果関係は何ら見いだせないからである。[62] そこで今度は、同時代人の言説に耳を傾けてみよう。当時の軍医のための教則本には、必要な補充兵員が満たされると、徴集業務の責任者である軍医は徴兵検査三年目の兵役適格者に対して、補充予備ないし国土民兵隊に適格と宣告する、それは、この連中はどのみち翌年二月にはこれらの組織に回されることになるからだ、というくだりがある。[63] ここから、徴兵業務の「現場」での判断、とくに徴兵検査三年目の壮丁に対する決定に恣意の入り込む余地がかなりあったことは確かであろう。壮丁に対しては原則上、徴兵検査三年目までに最終決定を下さねばならなかったからである。[64] しかしこれもまた、徴集に際して政治的・イデオロギー的根拠に基づいた選別が行われたことを示す決定的証拠というわけにはいかない。

それでは、軍隊においてイデオロギー的・政治的根拠に基づく措置がとくにとられなかったかといえば、そうではない。相変わらず首脳部でユンカー的保守層が多くを占める陸軍では、やはり現体制を覆しかねない「帝国の敵」として社会主義勢力に強い警戒感が抱かれていた。そのことを直接に伝える徴兵業務段階の資料として、ここではミンデン駐屯の第二六旅団の上級兵員補充委員会における、軍人委員長と文民委員長の文書によるやりとりを紹介しておこう。軍部側は軍事省からの通達により、当該地域の徴兵検査をつうじて徴集される新兵のなかに社会民主党に属する者がいるかどうかを尋ねている。[65] これは明らかに思想調査であり、それに対する回答も、①目的意識をもって指導的立場でかかわっている者、②間違いなく社会民主党に属する者、③無政府主義者の三項目に分類されて、迅速に軍人委員長の手に渡っているが、これはじつはすでに上級兵員補充委員会の最終決定が下り入営の決まった者に対する調査であり、入営前のふるい分けではない。

第三節では第二節を受けて、兵員補充のメカニズムを徴兵の「現場」レベルで検証するとともに、徴兵業務におけるさまざまな操作の可能性を検討した。その結果、徴兵検査では必ずしも医学上の見地から壮丁が選別されていたわけではなく、仮決定と最終決定の間にクッションをもうけ、徴兵猶予や最終決定での徴集免除判定などを駆使して年度ごとの兵員補充数の変化に柔軟に対応していたことが明らかとなった。ただしここでも、壮丁の選別に政治的・イデオロギー的動機が働いていたとする明白な証拠はつかめなかった。

おわりに

「長い一九世紀」にプロイセン＝ドイツで成立・発展した一般兵役制は、兵役義務の全国一律性と公平性の原則によって、内部からの時間をかけた国民統合に重要な役割を果たした。しかしながら帝政期にはいると、プロイセン以外の邦国も含めた全国レベルで軍制の統一が達成された一方で、徴兵率、徴兵適格率の地域間格差、とくに都市化・工業化の進む地域と農村地域の格差が徐々に開きはじめた。その原因としてヴェーラーら批判的社会史派の研究者は、政治的に信頼の置ける兵士の源泉として服従になれた農村部住民を多く徴集し、社会民主主義などのイデオロギーに染まった都市労働者をできるだけ軍隊から排除しようとの意図が反映されたためとするが、これを直接に証明することは現在のところなお難しい。むしろ都市化・工業化が急速に進展していくなかで、当時から農村と都市の生活環境の違いに由来する健康状態の差について、さまざまな立場の識者を巻き込んだ議論が展開されていたことなどから考えて、現時点では徴兵業務における政治的意図に基づいた操作を前面に押して議論することには、もう少し慎重になるべきであろう。

それにしても、徴兵業務で恣意的判断の入る余地があり、実際のところ「現場」での操作の痕跡がデータにも壮丁名簿上にもあらわれていたにもかかわらず、帝政期ドイツにおいて兵役システムはさしたる不公平感を抱かれることなく機能していた。その原因はさまざまに考えられるが、ここではとりあえずつぎの点を指摘しておきたい。すなわち、二〇世紀初頭における同世代の徴兵率は隣国フランスにおいて八〇％に達していたのに対し、当時のドイツでは第一次世界大戦直前まで兵力が抑えられていたため、五〇％を少し超える程度であったということである。その結果、フランスでは兵役検査の体格・健康基準を低くとらなければならず、健康状態に問題なしとはいえない壮丁も徴集せざるを得なかったのに対し、ドイツでは当時が人口の増加期にあたっていたこともあり、医学上の徴兵検査合格基準を高くとって、健康上も比較的質のいい壮丁の入営を当てにすることができた。[66] たしかに第二節と第三節でも触れたように、兵役適格率の変化は医学上のテクニカルな問題というよりは、むしろ軍備政策上の問題に関係があった。だが、それでも適格基準のハードルをそれほど低くする必要のなかったドイツでは、恣意的なものの入り込むグレーゾーンの問題性をそれほど社会の目に晒す必要もなかったと思われる。ただしこのようなある種のゆとりが、当時の国際社会における権力闘争に必要な兵力増強をなかなか達成できなかったことと裏腹の関係にあったことは、注意を要する。

本章ではおもに統計数値に依拠しながら、帝政期ドイツの兵役の実態をいくつかの視角から検討したが、徴兵政策の背後にある軍部ないし政府の立場や意図については、十分な検討ができなかった。そのため、「現場」でさまざまな操作がなされた可能性を指摘することはできたが、それがいかなる方針と意図のもとになされたかという点については、十分明らかにできなかった。そこで今後の課題として、まずマクロの視点から、当時の帝国主義的権力闘争の風潮を背景に軍拡が喧しく叫ばれるなかで、「武装せる国民」の実質化、すなわち一般兵役制の全面展開について軍部・政府の保守派と急進派、市民的世論、社会主義・労働運動の担い手らがそれぞれの立場からどのような見解を表明していたかを明らかにし、かつそれが実際の軍備政策にいかに反映されたかを究明せねばならない。さらにミクロの視点からは、兵事資料がある程度まとまって存在する地域の資料を紐解き、社会主義勢力などの帝国の「危険分子」やユダヤ系やポーランド系のようなマイノリティが徴兵の「現場」と兵舎内でいかに監視され扱われたかも、体系的に調べる必要があろう。

註

（1）丸畠宏太「一九世紀ドイツにおける徴兵制と〝兵役の肩代わり〟――西南ドイツの軍制を中心に」『姫路獨協大学外国語学部紀要』第一二号、一九九八年、三三～五六頁。同「ビーダーマイヤー時代のドイツ軍隊――中小邦国の兵士像とその社会構造」『姫路法学』第二九／三〇合併号、二〇〇〇年、三四七～三七〇頁。同「兵役・国家・市民社会――一九世紀ドイツの軍隊像と軍隊体験」阪口修平・丸畠宏太編著『近代ヨーロッパの探求　軍隊』ミネルヴァ書房、二〇〇九年、二四九～二九一頁。

（2）Ute Frevert, *Die kasernierte Nation. Militärdienst und Zivilgesellschaft in Deutschland*, München 2001.

（3）ドイツにおける近年の近代軍事史研究の動向についてはとりあえず以下を参照せよ。丸畠宏太「下からの軍事史と軍国主義論の展開――ドイツにおける近年の研究から」『西洋史学』第二二六号、二〇〇七年、三八～五一頁。ドイツ語文献では以下の論集が軍事史の最新傾向とさまざまな可能性を論じていて興味深い。Thomas Kühne / Benjamin Ziemann (Hrsg.), *Was ist Militärgeschichte?* Paderborn 2000.

（4）ようやく最近、市民社会から兵営への関門とも言うべき徴兵検査にも目を向ける研究があらわれはじめた。ただしこれらの研究も、徴兵検査をメイン・テーマとしているわけではない。Martin Lengwiler, *Zwischen Klinik und Kaserne. Die Geschichte der Militärpsychiatrie in Deutschland und der Schweiz 1870-1914*, Zürich 2000, S. 191-265; Markus Ingenlath, *Mentale Aufrüstung. Militarisierungstendenzen in Frankreich und Deutschland vor dem Ersten Weltkrieg*, Frankfurt a. M. /New York 1998, S. 136-169.

（5）ハンス＝ウルリヒ・ヴェーラー（大野英二・肥前榮一訳）『ドイツ帝国　一八七一～一九一八年』未來社、一九八三年、二三六～二三七頁(Hans-Ulrich Wehler, *Das Deutsche Kaiserreich 1871-1918*, Göttingen 1983⁵, S. 161); ders., *Deutsche Gesellschaftsgeschichte. 3. Band. Von der "Deutschen Doppelrevolution" bis zum Beginn des Ersten Weltkrieges 1849-1914*, München 1995, S. 1123f.

（6）近年、当時の兵役適格率をめぐる議論も踏まえた研究があらわれ、社会保守イデオロギー一辺倒の説明にも修正が迫られている。

Oliver Stein, *Die deutsche Heeresrüstungspolitik 1890–1914. Das Militär und der Primat der Politik*, Paderborn 2007, S. 60–70.

（7）*Die deutsche Wehrordnung nach dem Stand vom 1. Januar 1915. Unter Berücksichtigung der geltenden Ministerialerlasse von Preußen, Sachsen, Baden und unter Benutzung des Kommentares von Ministerialrat Schlusser*, bearbeitet, erläutert und herausgegeben von H. Mahn, Stuttgart 1915.

（8）*Vierteljahrshefte zur Statistik des Deutschen Reiches*, herausgegeben vom Kaiserlichen Statistischen Amt, Berlin.

（9）*Statistisches Jahrbuch für das Deutsche Reich*, herausgegeben vom Kaiserlichen Statistischen Amt, Berlin.

（10）この問題については本章の注38を参照せよ。

（11）近代の国民形成に戦争が果たした役割については、近年では以下の文献を参照せよ。Nikolaus Buschmann / Dieter Langewiesche (Hrsg.), *Der Krieg in den Gründungsmythen europäischer Nationen und der USA*, Frankfurt a. M. / New York 2003.

（12）Frank Becker, *Bilder von Krieg und Nation. Die Einigungskriege in der bürgerlichen Öffentlichkeit Deutschlands 1864–1913*, München 2001.

（13）Frevert, Das jakobinische Modell: Allgemeine Wehrpflicht und Nationsbildung in Preußen- Deutschland, in dies (Hrsg.), *Militär und Gesellschaft im 19. und 20. Jahrhundert*, Stuttgart 1997, S. 20.

（14）丸畠宏太「プロイセン軍制改革と国軍形成への道――一般兵役制と民兵制導入の諸前提をめぐって」『法学論叢』（一）第一二一巻第五号、一九八七年、（二）第一二三巻第一号、一九八八年。同「クラウゼヴィッツと一般兵役制の時代」清水多吉・石津朋之編『クラウゼヴィッツと「戦争論」』彩流社、二〇〇八年、一四七～一五五頁。

（15）Ernst Rudolf Huber (Hrsg.), *Dokumente zur deutschen Verfassungsgeschichte. Bd. 1 Deutsche Verfassungsdokumente 1803–1850*, Stuttgart 1961, S. 53ff.

（16）Frevert, *Die kasernierte Nation*, S. 71ff.

（17）Bernhard Schmitt, *Armee und staatliche Integration: Preußen und Habsburgermonarchie 1815–1866. Rekrutierungspolitik in den neuen Provinzen: Staatliches Handeln und Bevölkerung*, Paderborn 2007, S. 93ff. シュミットの研究は、一九世紀初頭にプロイセン、オーストリアで新たに領土として編入された地域（プロイセンのライン地方、オーストリアのヴェネチア）における兵役義務の国民統合機能を比較・考察することをテーマとする。

（18）Eugen von Frauenholz (Hrsg.), *Entwicklungsgeschichte des deutschen Heeres. Bd. 5. Das Heerwesen des 19. Jahrhunderts*, München 1941, S. 198.

（19）Robert E. Sackert, Die preußische Landwehr am linken Niederrhein um die Mitte des 19. Jahrhunderts, in: *Annalen des historischen Vereins für den Niederrhein*, Heft 194, 1991, S. 172f.
（20）Frevert, *Die kasernierte Nation*, S. 82ff.
（21）Schmitt, *a. a. O.*, S. 91.
（22）*Ebda.*, S. 96ff.「徴集規則」の条文は以下の文献にに掲載されている。*Die Heeres-Ergänzung im Frieden*, zusammengestellt von W. Dittmar, München 1843, S. 11-156.
（23）Frevert, *Die kasernierte Nation*, S. 67ff.
（24）Schmitt, *a. a. O.*, S. 115.
（25）*Ebda.*
（26）*Ebda.*, S. 148.
（27）*Ebda.*, S. 156ff. 一九世紀前半期に限定しても、ヴェネチアでの兵役補充数は六〇〇人台から五〇〇〇人台の間で大きく振幅している。*Ebda.*, S. 158f.（Tabelle）.
（28）*Ebda.*, S. 147ff.
（29）*Ebda.*, S. 102.
（30）*Ebda.*, S. 163ff.
（31）*Ebda.*, S. 114.
（32）注７参照。
（33）本章ではLandwehrを、一八一四年の国防法の段階ではその民兵的性格を考慮して「国土防衛軍」、一八五〇年代末のローンによる軍制改革の後は完全に常備軍の下部組織に編成替えされたことを考慮して「後備役」と訳し分けた。
（34）これとは別に各軍管区からの選抜兵で構成される近衛軍団があった。また一八九九・一九〇〇年には三軍団が追加され、一九一二年の軍拡に合わせてさらに二軍団が増強された。Wiegand Schmidt=Richberg, *Die Regierungszeit Wilhelms II.*, *Handbuch zur deutschen Militärgeschichte. Bd. 3, Abschnitt V*, S. 55.
（35）壮丁名簿には兵役義務年三年目までの記載欄しかない。
（36）Stig Förster, *Der doppelte Militarismus. Die deutsche Heeresrüstungspolitik zwischen Status-quo-Sicherung und Aggression 1890-1913*, Stuttgart 1985. とくに第Ⅱ章、第Ⅲ章を参照せよ。

（37）たとえばプロイセン陸軍省の一般軍務局長であったヴァンデルは帝国議会委員会の席上、軍事当局が徴兵検査の際に余剰人員となった壮丁にたいして安直に兵役不適格を宣告していたことを認めている。Förster, Militär und staatsbürgerliche Partizipation. Die allgemeine Wehrpflicht im Deutschen Kaiserreich 1871–1914, in: Roland G. Foerster (Hrsg.), *Die Wehrpflicht. Entstehung, Erscheinungsformen und politisch-militärische Wirkung*, München 1994, S. 56.

（38）Stein, *a. a. O.*, S. 60ff. 兵役適格性をめぐる議論が盛んになったのは一八九〇年代に入ってからで、ドイツが農業国から本格的に工業国へと転換をはじめたことにより、優秀な兵士の供給源であった農村人口が減少することへの危機意識が高まりだしたことがその背景であった。Ebda., S. 62, Anm. 189; Lengwiler, *a. a. O.*, S. 192.

（39）人口二万を超えるゲマインデ人口が二〇％に満たない地域は、当時は他にポーゼン（一三・九％）があっただけである。

（40）以上の人口にかんする数値はつぎの文献による。Jürgen Kocka / Gerhard A. Ritter (Hrsg.), *Sozialgeschichtliches Arbeitsbuch. Bd. II. Materialien zur Statistik des Kaiserreichs 1890–1914*, München 1978^2, S. 42ff.

（41）Heinrich Schwiening, Beiträge zur Rekrutierungsstatistik. Mit besonderer Berücksichtigung der die Dienstuntauglichkeit bedingenden Krankheiten und Gebrechen, in: *Klinisches Jahrbuch* 18. Bd. 1908, S. 402. 同論文中で、このほかにも兵役適格率の低い旅団区として挙げられているのは、大都市ハンブルク駐屯の第三三旅団、工業地帯シュレージエン駐屯の第二一・二二・二三旅団であった。

（42）*Statistisches Jahrbuch*（注9）, Jg. 1895.

（43）Carl Michael, *Die Statistik des Militär-Ersatz-Geschäftes im Deutschen Reiche*, Leipzig 1887, S. 103, S. 105.

（44）この見解は、一九七〇年代前後から台頭してきた批判的社会史の立場の研究者にほぼ共通している。ヴェーラー以外では、ここでは本論注35に掲げたシュティーク・フェルスターの名前を挙げておこう。Förster, Militär und staatsbürgerliche Partizipation, S. 58ff.

（45）Stein, *a. a. O.*, S. 56–70.

（46）*Ebda.*, S. 63ff.

（47）*Ebda.*, S. 68.

（48）ブレンターノの議論も、もともとはこの通説への反論として出てきたものである。ブレンターノの見解を知るには、つぎの文献が手頃である。Lujo Brentano / Robert Kuczynski, *Die heutige Grundlage der deutschen Wehrkraft*, Stuttgart 1900.

（49）Wehler, *Kaiserreich*, S. 161.

（50）Martin Kitchen, *The German Officer Corps 1890–1914*, Oxford 1968, P. 147f.

(51) Friedrich von Bernhardi, *Deutschland und der nächste Krieg*, Stuttgart / Berlin 1913[6], S. 291f.

(52) Graf Posadowsky, *Die Wohnungsfrage als Kulturproblem. Vortrag gehalten in München am 5. Januar 1910 in einer öffentlichen Verssammlung des Bayerischen Landesverbandes für Wohnungsförderung*, München 1910, S. 14f.

(53) モルトケ（大）を継いで参謀総長となったヴァルダーゼーはこの立場を代表する人物の一人であり、軍隊の国内における信頼性が危機に晒されるくらいなら兵役義務を廃止する方がましだ、とまで述べている。Stein, *a. a. O.*, S. 69.

(54) Landesarchiv Nordrhein-Westfalen. Staatsarchiv Münster. Kreis Tecklenburg Landratsamt, Alphabetische Musterungsliste für den Geburtsjahrgang 1869 (B259-853), 1874 (B259-845), 1882 (B259-849), 1888 (B259-837), 1892 (B259-854).

(55) Landesarchiv Nordrhein-Westfalen. Staatsarchiv Münster. Regierung (-sbezirk) Arnsberg, Musterungslisten, Hamm (Stadtkreis). Musterungslisten für den Geburtsjahrgang 1888 (B423-12-Nr. 409).

(56) Stadtarchiv Düsseldorf. Bestand XVII. Akten der Bürgermeisterei Rath, Rekrutierungs-Stammrolle, alphabetische Liste und Restantenliste pro 1907 (Nr. 573).

(57) 移民の様子は壮丁名簿から読み取れる（注54に掲載の資料参照）。たとえば一八六九年世代では壮丁名簿記載者六一八人のうち三五人が、一八七四年世代では同じく七九九人のうち四一人が、それぞれ徴兵検査初年度を待たずに外国へ移住している。

(58) Wolfgang Schilling, *Sozialgeschichtliche Beobachtungen zur Rekrutierung im Kaiserreich. Dargestellt anhand der Musterung in den westfälischen Kreisen Brilon und Hamm*. Magisterarbeit der Philosophischen Fakultät der Westfälischen Universität zu Münster (Westf.), Münster 1987 (ms), S. 13ff.

(59) Hugo Weidenhaupt, *Kleine Geschichte der Stadt Düsseldorf*, Düsseldorf 1993[10], S. 143; Peter Hüttenberger, *Düsseldorf. Geschichte von den Anfängen bis ins 20. Jahrhundert. Bd. 3 Die Industrie- und Verwaltungsstadt (20. Jahrhundert)*, Düsseldorf 1989, S. 170, S. 179. 人口についてはハム、テクレンブルクも含め、『帝国統計局年報』に掲載の数値も参照した。*Statistisches Jahrbuch*（注9参照）。人口の流動性、社会構造については壮丁名簿からほぼ読み取れる。

(60) おそらくこの影響で、一九〇八年度壮丁名簿では兵役検査三年目である一九一〇年度の記載がなく不完全である。このままでは本章での比較に支障をきたすので、ここでは三年度分の記載が完備されている一九〇七年度壮丁名簿を利用した。

(61) Lengwiler, *a. a. O.*, S. 193.

(62) 籤引きは兵役適格者数が補充必要数を上回った場合に実施され、籤に書かれた番号順に徴集される。しかし、少なくとも兵役検査二年目・三年目の壮丁の徴集については、名簿に記載された籤の番号とは何ら関係が認められない。

(63) Stein, *a. a. O.*, S. 69f.
(64) Ingenlath, *a. a. O.*, S. 164.
(65) Landesarchiv Nordrhein-Westfalen. Staats- und Personalarchiv Detmold. Bestand L79 Lippsche Regierung 6261, 6263.
(66) Ingenlath, *a. a. O.*, S. 151ff.

第Ⅱ部　社会史からみた軍隊

——兵士の日常・軍隊と社会

第四章

近世プロイセン常備軍における兵士の日常生活

――U・ブレーカーの『自伝』を中心に

阪口修平

はじめに

本章のテーマは、近世ヨーロッパの常備軍における軍隊社会、とりわけ一般兵士の日常生活を、ウルリヒ・ブレーカー（Ulrich Bräker, 1735-1798）というプロイセンの一兵士の証言を基にしながら描くことである。

兵士の日常生活については、従来ほとんどその実態が不明であった。そもそも軍隊の研究は、長い間、その関心をもっぱら戦争の勝敗とその原因、つまり戦略・戦術、軍事技術と軍隊制度、英雄の活躍などの歴史に集中してきた。それは固有の意味での軍事史、いわゆる「参謀本部の軍事史」であり、その内容は「戦史」であった。そこでは兵士は、戦争を担う単なる兵力であって、支配や規律の対象でしかなかった。

それに対して国家や社会、経済や文化など広い歴史のなかで軍隊のもつ意味を探り、また兵士の社会にまで眼が向けられるようになったのは、ようやく最近のことに過ぎない。フランスにおいてはR・コルヴィジエが道を開いた軍隊社会史の研究、英米圏における「新しい軍事史」、そして遅ればせながら一九九〇年代以降ドイツにおいて盛んとなった「軍隊と社会」学派の研究の潮流などがそれである。これらによって軍事史の地平が一気に広がった。筆者もかつて、ドイツにおける最近の軍隊社会史に関する研究動向をまとめたことがあるし、[1]またそれらの研究を参照にしながら、近世常備軍における軍隊社会とそこでの兵士の日常生活をスケッチしたことがある。[2]

ただそれらは、新しい研究の成果に依拠したものではあるが、兵士の直接的な証言に基づいた軍隊社会の叙述ではなかった。そもそも一般兵士は、ほとんど自らの生活を記録し、資料として残していない。法令や将校の記録には、兵士の生活に触れたものがあるが、しかしそれは主として生活規範を示したものであって、必ずしも兵士の生活の実態を反映したものではない。

しかしながら、一般兵士の証言として例外的なものがある。その代表的なものが、U・ブレーカー著『トッゲンブルクの貧しき男の生涯と実際の遍歴』である。[3]筆者は以前、鈴木直志氏と共に、このブレーカーの著作を『スイス傭兵ブレーカーの自伝』（以下『自伝』と略記する）と題して邦訳した。[4]そこで本章では、ブレーカーの『自伝』を考察の主要な対象とし、最近の軍隊社会史の研究成果[5]をも参照しながら、プロイセン常備軍の軍隊社会、兵士の日常生活に接近したい（なお『自伝』からの引用は、いちいち註を付けず、本文中に訳書の頁のみをカッコに入れて示す）。さらにそれを通じて、近世常備軍の特徴をも探ってみたい。

まず第一節で、ブレーカーとその『自伝』について述べる。その後本論として、『自伝』を通してみた軍隊社会を、入隊以前の募兵の光景、平時の駐屯地での兵士の日常生活、戦時の軍隊社会に分けて考察する。最後に、『自伝』などいわゆる私的な証言（Ego-Dokument）の持つ長所と限界に触れるとともに、近世常備軍の特徴、特に近代とは異なる近世の軍隊の特徴を、兵士の日常生活の視点から指摘し、今後の常備軍研究の展望を提示したい。

第一節　ブレーカーとその『自伝』について

ブレーカーについて

ブレーカーの「人と業績」については、『自伝』の「あとがき」で述べておいたのでそれを参照していただくとして、ここではその要点を簡単に整理しておこう。ブレーカーは、一七三五年スイスのアルプスの麓に位置するトッゲンブルク地方の片田舎ヴァットヴィルで生まれ、軍隊生活の一年間を除いて、生涯ここで暮らした生粋のスイス人である。一一人兄弟の長男で、家庭は貧しかった。父親は家の周りの小さな畑地で農作業をするかたわら、炭焼きや硝石の製造に携わり、母親は木綿などの糸紡ぎの内職で家計を補っていた。このような状態なので、ブレーカーは日雇いにも出るが、親元を離れて一旗揚げようと故郷を後にするのは一七五五年秋、ブレーカー一九歳のときである。その後プロイセンの募兵将校の従者として六ヵ月、ベルリンのプロイセン軍で新兵として四ヵ月、ついに七年戦争のさなかロボジッツの戦いで脱走を企ててヴァットヴィルに帰還するのは一年後の一七五六年一〇月であった。本章で参照するのは、この一年間のブレーカーの経験とそれに関する叙述である。

帰還後は結婚して独立し、木綿糸の行商に携わるが、商売の才はあまり無く、むしろ借金生活が一生涯続いたようである。実生活は、貧困と借金、うまくいかない夫婦仲などで決して満足したものではなかったが、そのようななかで最大の慰みをもたらしたのは文字の世界であった。少年時代、仕事がない冬の間ほんの数週間くらいしか学校に行かず、一六歳の頃かろうじて堅信礼の準備のために聖書の講義と読み書きを習ったくらいしか教育を受けていない貧乏なブレーカーが、なぜ文字の世界に入っていけたのかは不思議であるが、どうも小さいときから本が好きであったようである。家庭が敬虔なピエティストであり、祖母や父親から本の読み聞かせをしてもらった影響であろう。したがって苦しい生活からの逃避はどうしても本に向かい、一七六六・六七年頃はその傾向が特に強まった。その結果、ついには一七六八年からは日記を付け始める。日記はその後生涯続き、結局三〇年間で三〇〇〇頁を超す大部なものとなった。さらに一七七六年には、隣町のリヒテンシュタイクにある読書協会「道徳協会」に入会した。それによって、文字の世界に対する展望は一気に広がった。それまで敬虔一筋のブレーカーは、啓蒙の世界にも接するのである。ピエティスムスと啓蒙がブレーカーを特徴づけている。ブレーカーは、単なる読書だけではなく、上述の日記や『自伝』、戯曲や論評、小編や懸賞論文などをも書き、ブレーカーの死後二〇〇年を記念して編纂された彼の全著作は五巻にも達した。(6) しかしそのようななかでも生活の苦しさは依然として続き、死の直前には破産にまで追いこめられた。不幸な環境のなか、一七九八年に六二歳で没する。

『自伝』とその受容

ブレーカーを有名にし、今日にまで名を残すことになったのは、ひとえに『自伝』のおかげであった。この『自伝』は一七八一年、ブレーカー四五歳のときから書き始め、八六／八八年まで書き続けられて、すでにブレーカーの生前一七八九年にフュスリ社から出版されたのである。一九世紀にはいくつかの版が出たが、今日でもなおドイツやスイスでは新たな版が出されている。『自伝』がこれほど有名になったのは、第一に、文学史上「民衆文学」の代表として高く評価されているからである。一九六五年に古典の出版で有名なレクラム文庫に『自伝』が加えられたことが、それをよく物語っている。(7) さらに、当時庶民がその生活を書き記すことはきわめてまれなことであるので、庶民の日常生活、とりわけ子供時代や経済生活などを研究するうえでも貴重な史料となった。(8)

しかしわれわれが注目するのは、『自伝』のなかで軍隊社会の現実が生き生きと描写されているからである。その情報量は、わずか一年間の体験であるにもかかわらず、非常に豊富である。しかも多面的である。それゆえフリードリヒ大王の常備軍、ひいてはヨーロッパの常備軍における軍隊像、兵士像を考えるうえで、ブレーカーの『自伝』は非常に大きな意味を持った。ほとんど唯一の史料であったといってもよい。しかし従来、その利用のされ方はかなり一面的なものでもあった。

日常の常備軍やそこでの兵士像を描くに際して、ブレーカーの『自伝』を取り上げ、その後に決定的な影響を与えたのは、G・フライタークである。フライタークは一八五九年から一八六七年に社会史的・文化史的著作『ドイツの過去の光景』三巻本を出版したが、[9]これがその後多くの人々に読まれ、以後四〇版を越える大ベストセラーとなったのである。日本でも翻訳が出されている。[10]フライタークは三十年戦争後の駐屯軍の生活に関する章のなかでブレーカーを参照し、一七頁にわたって『自伝』に描かれた軍隊生活の内容を要約している。[11]その内容はもとより多岐にわたっているが、その要旨は、スイス人であるブレーカーが騙されて無理やりプロイセン軍に入隊させられ、厳しい規律と残虐な訓練を課せられたが、七年戦争において念願の脱走を試みて成功した、という外国人傭兵の運命である。フライタークは、ビスマルクの小ドイツ主義と対立した代表的な自由主義者であった。軍隊の歴史に関するフライタークの基本構想は、前近代的な常備軍と近代の国民軍の対置であるといってもよい。常備軍は専制国家によって維持された傭兵の職業兵士からなっており、国民によって構成される近代的で自由主義的な軍隊とは根本的に性格を異にしている。つまり、ポジティブに捉えられるべき国民軍の対極としてのネガティブな常備軍という基本的視点である。ブレーカーの『自伝』はこの観点からすれば格好の証言となったのである。詐欺や暴力を用いての外国人に対する募兵活動、軍隊内部での残酷で非人間的な訓練、またその結果としての脱走の事例は、ブレーカーの私的体験と自由主義的な常備軍観に適合的なものであったといえよう。

ブレーカーのこのイメージは長い間受け継がれ、固定化し、プロイセンの軍隊、ひいては近世の常備軍と一般兵士の像を示す典拠となった。それは戦後まで受け継がれ、旧西独でも、あるいは観点は異なるが旧東独でも、ブレーカーは格好のテキストとなったのである。[12]わが国でも、すでに林健太郎がフリードリヒ大王治下の軍隊の兵士を、ブレーカーの『自伝』に即して叙述している。[13]しかしこの紹介は、ほとんど文字どおりフライタークの叙述をなぞったものである。ブレーカーとフライタークの影響が、このように近世常備軍とその兵士像のステレオタイプなモデルとなったといえよう。

しかしブレーカーの叙述は、すでに述べたようにわずか一年の経験であったにもかかわらず、情報量が驚くほど豊富である。それはフライタークの叙述で尽きているのでは決してない。近年「新しい軍事史」が、歴史のなかの軍隊、軍隊社会や兵士の日常生活を多面的に掘り起こしている。そこで本章では、近年提起されている新しいテーマ領域とその研究を参考にしながら、ブレーカーの個人的な体験に基づく『自伝』に依拠して、兵士の日常生活を具体的に描写したい。

『自伝』の信憑性について

ところでブレーカーの『自伝』は、はたしてどこまで事実を叙述しているのであろうか。それとも単に読んだり聞いたりしたことを綴ったものに過ぎないのであろうか。フライタークにあっては、その検証が全くない。あたかも兵士の日常生活を反映していることが、彼の前提になっているようである。ブレーカー自身『自伝』のなかで、「私は本当のことだけを書いてきた。この本には私が見たことや体験したこと、あるいは信用の置ける人々が話してくれたことが書かれているが、そのどちらも紛れもない事実なのだ」（二〇五）と記している。しかし『自伝』によれば、ブレーカーがピルナで全ザクセン軍の投降を目撃したのは一七五六年九月二二日で、一〇月一日の有名なロボジッツの戦いの前ということになっているが、ザクセン軍の降伏は、実際にはロボジッツの戦いの後の一〇月一六／一九日であり、歴史的事実と矛盾している。またプロイセンの軍事史に最も通じたC・ヤーニーは、ブレーカーが従者として使えた募兵将校であるマルコーニーは実際には存在しないと指摘している。[14] 果たしてブレーカーの叙述はどの程度史実でもって裏付けられるのであろうか。

この点に最初に踏み込んだ検討をしたのは、H・エッカートであった。[15] 彼はまず、『自伝』に出てくる将校などが実在するか否かを調べ、その結果、ブレーカーが所属したと記されているプロイセン軍の連隊長である Isenblitz は、

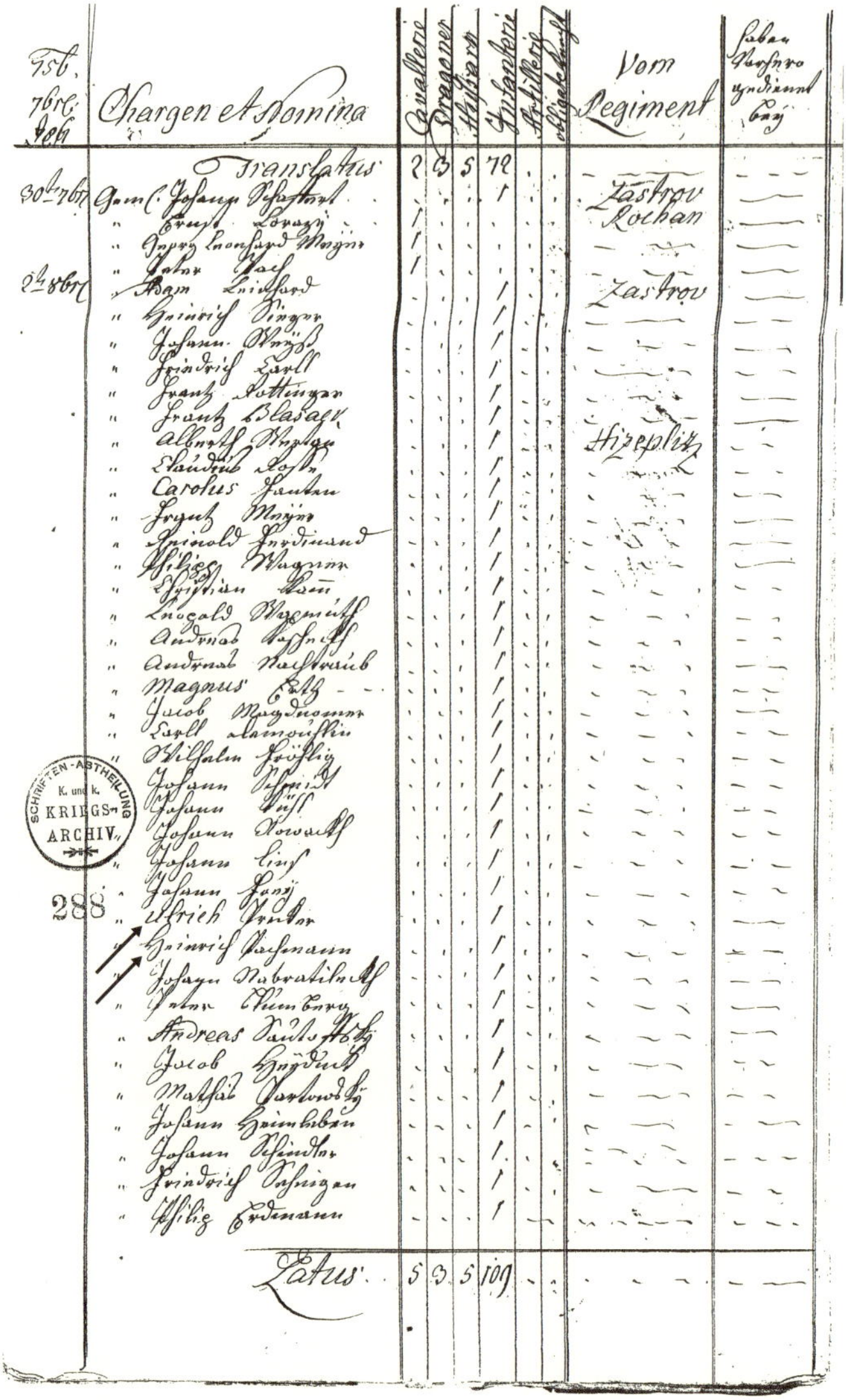

出典：Österreichisches Staatsarchiv, Kriegsarchiv Wien, Feldakten 1756, Hauptarmee Hofkriegsträ tliche Akten, 11, 5f.
矢印は Ulrich Precker と Heinrich Pachmann

図 4-1　皇帝軍への投降者名簿（1756 年）

ベルリンに駐屯し、のちに一三歩兵連隊と呼ばれた軍団の連隊長 August Friedrich von Itzenplitz であり、中隊長の Lüderitz は Ernst Karl von Lüderitz であること、そのほかにも Latorf は大佐の Johann Sigismund von Latorff であり、Cran が伍長の Christian Heinrich von Krahn であることを明らかにした[16]。さらにヤーニーが実存しないとした募兵将校の Markoni は、さまざまな文書館の史料をつき合わせて検証した結果、イッツェンプリッツ連隊第八中隊の少尉 Arnhold Friedrich von Marck であり、ブレーカーの叙述と合致することを証明したのである[17]。しかしエッカートの最大の功績は、当時の軍隊史料の中にブレーカーの名前を見出したことである。ブレーカーはロボジッツの戦いで脱走し、一〇月二日に同じくプロイセン軍を脱走した同郷のバッハマンと共に皇帝軍に投降したが、エッカートがウィーンの軍事文書館所蔵の史料を調べた結果、ブッディンの皇帝軍本陣の一七五六年一〇月二日付の投降者名簿のなかに、イッツェンプリッツ連隊の兵士として Ulrich Precker と Heinrich Pachmann の名前が並んで記されているのを発見したのである[18]。筆者も同文書館所蔵の当該投降者名簿のなかに、両者の氏名を確認した。資料４－１がそれである。まさに『自伝』の叙述とぴったり照合する。これによって、ブレーカーがイッツェンプリッツ連隊に所属していたこと、ロボジッツの戦いのさなかに脱走し、一〇月二日に皇帝軍に投降したことが、文書館史料によって裏付けられたのである。ブレーカーの記述が、決していい加減なものではないことが判明した。

しかしエッカートにとっても『自伝』の叙述が誤っているとしか思えないもの、ならびにわれわれの眼にはどうみても不可解としか思えないことがある。それは、ピルナでのザクセン軍の投降とロボジッツの戦いの順序が逆であること、ならびに行軍中の記録が、まるで日記のように細かく記されていることである。ところがこの点を解明したのが、クロースターフースである[19]。

クロースターフースは、一七六八年以降に書かれたブレーカーの日記を調べた。その結果、ブレーカー自身が、のちにアルヒェンホルツの『七年戦争史』のなかで、ザクセン軍の投降の前にロボジッツの戦いがあったと記しているのを読んで、「私が間違っていたようだ。しかし私は実際に投降してくるザクセン兵を目撃したのだ」、「それを示すメモを今でももっている」と注釈しているのを一七八八年一一月二三日の日記に見出し、ブレーカーは三〇年後も本当にそのように信じていたのだと主張している。[20]

しかしそれにしても、『自伝』における詳しい毎日の記述は本当に可能であろうか。たとえば一七五六年三月一五日に募兵地であるロットヴァイルを出発して四月八日にベルリンに到着するまでの二四日間の全行程を、何時間かけてどこからどこまで移動したか、どこで休息日を取ったかなどについて、詳細に叙述しているのである。「われわれは初日、七時間かけてエービンゲンという小さな町まで進んだが、ぬかるみや雪でほとんどが悪路だった。二日目は、オーバーマルクタールまで行った。初日に宿泊したのは「のろじか屋」というところであった。……三日目は再び九時間かけてウルムまで行った。……ウルムでは「鷲屋」というところに投宿し、そこで始めての休息日をもらった」（一〇二〜一〇三）というような調子である。七年戦争勃発後の行軍の記録も同様で、一七五六年八月二二日にベルリンを出発して行軍を始め、ロボジッツの戦いで脱走して一〇月二六日に帰郷するまでの全行程が、一日も欠かさず記述されているのである。三〇年後にこれらを記憶に頼って書くことは不可能であろう。クロースターフースはこの点でも、前述の一七八八年一一月二三日の日記に、「私は今でも、募兵に際して、あるいはベルリンへの移送の途上、あるいは行軍時に、われわれはどこにいたのか、何をしたのかをしたためたメモを持っている」という証言を見出しているのである。[21]

信憑性に関しては、もう十分であろう。われわれは、『自伝』がたとえブレーカーの立場や視角から書かれたものであろうとも、決して勝手な創作ではなく、彼自身の目に映ったものを当時のメモなどに依拠して記している、ということから出発しよう。そして、ブレーカーが主張し訴えていることだけではなく、彼の叙述から看取されることをも見逃すことなく、軍隊社会・兵士の日常生活のさまざまな光景を再現したい。[22]

第二節　軍隊社会1――募兵の光景

ブレーカーの『自伝』は、前述のごとく、プロイセン常備軍の軍隊社会に関する多くの情報を提供している。本章ではそれを三つの局面に分けて考察したい。つまり第二節で軍隊への志願から入隊までのいわば前段階、第三節でベルリンの軍隊における兵士の日常生活、第四節で七年戦争勃発による出陣から脱走までの戦時の軍隊社会についてである。

まず本節では志願から入隊までの募兵の光景を、①志願の動機と仮契約、②募兵団の活動、③募兵団の生活とブレーカーという三つのテーマで考える。

志願の動機と仮契約

ブレーカーはどのような理由でプロイセン軍に志願したのか。それは一言で言えば貧困である。ブレーカーがプロイセンの募兵活動に応じたのは一七五五年、一九歳のときであるが、その当時彼は九人兄弟の長男で、父は前年に借金で破産して家を売らねばならない始末。その後父は火薬の製造に雇われ、ブレーカーは日雇いに出たり火薬作りの手伝いをしたり、すぐ下の弟も働きに出て、その日暮らしの状態であった。そのような折、父の知り合いのラウレンツ・アラーなる者がやってきて、自分は顔が広いからいい仕事口を紹介してやろうというのであった。顔見知りの具体的成功例を挙げ、その者はベローナの軍隊から「ピカピカの服、金縁の帽子で」、「山ほどの金を稼」いで帰還したと説得している（七一）ところからみて、明らかに、志願兵集めの斡旋人である。父親もブレーカー本人も、「ひと稼ぎ」するためにラウレンツにブレーカーの身を任せたのであった。それは無理強いではなかった。のちにはブレーカーの弟も、貧困から、妻と四人の子どもを残して一七七一年にサルディニアの軍隊に志願している。[23] つまりこれは、日雇いに出るか軍役に就くかの選択肢ということである。また、軍役は貧しい生活から救ってくれるというイメージが当時かなり広まっていたことが見て取れる。

それではブレーカーは、新しい職を求めてずっと郷里を離れるつもりであったかといえば、そうではなかった。最愛の恋人と別れての離郷であるが、「数年も経てば」金を稼いで帰ってくる（七二）、そうすれば結婚できると信じていたのである。彼にとっては、結婚資金集めの出稼ぎのつもりであったのである。

プロイセン軍との交渉は、当時募兵活動の中心地のひとつで、南ドイツとスイスとの国境近くのシャフハウゼンで行われた。ここではまず、斡旋人はできるだけ高い手数料を引き出そうとするし、募兵将校は有望な兵士を求めるという、両者の駆け引きが演じられた。ブレーカーは身長が足りないので兵士としては失格であったらしい。[24] したがってまた手数料も低いので斡旋人ラウレンツ（シャフハウゼンへの途中でもう一人の斡旋人が加わっていたが）には不満、そこで他の募兵将校の許に行って交渉している。斡旋人にも交渉相手を選ぶ自由があったようだ。ただその間に募兵将校マルコーニは、彼の身の回りの世話をする私的な従者として雇い入れる話をブレーカーに直接持ちかけている。ブレーカーも斡旋人が怪しいと感づいたので、給与は日に九バッツェン、衣服は支給という条件で、両者は仮契約を結んだ（八三）。斡旋人抜きである。斡旋人たちは当初二〇ルイドールを要求したが、結局父親の取り分も含めて、三ドゥカーテンに値切られてしまった（八三）。ここでは募兵将校、斡旋人、ブレーカー三者の取引と駆け引きが注目される。どこにでも見られる普通の交渉である。

ブレーカーを参照する際に、騙されてプロイセン軍に売られたという入隊の事情が常に強調される。[25] しかし、斡旋人の誘いに応じたのは、斡旋人の下心とのズレはともかく、ブレーカーも父親も納得のうえであったし、マルコーニとの仮契約はブレーカー自身の判断で行われたものであった。ただそれは、マルコーニの私的な従者として応じたにすぎない。たしかに、のちにベルリンに送られ、そこで軍隊に無理やり編入されて新兵にされたのは明らかに契約違反であり、詐欺的行為であったといえよう。ブレーカーの最大の不満の源泉である。ただクロースターフースによれば、ブレーカーの従者としての身分は、軍法上はすでに連隊・中隊に所属し、ただ「本当の兵士」としてではなく、身分的には「Jäger」（猟兵）で、必要なときには輜重隊に配属されるような存在であるらしい。[26]これはブレーカーには分かりようがないし、軍法に通じていないものにも理解できない。ブレーカーの入隊に関して、詐欺的行為や暴力的措置など違法な面が目立ち、また研究史上その点が強調されるのも、軍法の規定と市民社会の常識との違いに起因するといえようか。

募兵の光景

それでは日常的な募兵活動の光景はどのようであったか。ブレーカーが契約を結んだシャフハウゼンは、プロイセンの募兵活動の中心のひとつであった。[27]当時シャフハウゼンには、プロセイン軍の五つの募兵団が別々の宿・居酒屋に陣取って活動を展開していたようだ（八三、九二）。ブレーカーが契約を結んだマルコーニの募兵団は、将校が一人と下士官が三人からなっていた（九九〜一〇〇、一〇二）。

兵士として最も重要な要件は、身長であった。当時の銃は前操銃であり、腕が長くなければ銃口から火薬を詰めることができない。腕の長さは身長に比例するので、それだけの背丈が必要なのである。ブレーカーも、まず靴を脱いで身長を測られ、その結果兵士としては失格となったのである（八二）。

兵士を集めるには、さまざまな手段をとっていたようだ。陣地で志願者が名乗り出たり、斡旋人が連れてくるのを待つだけでなく、さらに自らも各地に赴いている。陣取った宿の前で太鼓をたたいて人を集め、酒を振舞っては契約書に署名させるというフレミングの有名な図版に描かれた光景は、[28]ブレーカーの叙述には出てこない。その代わりに下士官が各地に出向いたり（九九〜一〇〇、一〇二）、マルコーニ自身がブレーカーを連れて、シュトラースブルクやロットヴァイルなどの大きな都市やその他の小都市に赴いている（九〇〜九二）。そこで近隣の貴族や聖職者を訪れているのも、志願者を探しに行っているのであろう。

募兵の成果はどうかといえば、マルコーニ募兵団の場合うまくいっていなかったようだ。シャフハウゼンでは、罪を犯してそこにはいられないようなどうしようもない極悪人を三人掘り出しただけ、ロットヴァイルでは数週間かけてもう一人を募兵したに過ぎないと述べている（九二）。七年戦争直前の当時の状況下では兵力増強が急務であり、したがって募兵活動強化への軍隊からの要請や圧力が強かったであろう。それでも、しばしば主張されるような、乗合馬車を襲ったり、教会に踏み込んで若者を集めるというような悪質な人さらい、暴力的行為の類は、ブレーカーの叙述にはどこにも見られない。

注目されるのは、シャフハウゼンでの募兵活動が禁止された経緯である。理由は、シャフハウゼン出身者が約束した期間をプロイセン軍で勤め終えたが、除隊を申し出ても聞き届けられなかったからである。そこでシャフハウゼン市当局はプロイセン軍のシャフハウゼンでの募兵活動を禁止し、五つの募兵団は退去せねばならなくなったというのである（九二）。事実、当時この件に対してプロイセン当局とシャフハウゼン当局が非難の応酬をしていることを、エッカートはシャフハウゼンの文書館の史料で確認している。[29] プロイセンの軍隊といえども、異国での募兵活動にはその地の当局の許可が必要で、違法行為は当該当局からの非難・抗議を招き、募兵活動ができなくなる場合があることが見て取れる。その結果、マルコーニの募兵団はその後、募兵活動をヴァットヴィルに移さざるを得なかったのである（九二）。

募兵団の生活、従者としての生活

募兵団の生活は一般にはほとんど知られていないが、ブレーカーの記述からは、結構豊かな暮らしが窺える。シャフハウゼンでは、プロイセンの五人の募兵将校が毎週順番でパーティーを開き、一ルイドールの費用で他の募兵団を招いて飲み食いすることになっていたようだ（九一～九二）。またマルコーニはロットヴァイルでもよくダンスパーティーを開いたり、賭けトランプをしたり、人に金を貸したり、贅沢な暮らしをしていた様子が描かれている。これはマルコーニの特殊な状況なのか、一般に見られたことであるのかは不明だが、のちにブレーカーがベルリンで、マルコーニの噂として「何しろ募兵活動では莫大な額を使ったが、その割にはほとんど新兵をおくりこんでいないと大佐や少佐がこぼしている」（一〇八）ということを聞いているので、マルコーニの特殊事例であったのかもしれない。しかしシャフハウゼンでの毎週のパーティーは、他の募兵将校たちと一緒に開いていたのである。贅沢な光景だ。

ブレーカーも、この頃が一番豊かな生活を送っていた。マルコーニの従者になってすぐに、新しい衣服、拍車付きのブーツ、ふちの付いた立派な帽子、ビロードのネクタイ、緑の燕尾服、白地のチョッキ、ズボン、新しい長靴、二足の靴、甲騎兵用の刀、辮髪、つまり「頭のてっぺんから足の先までぴかぴかの衣装」を身にまとうことになった（八三）。ブレーカーの前では「誰もが帽子を少し浮かせて挨拶」し、宿の者たちも「紳士のように接待」するようになったという（八三）。仕事といえばマルコーニの身の回りの世話であるが、その他の時間は自分の好きなところに出かけることを許されていた。事実シャフハウゼンの街を見学し、ライン川のほとりを散歩し、船乗りを楽しんでもいる。要するに望外の幸せな生活であり、『自伝』の中にも「幸せ」「明るい未来の生活」「とても満足」の言葉が頻繁に発せられている（九五〜九六）。

しかし幸せな日々もここまでで、一七五六年三月にはベルリンに送られ、そこでプロイセンの連隊に編入されてすべてが一変するのである。

第三節　軍隊社会2——平時の軍隊社会

軍隊内における兵士の生活に関しては、ブレーカーの叙述から窺い知ることがきわめて多い。ここではひとまず、①連隊への編入と宣誓、契約、②新兵の軍事教練、③収入、衣・食・住、アルバイト、④兵士の苦悩と気晴らしに分けて考察しよう。

軍隊への編入と宣誓、契約

ブレーカーが、ベルリンに着くなり編入されたのはイッツェンプリッツ連隊、リューデリッツ中隊である。マルコーニは、イッツェンプリッツ連隊の下級将校＝少尉であった。しかしこれはブレーカーにとっては寝耳に水であり、まさしく「だまし討ち」であった。したがって中隊長リューデリッツ少佐に、自分はマルコーニの従者として雇われたのであり、手付金をもらってもいないし、軍務契約を交わしてもいないと異議を申し立てるが、脅しでもって一蹴されて、有無を言わさず「新兵」とされてしまう。

軍隊に編入されれば、最初に重要な儀式は宣誓である。これは単なる空虚な形式ではない。「アーメン」でもって幕を閉じる神への宣誓なのである。[30] ブレーカーもベルリンに着いた翌日、二〇名くらいの他の新兵と共に、イッツェンプリッツ連隊のラトルフ大佐のもとで宣誓をさせられた。全員が軍旗の一端に触れ、副官の軍人服務規程朗誦にならってそれを復唱し、最後に副官が新兵の頭上で軍旗を振り上げて解散したのである（一〇九）。ブレーカーはまともにそれを唱えたわけではなかったが、それでも後年、自ら企てた脱走に対して後ろめたい気持ちを残し、また読書協会への入会時にマイナスの影響をあたえたのも、この宣誓に対する違反のせいであった（二二一、一八二一〜一八三）。

宣誓と軍法は公法的な性格を持つのに対し、軍務契約は中隊長と兵士間の私法的なものである。[31] 契約の最も重要なのは軍役期間であろう。契約書は、ブレーカーの場合、中隊長に押し付けられたものにしか過ぎなかったが、そこでは六年間となっていたようだ（一一九）。それはイッツェンプリッツ連隊の軍務契約においては、最も普通の軍役期間であったようである。[32]

新兵の軍事教練

軍隊に編入されても、初めは新兵として教練の期間である。まだ正式の歩兵ではない。ブレーカーの場合、新兵の期間は四ヵ月で、まもなく七年戦争が始まったので、正式に歩兵として組み込まれ、出征することになった。つまりブレーカーのベルリンでの生活は、新兵としての訓練体験のみであった。したがって訓練期間以降の兵士の日常生活を、ブレーカーの体験から読み取ることはできない。

さて、最初の一週間はまだ準備期間で自由にベルリン市を見学できたが、二週目から地獄のような教練が始まった。「若い下級将校がほんの些細なことで鞭を打つ」、また訓練も、「軍服で締め付けられたまま何時間も棒のようにまっすぐに行進」させられたり、「稲妻のように迅速な武器の操作」などを叩き込まれた（一一七）。すべては将校の命令一下であった。練習から戻れば、今度は洗濯、銃・弾薬の手入れ、帯革・制服をきちんと繕う仕事などが待っていた。「少しでも乱れていると、翌日にはめちゃくちゃに殴られる」（一一七）。一番恐ろしい光景は、脱走兵に対する処罰であった。軍法や脱走禁止令では脱走は絞首刑となっているが、[33]現実の処罰は二列笞刑が多かったようだ。「二〇〇人の兵士が二列になってつくる長い小道を、脱走兵が鞭で打たれながら八回も行ったりきたりして、息も絶え絶えになって倒れるまでの一部始終を、われわれは傍観せねばならなかった。翌日もまた連れ出された。背中を打ちのめされたので、彼らの服はずたずたに引き裂かれ、そのぼろ服にしみ出た血がズボンの上に滴り落ちるまで、改めて鞭打たれた」（一一六〜一一七）。残酷で悪名高い二列笞刑である。この光景を見て、ブレーカーは脱走の計画を断念してしまう。

一から学ばねばならない新兵にとって一番頼りになるのは、日常的な指導をしてくれる古参兵の存在である。ブレーカーの場合はツィッテマンという古参兵で、彼とは同部屋でもあった。銃をきれいに保つ方法、制服の手入れや兵隊風の整髪のしかたなど、「彼は実にいろいろなことを教えてくれた」と言っている（一一〇）。また絶望に沈んでいるときなども、「お若いの、辛抱するんだ。そのうちきっと何とかなるよ。今は我慢するしかないんだ」と慰められ（一〇八）、いくらか気分が落ち着いている。このような古参兵の役割が、軍隊の末端にある兵士の日常生活を支えていたのであろう。他方では、脱走の防止など、軍の秩序を維持する役目をも負わされていたのであるが。古参兵の上に位置し、実際の軍事訓練を担う下士官も同様な意味を持っている。もとより下士官には、兵士いじめの最先端に立つ嫌われ者と、兵士に丁寧に教える二つのタイプがあったようで、ブレーカーにおいては、彼の分隊の演習を指導し「文句ばかり言って、どうにも我慢がならない」メンケ伍長が前者のタイプ、同じ中隊の他の分隊を指導し、シャフハウゼン時代から一緒のヘーベル軍曹は後者のタイプであった。興味深いのは、ブレーカーに同情したヘーベルが、自分の部下の一人と交換して、ブレーカーをヘーベル分隊に入れてくれたことである（一一二）。分隊間の所属の移動は、意外と容易にできたようだ。中隊間やいわんや連隊間ではこのようにはいかないであろう。兵士は連隊長・中隊長の財産という意味を持っているのだから。

ブレーカーの描く教練の風景は、残酷極まるものである。ただ新兵に対する教練は、そもそも最も厳しいものであった。新兵の時代を過ぎれば、一部の兵士が勤務として歩哨に就くだけで、残りの兵士は一種の予備兵 Freiwächter として歩哨からも解放され、休暇を与えられたのだ[34]。彼らは身分的には兵士であるが、給与は一部かあるいは全く支払われなかった。後述のように、彼らは都市内でさまざまな副業についたのである。

収入と衣・食・住

軍隊からの収入は、兵士にとって最も主要な関心事である。一般的には、志願の際の手付金、通常の現物・貨幣による収入、さらに中隊長からの特別収入がある。衣は現物で支給され、住は民家での宿営なのでやはり現物であり、食は軍用パンと給与でまかなうということであった[35]。これらをブレーカーの体験に即してみてみよう。

手付金はブレーカーには支払われなかった。身長不足で兵士としては不採用であったので、斡旋人に斡旋料として三ドゥカーテン支払われたにすぎない。マルコーニの報告では、「手付金」をブレーカーに「十分に」支払っていることになっているようであるが（一〇八）、これはでたらめで、マルコーニが私的に使ってしまったのであろう。一般的には手付金が志願の際の大きな目当てであった。最低限の手付金でも一年半の現金給与に相当したのである[36]。

住まいに関しては、兵士は通常、市民の家で宿営した。ブレーカーもベルリンに着くなり、フリードリヒシュタットのクラウゼン通りの一民家に案内された（一〇五）。そこは四人部屋で、前述のクリスティアン・ツイッテマンが古参兵として部屋のリーダー格であった（一〇六）。このような形で住まいは一応保証されていたといえる。

衣料も基本的には現物支給である。ブレーカーも、初日に一着の軍服、翌日にはズボン、靴、半長靴、帽子、ネクタイ、靴下が支給されている（一〇九）。当時のプロイセンでは、軍服は毎年兵士に支給されていた。衣も、基本的には兵士に保証されていたといえる。

問題は食とその他の日用品である。そのためには、五日分の現金給与として六グロッシェンと毎日一個の軍用パンが支給された（一〇六、一〇九）。これはもとより最低基準である。しかし中隊長から評価されれば、特別手当が出るのが普通であった。[37]事実、ブレーカーと同郷で同じ中隊にいた仲の良いシェーラーは、数グロッシェンの特別手当と、パン二人分を少佐からもらっていた（一一四、一二〇）。しかし、身長が足りないがゆえに兵士としては不適格者で、おまけに入隊するなりいきなり中隊長に異議を申し立てたブレーカーは、中隊長からは何の特別手当もなかった。これは大きな差であろう。そもそも兵士から下士官、ひいては下級将校までもが、中隊長からの特別手当に依存する仕組みになっていたのである。中隊長こそが中隊を維持・管理する軍隊の経営者であって（いわゆる「中隊経営」[38]）、手工業で言えば親方である。職人や徒弟が親方の恩寵に依存する、前近代の家父長な社会システムが、近世の常備軍においてもこのような形で活きていたといえよう。

しかしブレーカーの場合、果たして食生活が可能であったのであろうか。なんらの特別手当もないブレーカーは、当初から食生活に行き詰まった。そこで彼は、まず売れるものを売った。従者の時代に持っていた火打ち石銃、緑の燕尾服やモールの付いた帽子などである（一一四）。また、同郷のシェーラー、バッハマンと一緒に自炊して安く上げる工夫をした（一一四）。しかし誰もが同じように最低生活をしていたのかといえば、必ずしもそうではなさそうである。のちに宿営先が変わり、新しいところで同部屋となったヴォルフラムとメーヴィスは、前者が大工、後者は靴屋で、二人とも「いい稼ぎがあった」。彼らは「スープと肉、ジャガイモとえんどう豆を添えて食卓を彩っていた」

のである（一一八）。ブレーカーは兵士の中でも、最も貧しい生活を強いられていたのであろう。

ブレーカーはまだ新兵なので、副職に就くことはできなかった。しかし新兵の教練期間を終えると、前述のように、歩哨勤務以外のものは、休暇をあたえられた。このときには兵士はアルバイトで稼ぐことができたのである。ブレーカーはベルリンでそのような光景を見ている。ベルリンでの第一週目、シュプレー川のあたりを散歩していると、「何百という兵士たちの手によって商品が船に積み込まれたり、荷降ろしされるのを見た」（一一一）。材木置き場に行くと、そこも働く兵士たちで満ち溢れていた。兵舎やその他の場所でもいたるところ、工芸品に始まり糸播き棒に至るまで、ありとあらゆるものに従事する兵士を見かけた（一一一）。要するにベルリンでは、「国も違えば宗教も違う、性格も千差万別のいろんな職業のものたちが、手につけた職業を副業にして一片のパンを稼いでいた」のである（一一一）。兵士の労働力、これは軍隊と都市の経済、軍隊と市民との関係を考える際には不可欠の重要な要因であろう。[39]

兵士の苦悩と気晴らし

兵士の日常生活において、精神の問題は軍事史料ではほとんど窺い知れない領域である。ブレーカーの『自伝』は、この謎の暗闇に迫る格好の素材を提供してくれる。

ブレーカーの軍隊経験は、全体的には悲惨なものであった。従者時代の満足な生活が一変し、教練は過酷で、財政的にも持ち物を切り売りして凌がねばならなかったからである。したがって、それは精神状況にも跳ね返る。自らの悲惨な運命を呪い、夜になると一人で星を見て嘆きながら故郷のトッゲンブルク、家族や恋人エンヒェンを思う、メランコリーな日々である。ベルリンの街を歩いても、つい哀れなところに足が向いてしまう。その一つは衛戍《えいじゅ》病院であった。ここは「この世で最も悲しいところ」で、「各ベッドには、惨めな姿になった人たちが回復の見込みもないまま、それぞれじっと死を待っている。こちらでは軍医の治療を受けながら哀れな叫び声をあげており、あちらでは虫けらのように、毛布にくるまって身を縮めている。多くの者たちの手足は、腐りかけていたり、あるいはもう腐っていた」（一一六）。衛戍病院が死と向かい合わせの戦傷者の集まりならば、精神病院は日頃の軍隊生活に耐え切れずに発狂した者の収容所である。この精神病院はブレーカーの二度目の宿営先の近くにあった。そこに収容されており、うつろな目で格子の前の長いすによく座り込んでいるアンスバハ出身者と話をするようになったが、彼の身の上話を聞くと、彼も不本意ながら軍隊に入れられ、「後悔と望郷の念」のあげくに精神病院送りになったのである（一二〇～一二二）。精神病院に収容されていないとはいえ、その寸前の男がいた。宿営が近くのメクレンブルク人である。彼は自らの境遇を呪い、ジンを飲んでは酔いが回ると上官や住人を罵り挙げ半狂乱になった。友人たちはよく「そんなことをしていてはそのうちに精神病院送りになっちゃうよ」（一二〇）とたしなめたのであった。メランコリー、アルコール、精神病院、これらは一連の隣り合わせの状態で、ブレーカーの身辺にまとわりついていたといえよう。

しかしそれでも、ブレーカーには気晴らしがあった。それはまず仲間である。とりわけ同郷人であった。同じ連隊の三人のスイス人と知り合っている。シェーラー、バッハマン、ゲストリで、前二者は同じ中隊に所属していた（一一二）。特にシェーラーとは「腹を割って話せる仲間」だった（一一四）。可能なときにはシューラーと会い、愚痴をこぼしたり、思案したりいろいろと約束をしたりするのが楽しみであった。また訓練が終われば、シェーラーと二人でショットマンの地下酒場に行き、お決まりの安ビールを飲み、パイプをふかして、スイスのヨーデルを歌った。そこにはブランデンブルク人やポンメルン人が居て、楽しそうに聞いていた。ヨーデルをリクエストされ、おひねりに一杯のスープをおごってもらうこともあったという（一一四～一一五）。兵士にとって、居酒屋が最も気が休まる場であったのだろう。

兵士の悲しみと楽しみ・気晴らしを再現するのは容易ではない。ブレーカーの『自伝』には陰鬱な光景が前面に出ている。たしかに彼は、兵士の最大の条件である身長が足りない落ちこぼれであり、特別手当が全く期待できない最低の生活を強いられた存在であった。兵士の中でも特に恵まれない環境にあったということは念頭においておかねばならないであろう。ブレーカーですら少し冷静になったときには気を取り戻し、次のように記しているのである。「一般兵卒のなかにさえ、結構お金をためたり、居酒屋を始めたり、商売などをする人々が一杯いるではないか。……多くの手付金を手にしたり、かなりの持参金を持った娘と結婚したりするものもあったらしい」と（一一一）。『自伝』にはこれ以上の言及はないが、兵士の成功物語は傭兵の他の一面である。新兵のブレーカーは、そのような傭兵との付き合いがほとんどなかったということであろう。

第四節　軍隊社会3——七年戦争と脱走

まもなく七年戦争が始まり、ブレーカーは八月二二日にベルリンを出陣して一〇月一日にロボジッツの戦いで脱走するまで、一ヵ月と一〇日ほど戦時での行軍や戦闘を体験している。戦時における軍隊社会の問題を、ここでは①行軍・宿営・略奪、②脱走の二点で考察しよう。

行軍・宿営・略奪

行軍には、街道を行くノーマルな行軍と、街道を離れ敵に見つからないように夜間を行軍する臨戦態勢の行軍があったようだ。前者は民家で宿営するが、後者は野営である。ブレーカーの場合、最初の一四日間は民家で宿営し、その後は野営となっている。

戦時における民家での宿営は、平時における民家での宿営とは随分と趣が異なっていたようだ。ケープニックでは、「三〇人から五〇人が一組になって市民の家で宿営した。代金は支払うが、彼らは一グロッシェンでもてなさねばならなかった。食事はあっという間に平らげられ、貧しい農民などは最後の一滴まで搾り取られた」。「夜になると部屋には麦わらが運び込まれ、その上に一列になって皆壁のほうに向かって寝たのである」。「秩序維持のためにどの家にも将校が配属されていたが、たいていの場合彼らが一番始末が悪かった」と記されている（一二五〜一二六）。戦時における民家での宿営の混乱が目に浮かぶようである。

野営に関しては、ピルナでの野営が詳しい。ここでは数個の連隊が合流しているので、壮観である。各テントには六名の兵士と一人の補充兵の七人が組になる。そのうち一人は古参兵で軍紀を正しく維持する役目、一人は歩哨、一人は料理担当、一人は食料集めで一人は薪集め、一人はわら集めで一人は会計。まさに全員一丸となってひとつの所帯をなしているのである（一三〇）。野営地では、まるで「都市におけると全く同じ生活」が営まれていた。「そこでは酒保商人や食肉業者たちが群れをなしており、肉、バター、チーズ、パン、実にいろいろな種類の木の実や果実など、野営地では自分で欲しいもの、というよりは自分の金で買えるものを手に入れることができた」のである（一三〇）。また略奪品を彼らに売り払った。このような光景は、一六世紀の傭兵軍の場合とそれほど変わってはいないのではなかろうか。ただ従軍の酒保商人や食肉業者に対する言及はあるが、女房・子どもや娼婦に対する言及がない。規律化の浸透の表れであろうか、それともブレーカーの目に触れなかっただけであろうか。

それにしても、行軍の途中での略奪は、規律化が進んだ一八世紀では基本的には禁止されていたはずである。[40]しかしブレーカーは、実際には多くの略奪の場面に直面している。行軍中、「各人は――敵陣では当然のことであるが――掠め取れるものは何でも、たとえば穀粉、カブ類、ジャガイモ、ニワトリ、カモなどを袋に詰め込んだ。すばやく息の根を止めて袋に詰め込んでいく。手に入れ損ねたものは他のものからこっぴどくしかられた。私は何度もその憂き目に会った」と記している（一三一）。二五日から二九日のアウシヒでの野営では、「食料を手に入れるために、毎日走り回らねばならなかった」のである（一三二）。略奪の禁止規定にもかかわらず、「将校が許可、もしくは半ば黙認でもしようものなら、村人たちはぐうの音も出なかった」（一三二）。つまり戦時においては、兵士たちはしばしば略奪に走り、将校はそれを黙認していたということであろう。規定と現実が大きく異なっている事例である。

脱走

（1）脱走への思い

脱走はブレーカーの最大のテーマのひとつである。驚くべきことに、ブレーカーはベルリンでプロイセン軍に編入されて以来、当初から脱走を考えていた。同郷のスイス人兵士と会えば常にその話をしたとブレーカー自身述べているし（一一六）、前述の精神病者にも「脱走計画」を打ち明けている（一二一）。他方駐屯軍においては、さまざまな脱走が失敗しているのも聞いている。「ほとんど毎週のように」脱走の話を耳にする。しかしいろいろな手段、たとえば「船員や職人の格好をしても、あげくは女装をしたり樽に身を隠しても」、結局は「脱走兵は捉えられてしまう」のである（一一六）。そのあげくは身も凍るような前述の二列笞刑である。結局平時の脱走は駐屯地では見張りが厳しいので容易ではない。ブレーカーの脱走への思いは、明らかに外国人傭兵のひとつのタイプ・心情であると理解することができよう。

ブレーカーにとって、平時の脱走は大変な危険を伴うものであったがゆえに断念せざるを得なかったが、しかし決してそれをあきらめたわけではなかった。それは、戦時の混乱の中での脱出である。事実、七年戦争が間近に迫っていた。出陣が確実になったときには、ブレーカーは駐屯部隊に配属されてベルリンに居残ることにならないように、演習では特に自分の有能さをアピールし（一二四）、ようやく無事に行軍隊に残ることができたのである。このときにはブレーカーに限らず外国人傭兵は、「ありがたや、ついにこれで解放されるぞ！」とひそかに歓声を上げたという（一二四～一二五）。

もとより行軍に出たあとも、脱走対策は厳しいものがあり、決して容易なことではなかった。夜間の行軍や雑木林を抜けるときなどはチャンスであり、ブレーカーも仲間のシェーラーやバッハマンと脱走の計画を練っている。しかし「毎日のように軽騎兵が脱走者を捕まえて戻り、二列笞刑を目撃していた」ので（一三一）、なかなか決行できなかった。彼らの結論は、結局会戦を待つということになったのである。そして最初の大きな戦闘であるロボジッツの戦いで、ブレーカーはそれを実行した。

（2）皇帝軍への脱走とそこでの扱い

ブレーカーが脱走を決行したのは一〇月一日午後三時頃、皇帝軍との壮烈な戦闘と銃弾が飛び交うなか、一瞬の隙をつき、死者の山を掻き分けてブドウ畑とその背後の林の中に逃げ込んだのであった。戦闘と脱走のその間の叙述はまことに迫力に富んだものであるが、ここでは省略する。ただ脱走後ブレーカーは敵の皇帝軍に投降するが、そこでのブレーカーの体験は興味深い。敵軍地での脱走者や捕虜の社会である。

ブレーカーが皇帝軍の本陣ブディンに連行されたのは翌一〇月二日であったが、すでにそこには二〇〇人ものプロイセン脱走兵がいたという（一三九）。驚くべきことに、そのなかには同郷人のバッハマンも混じっていた。両者が、ブディンに陣取った皇帝軍に投降し脱走者の名簿に並んで記載されているのは、前述のとおりである。この名簿には、クロースターフースが調査し、筆者も確認したところによれば、一七五七年九月一七日から一〇月二六日までの四〇日間に三九四名のプロイセン兵の脱走者が記載され、一〇月二日だけでも一三八人に上っている。[41] ブレーカーの叙述とほぼ一致すると見てよい。近世における戦闘は、まさに脱走の世界であるといえよう。

ところで皇帝軍において、脱走者に対する扱いが実に寛大である点が興味を引く。脱走者に対して、皇帝軍の野営地を自由に見て回る許可が与えられ、事実、ブレーカーやバッハマンも皇帝軍の将校や兵士たちと交わり、彼らもまたプロイセン兵からいろいろと情報を聞きだそうとしている。脱走兵はスイス人、シュバーベン人、ザクセン人、バイエルン人、チロル人、フランス人、ポーランド人、それにトルコ人までいたそうであるが、彼らはやがて全員解放され、おまけに、驚くべきことに、彼ら一人一人が「旅費としてドゥカーテン金貨をもらって」いるのである（一四〇）。この待遇はどのように理解すべきであろうか。

常備軍における「脱走」、これは明らかに近世の軍隊の最も大きなテーマのひとつである。[42] ジコラによれば、常備軍の時代は「脱走の世紀」である。しかし、近世の軍隊における脱走には頻繁に恩赦が出されたり、謎が多い。[43] 一方で、大半の兵士は脱走しなかったのであり、「脱走しないモチベーション」も同時に検討しなければならないであろう。

まとめと展望

近世のヨーロッパにおいて、軍隊の持つ重要性は今日ますます強く認識されるようになっている。それは単に国家形成との関連だけではない。[44]そもそも兵士の数が多い。プロイセンでは一八世紀の初頭、兵士は総人口の約一・七％、一八世紀の末には三・四％にも達していた。プロイセンは強力な軍事国家であるが、しかしヨーロッパの他の諸国においても一～二％もしくはそれ以上であった。[45]大きな社会集団である。したがって手工業者などと同じく兵士の研究は近世の社会史の研究にとっては不可欠であろう。

しかし兵士の生活については、「はじめに」で述べたように、その実態は長い間不明であり、今日の軍隊社会史の研究の中でようやくその重要性が認識されはじめたに過ぎない。もとよりそのためには兵士の証言が非常に有効であるが、識字率が低い近世社会においては、直接的な証言はほとんど期待されない。そこで未公刊史料による膨大なデータの統計操作を駆使し、駐屯軍のケーススタディを通じて、その実態に迫ろうとしているのであるが、[46]しかしそれだけでは兵士の精神状況や生活の機微にまで迫ることはできない。

このような状況のなかで、兵士の数少ない証言として、ブレーカーの『自伝』は貴重である。しかもその情報量は豊富である。トッゲンブルクを離れてから脱走してトッゲンブルクに戻るまでわずか一年間、しかしその間の叙述は『自伝』全体の三分の一を占めているのである。その内容も、本章で見たように、入隊の動機や募兵の光景、ベルリンでの駐屯社会では入隊の儀式、新兵の教練、給与などの収入、兵士の衣食住、兵士の精神的な悩みや気晴らし、脱走への思い、戦時における宿営と略奪、脱走と敵軍での脱走者の扱いなど、従来知られていなかった多くのテーマをこの『自伝』から汲み取ることができる。兵士の社会生活を、まさに現場において、生活の至近距離から見ることができる。これがブレーカーの『自伝』の最も大きな特徴であろう。

しかし、『自伝』は至近距離からの観察を可能にさせる長所を持ってはいるが、もとより欠点もある。つまりこれはあくまでもブレーカーの目を通してみた一兵士の記録・証言であって、いわゆるEgo-Dokumentである。したがって個人的性格が強く反映する。ベルリンの軍隊への入隊は、ブレーカーにとっては「騙し討ち」による不正な強制であった。おまけに正規の規定では身長不足ゆえに兵士失格の「出来損ない」であった。それゆえ軍隊社会は、ブレーカーにとっては当初から「異常な世界」であり、また他の新兵以上に劣悪な条件・待遇であった。ブレーカーが体験する軍隊社会はたぶんに「不正常」で「悲惨」な世界であり、またそのようなものとしてその後の歴史叙述で引用され強調されてきたゆえんである。しかし兵士の世界はもっと多様であろう。ブレーカーが描く何気ない叙述のなかにも、当時の他の社会集団とあまり違わない兵士の「普通の世界」を垣間見ることができるのである。

留意しておかねばならない二点目は、ブレーカーはベルリンの駐屯軍では、わずか四ヵ月間の新兵教練期間を過ごしたに過ぎないということである。つまり兵士の生活の入り口を経験したに過ぎず、教練期間を経た後の、いわば普通の兵士の生活の経験が全くない。それに関する叙述があっても、それは間接的な観察記録である。しかし兵士の生活の最も重要なところは、むしろ教練期間以後の生活にある。今日の軍事史研究の最大のテーマは「軍隊と社会」の関係であり、そこで主として問題にされている大テーゼは、O・ビュッシュの打ち立てた「社会の軍事化」かR・プレーヴェの提示した「兵士の市民化」かという論争である。[47]この問題の解決のためには、軍隊と都市社会、兵士と都市の住民との多面的な接触と、そこに見られる対立・協力関係を分析することであるが、残念なことにブレーカーにおいては、その問題に迫る叙述はほとんどない。ブレーカーの体験を相対化するためにも、他の経験談を今後掘り起こす作業が重要であろう。[48]

最後に、『自伝』全般に見られる基本的枠組みを考え、それを通じて常備軍の特徴、近代の軍隊とは異なる近世的性格を指摘することによって、今後の常備軍研究の展望を提示したい。『自伝』全体に貫かれている特徴は、軍隊内におけるブレーカーの生活世界はもっぱら連隊ならびに中隊であるということ、兵士の生活を左右し支配しているのはもっぱら連隊長・中隊長であるということである。軍隊社会の入り口である募兵は連隊長・中隊長の権限領域であり、国家の仕事ではない。契約も連隊長・中隊長と交わすのであり、したがってそれは公法的行為ではなく、私法的行為であった。兵士への給与の支給、衣・食・住の保障は連隊長・中隊長の業務である。軍法における大枠の規定があるとはいえ、その運用はもっぱら連隊長・中隊長に依存していたのである。兵士の収入の点でも、給与や食料の特別の優遇などがなければ生活は困難であるが、これはひとえに中隊長の恩寵に依存する。新兵の日常の教練などは下士官、宿営における生活指導などは古参兵に大きく依存しているが、これも中隊の固有の世界である。平時・戦時の脱走も、脱走を企てる兵士とそれを二列笞刑の見せしめで恐怖を与える連隊長・中隊長との間の綱引きである。国家の関与するところではない。そもそも脱走に対する軍法の処罰には、絞首刑はあっても二列笞刑の規定はどこにもない。これら兵士の全生活空間においては、国家の法令は規範を示すものであっても、現実にはその適用は連隊長・中隊長の意向に左右されていたというべきであろう。ブレーカーの叙述する世界には、国家の影はほとんどない。またプロイセンの他の連隊との協属関係も見られない。ブレーカーはスイス人であり、同郷の兵士とは最も強い絆を持っている。しかし『自伝』に出てくる同郷の仲間は三人とも同じ連隊に属し、そのうちの特に交友関係が深かった二人は同じ中隊であった。連隊を超えたスイス兵との付き合いは見られないのである。ベルリンには多くのプロイセン連隊が駐屯していたにもかかわらず、である。連隊・中隊の絆は、同郷人間の絆よりも強かったというべきであろうか。

本章はブレーカーの個人の体験を再構成したに過ぎないが、そこから得られた一般的特徴は、ブレーカーにとって連隊・中隊が軍隊生活のすべてであるということである。しかしこれは、単にブレーカー個人に妥当するというだけではなく、近世ヨーロッパの兵士全般に通ずることであろう。いや常備軍の軍隊社会の最大の特徴である。国家にとって連隊・中隊は常備軍の単なる一部に過ぎないが、兵士にとってはすべてであった。連隊・中隊は、従来、単に「中隊経営」という点でわずかに触れられるに過ぎなかった[49]。そこでは領主の領地経営との類似において経済的側面が注目されているに過ぎないが、しかしその意味は、従来認識されていたよりもはるかに大きいものと考えねばならない。国民軍が形成された近代の軍隊との大きな違いもここにある。近世常備軍の特徴は、まさにこの連隊・中隊の世界、そこにみられる支配関係と社会生活、文化と日常などを多面的に明らかにすることを通じて解明されねばならない。今後の常備軍研究の出発点である。

翻って考えれば、近世ヨーロッパの国家と社会は周知のごとく身分制的・社団的構造をもっていた。(50) それは軍隊においては、まさに連隊・中隊の社会構造の中に反映されていたといえよう。

註

（1）阪口修平「近世ドイツ軍事史研究の現況」『史学雑誌』第一一〇編第六号、二〇〇一年、同「軍事史の新しい地平」（『創文』四八三、二〇〇六年）。

（2）最近の研究に依拠したスケッチは阪口修平「常備軍の世界――一七・一八世紀のドイツを中心に」阪口修平・丸畠宏太編著『近代ヨーロッパの探求　軍隊』ミネルヴァ書房、二〇〇九年であり、またそのデータを示したのが、阪口修平「近世ドイツにおける「軍隊社会」について――基礎データを中心に」『紀要』（中央大学文学部史学科）第四六号である。

（3）Bräker, Ulrich, Lebensgeschichte und Natürliche Ebenteuer des Armen Mannes im Tockenburg, Türich 1789.

（4）ウルリヒ・ブレーカー著（阪口修平、鈴木真志訳）『スイス傭兵ブレーカーの自伝』刀水書房、二〇〇〇年。

（5）最近の諸研究、とくにドイツの「軍隊と社会」学派の活動や研究成果の全貌については、同学会のホームページ http://www.amg-fnz.de/を参照。なお、ブレーカーの証言との関わりで最も参考になるのが、Kloosterhuis, Jürgen, Donner, Blitz und Bräker, in: Alfred Messerli/ Adolf Muschg (Hrsg.). Schreibsucht. Autobiographsche Schriften des Pietisten Ulrich Bräker (1735–1798). Göttingen 2004である。以下の叙述では、プロイセン軍隊の詳細な情報は主としてこのクロースターフイスの研究に依拠している。

（6）Bräker, Ulrich, Sämtliche Schriften, 5 Bde., München 1998～2000.

（7）Bräker, Ulrich, Der arme Mann im Tockenburg, Stuttgart 1965. 邦訳はこのレクラム版を定本としている。

（8）ブレーカーの詳細な年譜を作成した編者たちは、ブレーカーのこの『自伝』からは、同時代のどの作品よりも、当時の一般的な民衆生活の現実を具体的に知ることができるとしている。Hollinger, Christian, u. a. (Hrsg). Chronik Ulrich Bräker, Bern/ Stuttgart,

1793. S. 7. したがって旧ヨーロッパにおける庶民の生活を示す資料集として編纂されたLahnstein, Peter, Report einer >gunten alten Zeit<, Stuttgart/ Berlin/ Köln/ Mainz, 1971 には、家と家族、生計、教育、軍隊生活などに、ブレーカーの『自伝』が重要な証言として多く抜粋され、わが国でも、宮澤健人編『社会史のなかの子ども』新曜社、一九八八年で抜粋されている。

(9) Freytag, Gustav, Bilder der deutschen Vergangenheit. 3 Bände, 1859 ~ 1867.

(10) G・フライターク著（向坂逸郎訳）『独逸文化史』中央公論社、昭和一八年、G・フライターク著（井口省吾訳）『ドイツ社会文化史』名古屋大学出版会、一九九六年。

(11) Freytag, Bilder, 13. Aufl. 4. Bd., Leipzig 1913, S. 202 ~ 219.

(12) 旧西独ではDieter und Renate Sinn, Der Alltag in Preussen, Frankfurt/Main 1991, S. 381-383, 420-422. Wehler, Hans-Ulrich, Deutsche Gesellschaftsgeschichte, Bd. 1, Frankfurt a. M. 1987. また旧東独でもクチンスキーは、ミリタリズムに対する英雄的な抵抗としてブレーカーの脱走を強調している。Kuczynski, Jürgen, Geschichte des Alltags des deutschen Volkes, Bd. 2, Köln 1992.

(13) 林健太郎「一兵士の物語」『林健太郎著作集』山川出版社、第三巻、一九九三年所収。

(14) Jany, Curt von, Geschichte der Preussischen Armee vom 15. Jahrhundert bis 1914 . 2. ergänzte Auflage, 2. Bd, Osnabrück 1967, S. 246, Anm. 101.

(15) Eckert, Hermut, Ulrich Bräkers Soldatenzeit und die preussische Werbung in Schaffhausen, in: Schaffhäuser Beiträge zur Geschichte, (53) 1976, Ders, Archivalischer Beitrag zu Ulrich Bräkers Erzählung seiner Soldatenzeit, in: Ulrich Bräker, Das Leben und die Abentheuer des Armen Mannes im Tockenburg, Altpreussischer Komiss, Heft 25. Osnabrück 1980.

(16) Eckert, Hermut, Ulrich Bräkers Soldatenzeit, S. 136, S. 156f.

(17) Ebd. S. 136 ~ 138.

(18) Eckert, Hermut, Archivalischer Beitrag, S. 25, Ders, Ulrich Bräkers Soldatenzeit, S. 153 ~ 155. 筆者もウィーンのオーストリア国立文書館、軍事文書館で現物を確認した。

(19) J. Kloosterhuis, Jürgen, Donner, Blitz und Bräker.

(20) Ebd. S. 141f. U. Bräker, Sämtliche Schriften, Bd. 2, 1998, S. 762f. 筆者も、ブレーカーが一七六八年に書いた小自伝『Kleine Geschichte』において、「ピルナでザクセン軍の投降を目撃した」と書かれているのを見出し、それが『自伝』の記述と合致するので、ブレーカー自身ずっとそのように信じていたのであろう、と考えている（Bräker, Sämtliche Schriften, Bd. 1, S. 21）。あるいは若干のザクセン兵の投降があったのかもしれない。

(21) J. Kloosterhuis, S. 141. しかしこのメモは今日では失われてもはや存在しないらしい（Hollinger (Hrsg), Chronik, S. 331, 註４）。
(22) なお、ブレーカーの『日記』や『Kleine Geschichte』で補足できるものは、それらをも参照する。
(23) Ch. Hollinger (Hrsg), Chronik, S. 59, Bräker, Sämtliche Werke, Bd. I, S. 308.
(24) プロイセンの歩兵隊の場合、クロースターフイスによれば、最低でも五フス六ツォル、つまり一七二センチメートルが必要であったらしい。J. Kloosterhuis, a. a. O., S. 133。
(25) 註九、一二の諸文献を参照。
(26) J. Kloosterhuis, a. a. O., S. 151.
(27) Gugger, Rudolf, Preussische Werbungen in der Eidgenossenschaft im 18. Jahrhundert, Berlin 1997.
(28) Fleming, Hans Friedrich von, Der vollkommene Teutsche Soldat, Leipzig 1726, Faksimiledruck, Osnabrück 1967, S. 124～125, 図I。
(29) H. Eckert, Ulrich Bräkers Soldatenzeit, S. 142～149.
(30) 宣誓文の見本は、J. Kloosterhuis, a. a. O., S. 156f. 註102に抜粋されている。
(31) Ebd., S. 156.
(32) Ebd. S. 156.
(33) たとえば一六五六年の軍法でも一七一三年の軍法でも、脱走は「絞首刑」となっている。Corpus Constitutionum Marchicarum, hrsg von Cristian Otto Mylius, Berlin/ Halle 1737～1750, 3. 1, Sp. 63, Sp. 339, Sp. 464.
(34) 阪口修平『プロイセン絶対主義の研究』中央大学出版部、一九八八年、二六八頁。
(35) プレーヴェはゲッティンゲンに駐屯していたハノーファーの常備軍を対象に、それを貨幣に換算して具体的に算出している。Pröve, Ralf, Stehendes Heer und Ständische Gesellschaft im 18. Jahrhundert, München 1995, S. 135～142.
(36) 一七四四年のプロイセンの募兵規定では、身長が基準最低の五フス六～八ツォルで一六～四〇ターラー、五フス九ツォル以上で一〇〇ターラー、五フス一〇ツォル以上で一五〇ターラー、五フス一一ツォル以上で二〇〇ターラー、六フスで最高額の三〇〇ターラーであった（五フス六ツォルは一七二センチメートル、六フスは一八八センチメートルである）。J. Kloosterhuis, S. 147 註66。それに対して給与は、後に見るように、五日で六グロッシェン、つまり月額三〇グロッシェンである。とすれば一六ターラーは二一ヵ月分の給与となるが（一ターラーは四〇グロッシェン）、クロースターフースによれば、五日で六グロッシェンと軍用パンというのは戦時の給与体系で、平時においては五日で八グロッシェン、軍用パンなし、ということであったという。J. Kloosterhuis, S. 156, Anm. 99. そうすれば、一六ターラーレルはちょうど一年半の給与分となる。

(37) 具体的数字については、J. Kloosterhuis, S. 155 および註98を参照。

(38) 中隊経営については、上山安敏『ドイツ官僚制成立論』有斐閣、一九六四年、一四一～一四三頁、Büsch, Otto, Militärsystem und Sozialleben im alten Preussen, Berlin 1962, S. 113 ~ 134. を参照。

(39) この問題については、拙著『プロイセン絶対王政の研究』第九章第三節を参照。

(40) 山内進『略奪の法観念史』東京大学出版会、一九九三年。

(41) J. Kloosterhuis, a. a. O., S. 179. 筆者もÖsterreichisches Staatsarchiv, Kriegsarchiv Wien, Feldakten 1756, Hauptarmee Hofkriegsrätliche Akten, 11, 5f. でその事実を確認した。

(42) 常備軍における脱走については、Sikora, Michael, Disziplin und Desertion. Strukturprobleme militärischer Organisation im 18. Jahrhundert, Berlin 1996. Sikora, Michael/ Ulrich Bröckling (Hrsg.), Armee und Desertion. Vernachlässigte Kapitel einer Militärgeschichte der Neuzeit. 1998. ならびに阪口修平「常備軍と脱走」『紀要』（中央大学文学部史学科）第五〇号を参照。ジコラは一八世紀における常備軍と脱走との構造的な関係を述べている。Sikola, Michael, Das 18. Jahrhundert: Die Zeit der Desertuere, in: Sikora, Michael/ Ulrich Bröckling (Hrsg.), Armee und Desertion, S. 112 ~ 140.

(43) 拙稿「常備軍と脱走」を参照。

(44) O・ヒンツェはすでに一〇〇年前に常備軍を絶対主義国家の形成の「屋台骨」として叙述したが、戦後M・ロバーツは、「近世の軍事革命」のテーゼを提起し、その観点から近代国家の形成を論じている。Hintze, Otto, Staatsverfassung und Heeresverfassung. In: Ders., Staat und Verfassung, hrsg. v. G. Oestreich, 2. erw. Aufl., Göttingen 1962. Roberts, Michael, The Military Revolution 1560–1660, Belfast, 1956. なお近世軍事革命については、大久保桂子「ヨーロッパ「軍事革命」論の射程」『思想』第八八一号、一九九七年をも参照。

(45) 拙稿「近世ドイツにおける「軍隊社会」について」三三～三五頁。

(46) その先鞭をつけた模範的な研究が、ゲッティンゲンの駐屯軍に関するプレーヴェの学位論文Pröve, Ralf, Stehendes Heer und Ständische Gesellschaft im 18. Jahrhundert であり、最も新しいのがザクセン軍隊についてのクロルの教授資格論文Kroll, Stefan, Soldaten im 18. Jahrhundert zwischen Friedensalltag und Kriegserfahrung, Paderborn/ München/Wien/Zürich, 2006 で、それは実に六五〇頁にもわたる浩瀚な研究である。

(47) この点についてはとりあえず、拙稿「近世ドイツ軍事史研究の現況」八八頁、九〇頁を参照。

(48) ブレーカーの『自伝』やすでに知られているラウクハルトの『自伝』Laukhard, Friedrich Christian, Leben und Schicksale, von ihm

selbst beschrieben, Halle, 1792-1802, Neudruk: Leipzig 1955. F・C・ラウクハルト（上西川原章訳）『ドイツ人の見たフランス革命――一従軍兵士の手記』白水社、一九九二年以外にも、ドミニクスの『自伝』Tagebuchdes Musketiers Dominicus, hrsg. v. D. Keller, Altpreussischer Kommiss Heft 17, Osnabrück, 1972. ゾールの『自伝』F. Ch. Sohr, Meine Geschichte, Görlitz, 1799. などがある。今後もっと発見されるであろうし、またザクセン軍を研究した上記のクロルは、膨大な裁判記録などから Ego-Dokument を読み取る道を探っている。Kroll, Stefan, Soldaten im 18. Jahrhundert, S. 40～42. これらの包括的な研究が重要である。

(49) 註三八の文献を参照。

(50) 二宮宏之「フランス絶対王政の統治構造」吉岡昭彦、成瀬治編『近代国家形成の諸問題』木鐸社、一九七九年所収。成瀬治『絶対主義国家と身分制社会』山川出版社、一九八八年。筆者もかつて、プロイセンの絶対主義のもつ身分制的構造を強調した。拙著『プロイセン絶対主義の研究』。

第五章

第一次世界大戦下の板東俘虜収容所

――軍隊と「社会」

宮崎揚弘

はじめに

一九世紀の後半以来、国内産業の拡充と資本の蓄積に成功した欧米諸国、さらにそれに追随する日本は海外に植民地を求め、本格的な帝国主義時代を迎えた。中でも中国は広大な領域、莫大な人口、無尽蔵の資源をかかえながら、旧態依然とした政治体制、旧式な軍隊、硬直化した産業、低い識字率……等のため、各国の分割目標になり、半ば植民地化していた。日本は欧米各国にくらべて中国侵略に遅れて参入したが、成果を急ぎ、一八九四～一八九五（明治二七～二八）年、朝鮮の支配をめぐって中国と日清戦争を行い、勝利をおさめた。その結果、日本は日清講和条約により、朝鮮の完全な独立、台湾・澎湖諸島・遼東半島の割譲等を実現した。ところが、ロシアはドイツ、フランスをさそい、日本の遼東半島領有が朝鮮の独立を有名無実にすることを理由に、同半島の放棄を勧告してきたのである。いわゆる三国干渉である。そのため、日本は屈服して干渉を受諾し、同半島放棄を通告して決着をみたのであった。さらにそれから一〇年後、一九〇四～一九〇五（明治三七～三八）年、日本は朝鮮、満州の支配をめぐって今度はロシアと日露戦争を行い、勝利をおさめた。その結果、日本は日露講和条約により朝鮮における政治、軍事、経済上の優越権と保護権の承認、遼東半島南部の租借権、南樺太の割譲等を得た。こうして、朝鮮と遼東半島南部に地歩を固めた日本はさらなる領土的野心を満たすため新たな獲物を求めていた。まさにそのとき、第一次世界大戦が勃発したのであった。

第一次世界大戦が一九一四（大正三）年六月二八日ボスニアの州都サライェヴォで生じたオーストリア＝ハンガリー帝国の帝位継承予定者夫妻を暗殺したいわゆる「サライェヴォ事件」に端を発しているのは周知の事実であろう。しかし、帝位継承予定のフランツ＝フェルディナントと妃が大セルビア主義（近隣のスラヴ系諸国を併合したいとするセルビアの思想）運動の志士に暗殺されたからといって、なぜそれが世界大戦にまで発展しなければならなかったのであろうか。それはドイツ、オーストリア＝ハンガリー、オスマンの諸帝国等とイギリス、フランス、ロシア、アメリカ等の両陣営への分裂、対立する同盟や協商関係のネットワークがすでに一九〇七年には確立していて、互いに束縛され、どこの国も外交上の「自由な手」（フリーハンド）をもっていなかったことによる。そして、その背景には、帝国主義をめぐる先進諸国と後進諸国の対立・抗争という基本的図式があったことも否定できない。

もとより、多民族国家オーストリア＝ハンガリーは大セルビア主義運動の挑戦を国家解体の危機と受けとめ、犯人の背後にセルビア政府の使嗾《しそう》を見て、対セルビア強硬策をとるに至ったのであった。したがって、オーストリア＝ハンガリーは七月二三日強硬な内容の対セルビア最後通牒をだし、さらに七月二八日宣戦布告をした。むろん、それには同盟のパートナーたるドイツの確固たる支持があってのことであったが、他方のセルビアにもスラヴ系諸国のパトロンたるロシアがいたのである。かくて、八月一日、ドイツがロシアへ宣戦布告をすると、互いに束縛された諸国間ではなすすべもなく、個々の戦争は大戦へ発展したのであった。

大戦は東アジアにも直接波及した。外交上、日本は日英同盟などの関係からイギリスと親密であり、必然的にフランス、ロシア等の協商国の側に立つことになった。国内経済的には、日本は明治時代末期から慢性的な不況と財政難に苦しんだ。それを打開するために募集した外債は年々増加し、一九一三（大正二）年末の対外債務では一二億二〇〇〇万円の債務超過に陥っていた。このような状況の下で生じた第一次世界大戦は、井上馨に言わせればまさに「天佑」だったのである。(1)

八月四日、イギリスがドイツに宣戦を布告すると、日本の反応は素早かった。大隈内閣の加藤高明外相はこの日カニングハム・グリーン（Cunyngham Greene）駐日イギリス大使に、香港あるいは威海衛《いかいえい》が攻撃された場合、日本は同盟条約によって参戦すること、また公海上でイギリス船が拿捕された場合、同盟条約の適用の可否を協議したい、と伝えている。日本の参戦意志がここに見てとれよう。しかし、イギリスは安易に日本を参戦にさそうことは日本をアジアで自由に行動させることにつながり、とくにドイツの租借する膠州《こうしゅう》湾を占領させることになりはしまいかと懸念をいだいた。しかし、一方でイギリスは日本を明らかなドイツの敵対国にしておく必要を感じ、八月七日、中国沿岸を航行するイギリス船の安全確保のため、ドイツの武装艦船を駆逐する依頼をしたのだった。それはいわばイギリスによる日本を対独敵国にしておくための牽制策であった。(2)

八月七日夜、大隈首相邸で開かれた臨時閣議で、加藤外相はこの機会を利用してドイツのアジアにおける根拠地を一掃する目的で参戦するのが良策、と主張した。そのため、閣議は第一次世界大戦への参戦を決定し、ドイツ領の膠州湾と南洋諸島における軍事行動へと一挙に傾斜するのである。それに対し、日本の野心を察知した中国政府は八月三日中国領内における交戦の禁止、八月六日局外中立を宣言したし、イギリスはイギリスで日本の宣戦布告を延期する要請を行っている。(3)しかし、結局、八月一五日、日本はドイツに対し最後通牒を発した。回答期限は一九一四（大正三）年八月二三日正午に設定されていた。しかし、その日限がきても、ドイツ側からは何の反応も寄せられなかった。かくて、同日宣戦布告がなされた。(4)

第一節　青島攻防戦と日本の勝利

日本の攻略する膠州湾とは山東半島南西岸にある湾で、ドイツが一八九八年独清（膠州湾租借）条約により中国から九九ヶ年租借した地（面積五五二平方キロ）で、付近に有力な都市がなかった。そのため、ドイツは湾口を制する戸数約四〇〇の漁村を一からドイツ風の都市、青島《チンタオ》に建設したのであった。

市街地は都市計画によって中国人街と欧米人街に二分され、機能的に整然と区画された。港湾は広く、水深があって天然の良港をなし、風光明媚で郊外には別荘地が設けられた。

ドイツは都市建設、港湾・鉄道建設、さらに産業振興のため一九一四年までに約二億マルクの投資を行ったので仕事を求めた中国人の流入が続き、都市人口が増加した。二〇世紀初頭には、中国人六万人、欧米人二〇〇〇人と言われた。また、ドイツは巧みな土地政策（土地の国有化）によって土地投機を阻止し、道路網の拡充、下水道、保健施設の新設といったインフラを整備し、港湾では船舶が直接接岸できる突堤を建設し、済南《さいなん》に至る山東鉄道の線路をそこへ導入した。その結果、青島港へ寄港した船舶の数、総トン数は飛躍的に増加したし、鉄道の完成直後に済南で石炭価格が六〇％低下するなどの経済効果が現われている。こうした青島の立地や役割は中国侵略に絶好の足がかりとなるため、ドイツは東洋艦隊の基地を置き、一九〇四（大正三）年からはドイツと青島間に毎月定期航路を運行することになった。(5)

産業振興も推進された。初期の会社は必ずしも目的を達しなかったが、レンガ製造会社や石鹸製造会社はそれぞれ商品を地域市場向に生産し、青島の急激な発展の恩恵を受けて成長した。中でも成功し有名になったのは「青島ビール」を製造したアングロ・ビール会社（Anglo-German Brewery Company）であった。一九〇四年、同社は設立され、急速に利潤を上げる優良企業に成長した。青島ビールは青島嶗山《ろうざん》から湧出するミネラルウォーターを利用して醸造した品質の優れたビールで、青島の市場を独占したばかりか、済南、上海さらにはシベリアの諸港にも輸出されたのである。

商業、とくに貿易の発展も見逃せない。一九〇五（大正四）年、ドイツと中国の間で新たな関税協定が結ばれた結果、外国商社が青島に支店を開き、競争が激化した。中国商人たちは後背地やほかの中国の港との取引を支配し、一九一〇年には中国商工会議所の開設を許可された。山東省の産物の主たる輸出国はフランス、イギリス、日本、ロシアと続き、輸入の大部分は日本、イギリス、アメリカそしてドイツからであった。[6] こうして、青島はドイツの思惑どおり、第一次世界大戦前夜にはアジアにおけるドイツの一大橋頭堡、「小ベルリン」となったのであった。

日本はこの青島攻略について陸軍を主力とすることにし、八月八日作戦方針を策定し、部隊編成にとりかかった。その結果、部隊は第一八師団（久留米）を中心に、野戦重砲、攻城重砲、工兵、通信、兵站の諸部門で編成された独立混成師団で、独立第一八師団（師団長神尾光臣中将）という総員で五万一七〇〇名の大部隊であった。

九月二日、先頭部隊は渤海《ぼっかい》の龍口《りゅうこう》に上陸を開始した。そこは山東半島の北側にあり、膠州湾とその中心の青島からみると、反対側（背後）にあった。第二次上陸軍は青島に近い半島南側の労山湾に九月一五日上陸した。一方、天津に駐留していたバーナディストン（N. W. Barnardiston）准将率いるイギリス軍約一五〇〇名も龍口に上陸、独立第一八師団長の指揮下に入った。こうして、日英の上陸軍は中国領を進撃して青島の背後から迫ることになる。[7]

他方、迎え撃つドイツ軍は数え方にもよるが、アルフレート・マイヤー＝ヴァルデック（Alfred Meyer–Waldeck）総督以下総兵力四九〇〇余名。そのうち現役兵が約三分の二、予備役兵などが約三分の一であった。予備役兵などはアジア各地から招集された。[8] ドイツ軍は青島市街地を見おろす背後の山に設けた堡塁をつなぐ線に陣地を構築した。一〇月三一日、日英両国軍は総攻撃を開始した。日本軍が陸上からは口径二八センチの榴弾砲による間断のない砲撃、海上からは港湾封鎖艦隊による艦砲射撃をあびせたため、堡塁、陣地などと市街地は大きな損害を受けた。一一月七日早朝には、日本軍は三堡塁を破壊し、イルチス山一帯を占領するに至った。ここに、勝敗は見えた。ドイツ軍は無用の犠牲をさけるため、その日のうちに降伏する。開城規約が締結され、一一月一〇日、神尾司令官とヴァルデック総督の会見が設定され、一六日、日本軍の入城式が挙行された[9]。この一連の戦闘により、日本軍の死者は三九四名、ドイツ軍の死者は二九一名であった[10]。

俘虜の日本移送と収容所の開設

青島から日本へ移送された俘虜の総数は異論も少なくない。なぜなら、俘虜は解放、引渡し、釈放、逃亡、死亡等により不断に異動が生じるからである。本章では四六〇〇余名としておこう[11]。

彼らは一時台東鎮（青島中心部から数キロ離れた地にある碁盤目状の中国人街）に収容され、沙子口から日本へ送られた。ヴァルデック総督と幕僚は特別扱いで、一四名が三台の自動車に分乗して移動し、一四日夜出帆している。しかし、日本軍は軍医、衛生部員らを解放している。彼ら総数二四二名は一九日から山東鉄道で済南へ輸送され、その後一部はアメリカ経由で帰国した[12]。

日本の諸港（門司、広島、神戸……）へ到着した俘虜は急遽開設された一二の収容所（久留米、東京、名古屋、姫路、大阪、松山、丸亀、徳島、福岡、熊本、静岡、大分）に分散収容された。日本では、多数の人を収容する避難先は伝統的に寺の本堂であったが、今回も多くの収容所が本堂の転用であった[13]。しかし、寺は収容者の居住用に建設されていない上、体格の数段優るドイツ人の生活にはまして適していなかった。そのため、過密状態は全収容所に共通する欠点で、規則や管理方法とともに俘虜の苦情となって広く知れ渡った。中でも、東京の「ジーメンス・シュッケルト」社代表のドイツ人ハンス・ドレンクハーン（Hans Drenckhahn）は俘虜に援助を与え、士気を鼓舞し、連帯を強化する目的で、東京救援委員会を設立し、こうした苦情を受けとめた。一九一四（大正三）年一一月、彼は日本各地の収容所を視察してまわり、居住条件等をベルリンへ報告したのだった。この報告に危惧をいだいたドイツ外務省はその苦情を当時の中立国アメリカのベルリン駐在大使に伝え、翌年秋からアメリカに収容所の調査をして結果報告をしてくれるようにと依頼していた。アメリカ政府はその依頼に応じ、東京の大使館に収容所の実態調査をするよう訓令した。かくて、大使館の三等書記官サムナ・ウェルズ（Sumner Welles）は調査を担当することになり、一九一六（大正五）年二月二九日、調査の旅にでた。

調査対象はその年三月の時点で存在した一一の収容所であった。彼は施設の状況、生活状態、健康状態、食物の支給状況、収容所関係者による俘虜の取扱い方を調査し、俘虜との直接対話により苦情を聞くようにしている。対話の時間は収容所によって異なったが、不満の多い久留米では七時間を費やしたという。[14]

視察は三月二日から一五日まで続いた。二週間で一一ヵ所は強行軍であったが、若いウェルズであったからこそ実現できたのであろう。たとえば、大正五年三月三日、徳島県知事末松偕一郎名で内務大臣宛になされた報告では、

「三等書記官ウェルスト通譯バアレンタイハ本月一日午後七時三〇分来県、翌二日午前一〇時浄法寺第十旅団長と松江収容所長ノ案内ニテ収容所ニ至リ、同一〇時五〇分退所、同日午後三時一〇分、徳島港ヨリ汽船ニテ出帆」

とあり、徳島ではきわめて短時間の滞在であった。[15] ウェルズによると、日本政府はすべての俘虜の生命と財産の保障にはかなりの努力をしていた。彼が視察した収容所ではどこでも俘虜の健康状態は良好で、西洋風の食事が工夫されている点が評価できた。[16]

しかし、彼は収容所が一般的に過密状態にあることを指摘した。多くのドイツ俘虜はそこへ最大の苦痛を感じていた。さらに食物の欠乏も苦痛の種であった。大阪、福岡、久留米は菜園のスペースがなく、野菜の不足に悩んでいたし、徳島は食事メニューの単調さに不満がでていた。さらに、彼は大阪や、とくに久留米で収容所当局が不当に厳しい取扱いと罰則の適用を行い、俘虜を苦しめている点を指摘した。このような報告をウェルズが提出したところ、アメリカ政府はもう一度、大阪、久留米を視察するよう指示してきた。そこで、彼は一二月、大阪、久留米に、劣悪な衛生状態の静岡、不健康な建物の福岡を加え、四収容所を訪問した。その結果、それぞれの収容所は改善されている

のが目についた。それは一回目の視察の後、ジョージ・グスリー（George Guthrie）駐日アメリカ大使が加藤外相に面談し、俘虜の苦情を取次いだ成果であったものと思われる。[17]

以上のような苦情や国際的危惧を背景にした日本政府は、俘虜収容所が過密で苦痛を与えていることを知っていて、既存の施設の転用では長期になることが予想される生活に無理なことは分かっていた。そのため、収容所を整理して六ヵ所の収容所（習志野、名古屋、青野ヶ原、板東、似島《にのしま》、久留米）を新設・統合することになったのであった。[18]そのうち、習志野と青野ヶ原の収容所はすでにウェルズの視察の際には完成し、使用されていた。やがて、一九一七（大正六）年、六ヶ所の収容所はすべて俘虜を迎え入れるが、それらの収容所の一人当りの居住面積を一覧にしたのが表5－1である。[19]それで見る限り、本章の対象とする板東《ばんどう》俘虜収容所の居住面積は四番目の広さであった。

表5-1　各収容所の1人当たり居住面積

	収容人員	総面積	居住棟面積	1人当たり居住面積
習志野	918人	95,000㎡	8,000㎡	約8.7㎡
名古屋	509	40,000	1,500	2.9
青野ケ原	490	22,680	2,446	5.0
板東	1,028	57,000	4,861	4.7
似島	545	16,000	3,500	6.4
久留米	1,136	25,000～29,000	3,400	3.0
計	4,626			

出典：『「どこにいようと、そこがドイツだ」』、12頁の表2より。

第二節　板東俘虜収容所における軍隊の勤務

収容所建設と全容

板東俘虜収容所は四国地区の松山、丸亀、徳島の三収容所を廃して、そこの俘虜を移送し、収容する施設として着工された。[20]収容所地は当時でいう徳島県板野郡板東町字桧の陸軍用地であった。地形的には讃岐《さぬき》山脈の末端になる大麻山（五三八メートル）の山麓にあり、徳島市から吉野川をはさんで一〇数キロの距離にあった。当時桧は人口五〇

○名たらずの集落であったから、一〇〇〇名の外国人集団の登場は異様な光景であったものと思われる。

収容所の総面積は一万九一八九坪で、敷地に充当するのは一万二〇〇〇坪、その他収容所外に後に借り上げた七一八九坪の運動場と農地がある。図5－1「板東俘虜収容所略図」を参照すれば明らかなように、収容所の敷地はやや米粒に似ており、その下部（南）に正門があった。その状況は

「其総面積一万九千百八十九坪ニシテ敷地ニ充当スル一万二千坪、周囲十一丁三十五間ハ二重ノ鉄條網ヲ張リ柵ヲ設ク。其柵内ニハ、バラク式構造数十棟ヲ拉置シ、柵外ニハ七千百八十九坪ヲ俘虜ノ運動場及耕作地ニ当テル。諸般ノ設備整頓ヲ告クルト日時ニ、在来ノ徳島警備警察官出張所ヲ板東俘虜収容所所在地ニ移シ、板西警察分署所属警備警察官出張所ヲ設置ス。[21]」

である。要するに収容所敷地には周囲を二重の鉄条網を張り、柵を設けて確保し、警備のため警察官出張所を設置したという文章である。

収容所の棟数は時期によって多少変化するが、内訳は以下の通りである。[22]

事務室	一棟	酒　保	一棟
衛兵所	一棟	下士兵卒収容所	八棟
倉　庫	一棟	将校収容所	二棟
炊事場	三棟但し浴場を含む	医　務　室	一棟
洗面所	四棟	便　　所	四棟

これらはいずれも収容所側が利用、提供する建物である。そのほか、一九一八（大正七）年八月七日に久留米から移送された俘虜のため、板東収容所内にある俘虜たちの印刷所が編集した『板東俘虜収容所案内書』（*Fremdenführer durch das Kriegsgefangenenlager Bando*）によると、図書室、読書室、製パン所……等の存在が知られるが、それらが収容所側の提供する建物であるかどうかは不明である。[23]

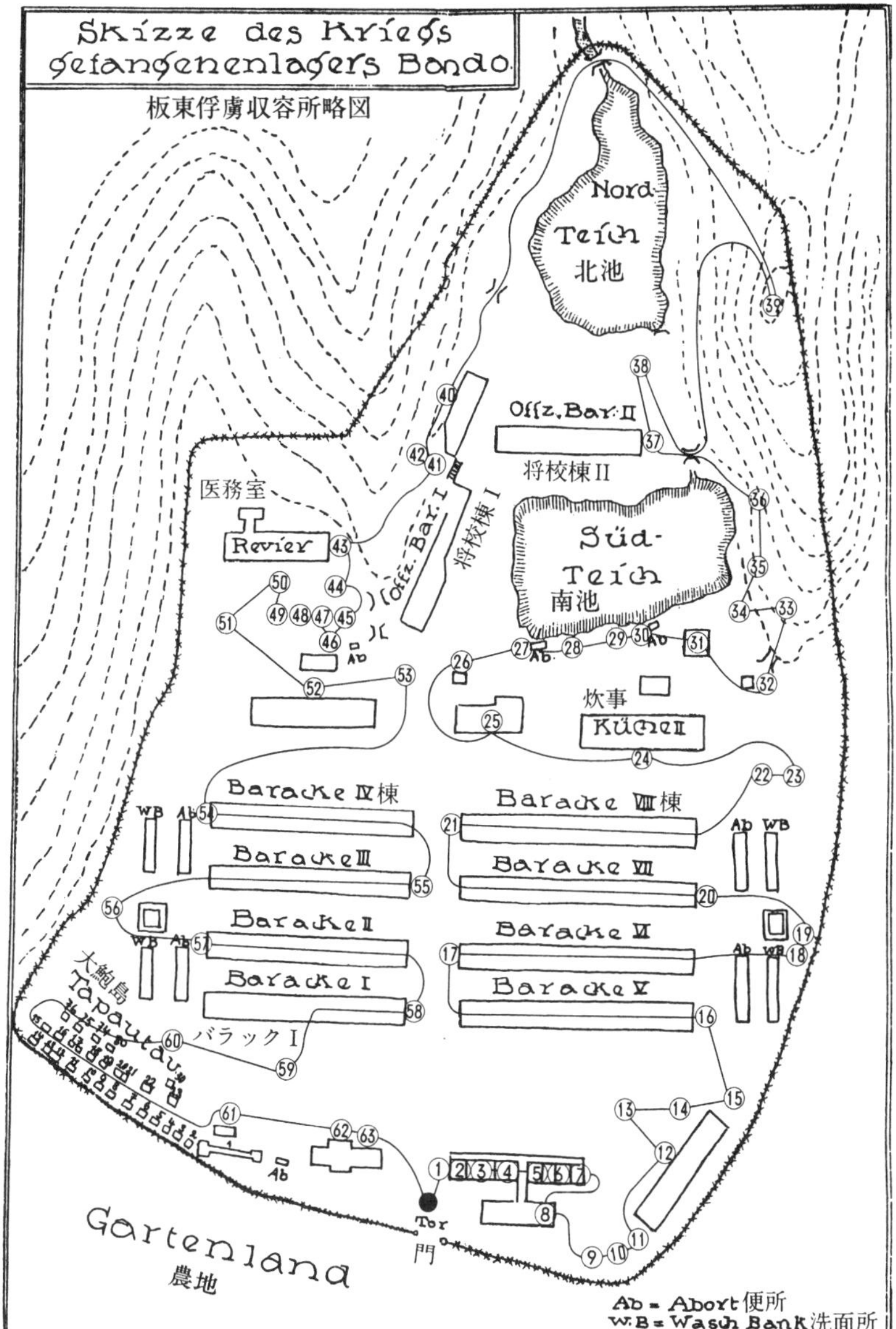

出典：「案内書」同上箇所より。

図 5-1　板東俘虜収容所略図

収容所の管理体制は収容所司令部、徳島の歩兵第六二連隊より派遣された衛兵分遣隊、同じく徳島憲兵隊より派遣された徳島憲兵分隊、それに国庫支弁により撫養《むや》警察署板西警察分署から派遣された先の警備警察隊で構成されていた。収容所司令部は氏名、階級に多少の異動が生じるが、一応初期の顔ぶれに在籍中の最終階級を表記すると以下の通りになる。

所長	歩兵大佐	松江　豊寿	主計及計手	二名
副官	同　大尉	高木　繁	一等軍医	桃井　直幹
同		国安　毅	一等看護長	一名
同		諏訪　邦彦	下士官	七名
	歩兵中尉	山田　重義	通訳	二名

以上、一八名であった(24)。

次に、衛兵分遣隊（隊長は尉官）がいる。彼らは定員五六名。勤務は営倉と衛門歩哨等のほか、所内五ヵ所に設置された歩哨所での立番、巡回中心で、歩哨三〇名、夜間歩哨一二名等がいて、一週間交替であった(25)。

次に、憲兵分隊（隊長は尉官）。彼らは定員八名。これまで言及が少ないため、その存在、動向は知られていない。俘虜は公務中である。憲兵分隊の目的は俘虜取扱規則やその他の規則、命令違反の取締りに対処することにあったと思われる。

最後に、警備警察隊は板西警察分署長（警部、寺岡彦太郎）が監督の任にあたる板西警察分署警備警察官出張所に勤務する警察官により編成されている。定員は三〇名（巡査部長三名、巡査二七名）である(26)。県警察官の職制は一八九〇（明治二三）年三月の改正により、警部長→警部→警部補→巡査部長→巡査となっていた。彼らの詰所は収容所正門の外側、言わば柵外の道沿いにあった。勤務は巡査部長が巡査の監督にあたる。巡査は甲乙丙の三班に分かれ、甲乙班の一部は隔日勤務で、立番、巡回、警備にあたる。柵外には、出張所のほかに、東側一ヵ所、西側二ヵ所に哨舎

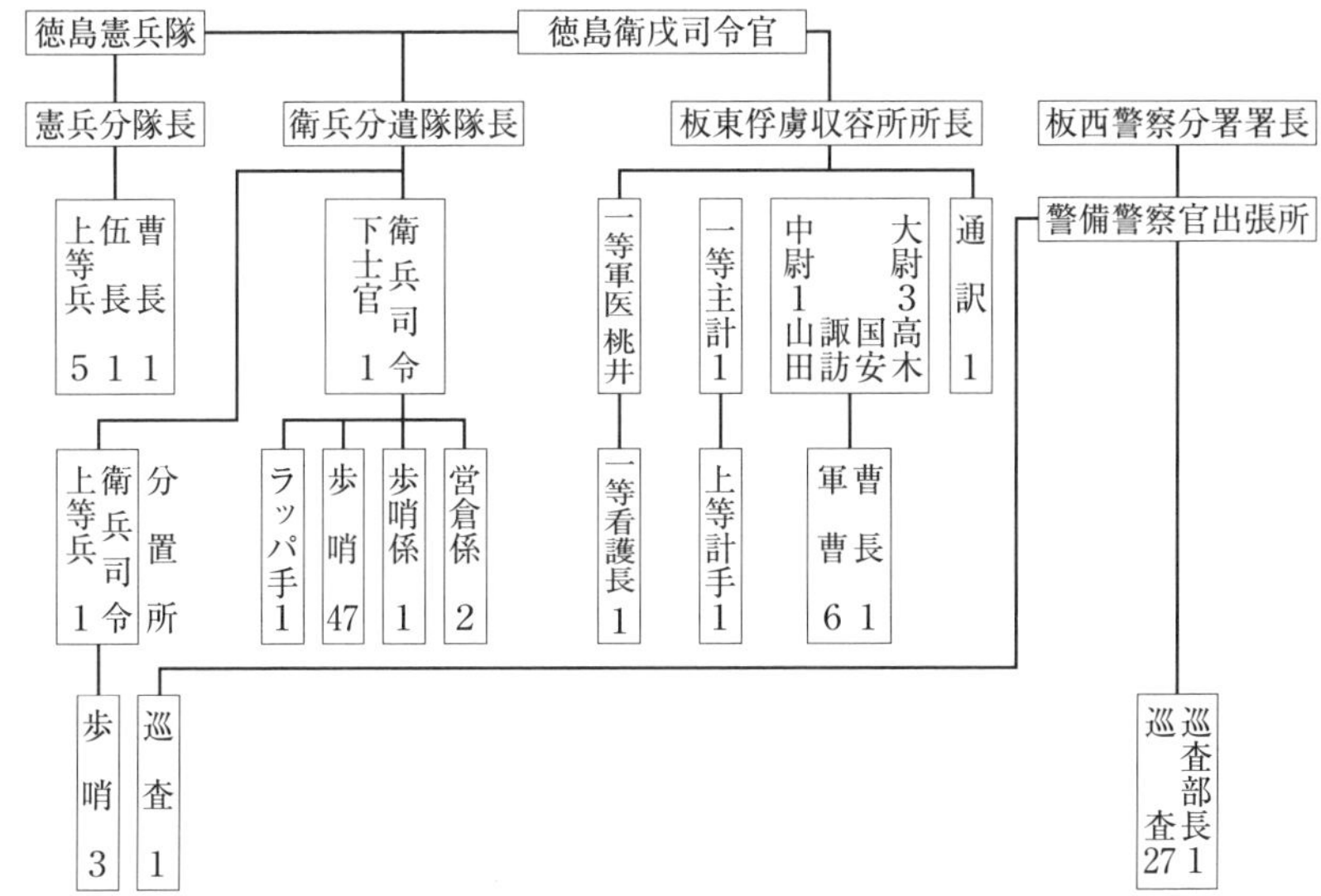

図 5-2　管理系統図

が設置され、立番、巡回の拠点とされた。丙班は毎日勤務で、収容所内外の内偵と雑務にあたることになっていた[27]。

そのほかに、一九一七（大正六）年一〇月二二日、新たに収容所の分置所が設置された。それは収容所から一キロ余り離れた通称中寺《なかでら》という成就院（現在は跡地のみ）の一部を利用したもので、ドイツ人俘虜とそりの合わないポーランド人など異分子のべ六名を収容した。そこでは、上等兵を衛兵司令に以下三名の衛兵と家族と共に常住する一名の巡査を配置し、逃亡、火災、来訪者との接触等の予防を目的に厳重に監視した[28]。

以上を管理系統図として整理すると、図5－2のようになろう。

俘虜の到着と構成

板東俘虜収容所は一九一七（大正六）年四月六日開所した。七日より俘虜を受け入れることになる。四月七日、徳島収容所より二〇六名、八日、丸亀収容所より三三三名、九日、松山収容所より四一四名を受け入れる。これで収容人数は九五三名になる。その内訳は将校二〇名、下士官七四名、兵卒八四五名、文官一四名である。移送は鉄道網が未整備であった

表 5-2　板東俘虜収容所収容人数

年　月　日	事　　由	入　　所	出　　所	収容人数
1917. 4. 6	板東俘虜収容所開所			
4. 7	徳島収容所より	206		206
4. 8	丸亀収容所より	333		539
4. 9	松山収容所より	414		953
6.23	イタリア系解放		13	940
9. 7	病　　死		1	939
12. 6	病　　死		1	938
1918. 5.25	青島民政長官収容	1		939
6.21	溺　　死		1	938
7. 3	軍法会議へ		1	937
8. 7	久留米収容所より	90		1,027
11.30	病　　死		1	1,026
12. 4	病　　死		1	1,025
12. 9	病　　死		1	1,024
12.24	病　　死		1	1,023
1919. 3. 6	病　　死		1	1,022
6. 2	アルザス・ロレーヌ系解放		29	993
6.21	ポーランド系解放		10	983
8.28	シュレースヴィヒ系解放		7	976
10.28	ベルギー系解放		4	972
12.19	ドイツ系解放		34	938
12.20	ドイツ系解放		6	932
12.25	ドイツ系解放		563	369
12.26	ドイツ系解放		7	362
1920. 1.16	ドイツ系解放（内地・青島残留希望）		92	270
1.16	監獄より	1		271
1.26	解放		52	219
1.26	残余解放		219	0

出典：棚橋久美子「地域社会と俘虜の受け入れ」（『「板東俘虜収容所」研究』所収）82 頁の表 2 に加筆修正。

ため、船で小松島港へ上陸、そこから鉄道で徳島へ移動ということになっていた。徳島からは徒歩で吉野川を渡って板東へ到着した。しかし、一九一八（大正七）年五月二五日、青島民政長官を、同じく八月七日、久留米収容所より九〇名を受け入れるに際しては当時開通した鉄道も利用された。表5－2は板東俘虜収容所の収容人数である。入所者がある一方で、死亡、入獄や解放があり、収容人数が一定しないことが見てとれよう。最大の収容人数は一九一八（大正七）年八月七日の一〇二七名である。要するに約一〇〇〇名の収容者を数えたということである。彼らは不本意ながら敗戦により戦闘能力こそ奪われながら、国家、皇帝への忠誠心を維持した上下関係の秩序正しい軍隊であった。彼らは部隊、階級を尊重し、命令体系を維持し、それに服した軍人であった。それは板東俘虜収容所に入所してからも、少なくとも敗戦までは基本的な点で生きていた。それは宿舎の割当てでも、一日二度の点呼、整列でも規則が適用され、規律正しい行動が求められたのだった。彼らにとって収容所に入れられていることは、軍人として一種の勤務であった。したがって、収容所の俘虜に関する規則を破ることは軍律違反であり、軽度の違反は所内の営倉へ入れられたし、重大な違反は軍法会議にかけられ、懲役刑に処せられた。板東の場合、軍法会議にかけられるほどの事案はわずか二件であった。前者は一九一七（大正六）年五月七日発生の脱柵事件。犯人は海軍上等兵ヴィルヘルム・ヴァイゼ（Wilhelm Weise）二三歳。犯行は散歩を目的に深夜生花鋏で鉄条網を切断したもの。第一一師管の軍法会議で懲役二ヵ月の判決を受ける。[29] 後者は一九一八（大正七）年六月二二日発生の逃亡事件。犯人は海軍二等砲兵オットー・ケルナー（Otto Körner）二四歳。犯行は逃亡を目的に作業をよそおって俘虜門鑑（通行証）を見せ、正門から出たもの。それを捜査中、通報によりケルナーが民家に押入り、寝込んでいることが判明、警備警察官により逮捕される。本人は第一一師管の軍法会議にかけられ、余罪もあり、懲役三年の判決を受ける。[30]

こうした俘虜の出身地をみてみると、[31] 俘虜の作成した新聞『ディ・バラッケ』（Die Baracke）によれば、一九一九（大正八）年一月一日現在で一〇一九名の俘虜のうち最も多いのはプロイセン王国で六〇〇名、総収容人員一〇二七名中の約五八・四％を占めていた。次はザクセン王国人で七一名、約六・九％、以下ハンブルク六〇名、バイエルン五三名、バーデンとエルザス・ロートリンゲン各三〇名、ブレーメン二七名と続く。そうした彼らの中で注目すべきはオーストリア＝ハンガリー人が一人もいないことにあった。このために、民族的、文化的対立が少なく、ドイツとして一致団結することが容易であったと思われる。

次に、戦前の職業をみてみると、[32] 一九一九（大正八）年一月一日現在では、一〇一九名は二一名の行政官、三二名の自由業の人々、九九名の陸軍および海軍軍人、三〇三名の商業従事者、五一五名の種々の生業従事者、四九名の労働者からなっている。これらをもう少し具体的にみると、たとえば自由業の人々とは六名の法律家、八名の宣教師、一六名の教師等でなっている。種々の生業従事者は書籍出版業者一〇名、地表工事、鉱業測量関係者二六名、サーヴィス業従事者三六名、交通業務および船舶関係者四五名、農、林業関係者五七名、建築および補助職従事者九六名、食物、衣料、その他生活必需品関係者九七名、機械および金属加工従事者一四八名である。職業は多様で、第一次産業の従事者が少数なのが特色であった。

さらに、平均年齢は二九歳九ヵ月であった。[33]一九一九（大正八）年一月一日現在でその年齢であるのだから、彼らの帰国する一年後には三〇歳九ヵ月になっているのであった。

以上、出身地、職業、平均年齢を整理してみると、俘虜はプロイセン王国人を中心にした低地ドイツ語圏の人々であり、職業的には職業軍人が少数で、圧倒的多数は何らかの生業、商業に従事した経験をもち、平均年齢が二九歳九ヵ月と比較的落着いていた点を指摘できよう。

俘虜の取扱い

日本は外国人俘虜の取扱いをめぐっては明治期の日清、日露の戦争以来、かなり意図的に国際的評価を高め文明国であることを理解させるために、慎重かつ人道的に扱ってきた。その原因・理由は幕末に欧米諸国との間に結んだ不平等条約の早期解消にあったからである。不平等条約とは言うまでもなく、二国間条約で、協定関税、領事裁判権、最恵国待遇などについて片務的で日本に不利な条約である。しかし、欧米諸国は国益から単なる交渉では一度締結した有利な立場を放棄しないため、日本が文明国であることを承認させる手段として条約の遵守に力をそそぐことを意図したのであった。中でもとくに明治期に注目され、真剣に取り組まれたのが、戦争をめぐる条約への参加と俘虜の人道的取扱いにあった。日本は一八九九（明治三二）年のハーグ陸戦条約に参加、調印している。その結果、日露戦争におけるロシア兵俘虜約八万名はこの条約により人道的に処理されたのであった。[34]

ハーグ陸戦条約は一九〇七（明治四〇）年に改正され、第二次ハーグ陸戦（陸戦ノ法規慣例ニ関スル）条約となり、日本は一九〇七（明治四〇）年一〇月一八日に調印し、一九一二（明治四五）年一月一三日に公布した。両条約における俘虜についての差異は比較すれば明らかなように、後者は俘虜の取扱いが具体的であったことにある。

今ここに「陸戦ノ法規慣例」の主要な点を整理すると、[35] 第二章の俘虜の第四條では

「俘虜ハ敵ノ政府ノ権内ニ属シ、之ヲ捕ヘタル個人又ハ部隊ノ権内ニ属スルコトナシ。俘虜ハ人道ヲ以テ取扱ハルヘシ。

俘虜ノ一身ニ属スルモノハ兵器、馬匹及軍用書類ヲ除クノ外依然其ノ所有タルヘシ」

とある。俘虜とは捕えた相手国の責任で人道的に保護すべき存在で、兵器その他の軍用備品を除外すれば俘虜個人の私物として尊重しなければならないということである。第六條では、

「国家ハ将校ヲ除クノ外俘虜ヲ其ノ階級及技能ニ応シ労務者トシテ使役スルコトヲ得、其ノ労務ハ過度ナルヘカラス。又一切作戦動作ニ関係ヲ有スヘカラス」

とある。つまり、将校以外は能力に応じ軍事作戦以外の仕事に使ってよいということだし、第七條では

「政府ハ其ノ権内ニ在ル俘虜ヲ給養スヘキ義務ヲ有ス。

交戦者間ニ特別ノ協定ナキ場合ニ於テハ、俘虜ハ糧食、寝具及被服ニ関シ之ヲ捕ヘタル政府ノ軍隊ト対等ノ取扱ヲ受クヘシ」

とある。つまり、俘虜には食べさせてやる義務があるし、通常は自国軍と同等の食事、寝具、被服を支給しなければならないということである。第一七條では

「俘虜将校ハ其ノ抑留セラルル国ノ同一階級ノ将校カ受クルト同額ノ俸給ヲ受クヘシ。右俸給ハ其ノ本国政府ヨリ償還セラルヘシ」

とある。つまり、将校には本国政府に肩代わりして自国軍の同一階級の将校と同額の俸給を立て替えてやり、あとで本国政府から返済してもらうようにしなければならないということである。こうした「陸戦ノ法規慣例」に依拠して

日本は一九一四（大正三）年九月二一日、陸軍省達第三一号をもって陸軍における俘虜取扱規則を制定し、青島攻囲戦に臨み、内地の収容所を円滑に運営する必要から同日俘虜取扱細則も制定していた。それらは明治以来の取扱規則、細則のくり返しであり、「陸戦ノ法規慣例」と一部重複する部分もあるが、具体的な点を若干指摘しておこう。

俘虜取扱規則（明治三七年二月一四日、明治三七年一一月二七日、明治三八年二月三日、大正三年九月二一日）[36]第一章通則の第二条では

「俘虜ハ博愛ノ心ヲ以テ之ヲ取扱ヒ決シテ侮辱虐待ヲ加フヘカラス」

また第四条では

「俘虜ハ帝国陸軍ノ紀律ニ依リ取締ヲ為スノ外猥《みだ》リニ其ノ身体ヲ拘束スヘカラス」

と規定して俘虜の取扱いに注意を払い、第五条において

「俘虜ハ軍紀風紀ニ反セサル限リ信教ノ自由ヲ有シ且其ノ宗門ノ礼拝式ニ参与スルコトヲ得」

と規定して信仰の自由を保証する努力を払っていた。

また、俘虜取扱細則（明治三七年五月一五日、明治三七年九月五日、明治三八年三月一八日、大正三年九月二一日陸達第三二号）[37]の第一六条では、

「俘虜タル将校同相当者ニハ同一階級ノ帝国将校同相当官ノ受クル俸給ト同一ノ金額一階級中給額ニ等級アルモノハ最下額ニ依ルヲ支給ス。前項俘虜ニ在リテハ当該従卒要スレハ傭人若干名ヲ附スヲシテ炊爨《すいさん》セシムルコトヲ例トス」

さらに第一七条では

「俘虜タル准士官同相当者下士兵卒等ノ糧食ハ附表第一号ノ金額以内ニ於テ現品ヲ支給シ数人ヲ一班トシ自炊セシムルヲ例トス」

と規定する。これらは要するに、将校の場合、俸給を支払っているのであるから自前で食事を賄わねばならないが、

調理には兵卒を傭って作らせることにし、下士官、兵卒については日本が定めた金額内の調理材料を現物給付するから、班を作って自炊せよ、ということである。なお日本が定めた金額は附表によると准士官相当者は日額四〇銭、下士兵卒等は三〇銭であるが、一九一八（大正七）年一二月七日に改められ、准士官は月二五円、下士兵卒は二〇円になる。こうして、俘虜の一応の取扱いは確立し、板東俘虜収容所の場合もこれらに依拠して運営されたのであった。

第三節　収容所の生活、「社会」の諸相

日常生活とその経済的基盤

ドイツ人俘虜の生活はつぎのようなものであった。

起床　　午前六時
朝食　　七時
運動時間　七時三〇分〜一〇時
昼食　　一一時三〇分
運動時間　一四時〜一七時三〇分
夕食　　一七時三〇分
就寝　　二二時

である。[38] ここには一日二度の点呼の時刻が記されていないが、これが俘虜の日課であった。就寝時刻は皇帝の誕生日（一月二七日）やクリスマス（一二月二四、二五日）など記念すべき日には、所長の判断で延長することができた。やがて休戦条約が締結されると、日課は緩和される。

起床　　午前七時

日朝点呼　　　七時三〇分
診断　　　　　九時三〇分
日夕点呼　　　一七時
就寝　　　　　二二時

となる。[39]今度は食事の時刻が記されていないが、起床が遅くなり楽になったものと推察される。これら二例からみる一日の時間帯で軍隊の一員として応ずべき義務は朝晩二度の点呼にある。その他の起床から就寝までの時間は各自の自由時間であり、一〇〇〇名の同国人による社会的体験ができたのである。もとより、この社会的体験は多くの俘虜が家族と絶縁した（少数の者は後述のように面会できた）中で実行されたのであり、この意味では社会の基礎となる家庭が欠如し、日本の軍律に規制された擬似社会の体験であった。

それは早くも食事に現われる。それは先の「取扱細則」で明らかにしたように、将校は自前で賄い、下士、兵卒は自分たちで班を作り共同で炊さんをしたからである。将校はしばしば兵卒を傭って調理させたし、所内の俘虜の経営するレストランで食事をした。下士、兵卒は当番制で共同の炊事をしたのだった。すでにそこに、雇用関係、商売、共同の炊事といった社会の慣行が登場するのであった。食事内容は

「朝食ハ「パン」及「コーヒー」、昼及夕食ハ「パン」「ソップ」「ライスカレー（牛肉、豚肉、リンゴ、桃其他ノ野菜又ハ果実）ナリ而シテジャガ芋ハ毎回多量ニ摂取シツヽアリ、一日ノ食費一人平均三〇銭以内ナリ」

とある。[40]そのような食事の熱量はどのくらいなのか。同年九月俘虜情報局の事務官が出張の際調査した結果は、板東の場合三一五〇キロカロリー、一九一八（大正七）年二月の情報では二八六〇余キロカロリーである。[41]

このような生活の経済的基盤について整理して確認しておこう。俘虜将校は第二次ハーグ陸戦条約の第一七條により日本の同一階級の将校が受領するのと同額の俸給を受けることになった。それは俘虜取扱細則の第一六條でもくり返し規定している。もっとも、これは全額支払われたのではなく、休職給として金額の六〇％が支払われたのであっ

表 5-3　将校俸給（月額）支給表

（単位：円）

大　佐	中　佐	少　佐	大　尉	中　尉	少　尉
262.190	199.530	137.480	82.120	54.750	45.650
157.314	119.718	82.488	49.272	32.850	27.390

出典：「取扱細則」732 頁より。

た。この俸給は本来支払うべきドイツ政府に肩代りして日本が払ったもので、平和条約締結後は当然ドイツ政府が日本に俸給総額を償還すべきものであったが、五九七万余円は実際には償還されなかった。[42] それはともかく、こうして将校は一定の収入を得ることになったが、それを日本軍の当時の俸給支給表に基づき比較したのが表5－3である。階級の下の段は日本人将校用の俸給である。その下の段の俸給は筆者が六〇％掛にした金額で、恐らくはこの金額で受取ったものと思われる。将校、とくに下級将校にはこの外家族からの送金、俘虜救恤金《きゅうじゅつきん》からの配分もあったものと考えられる。

准士官および下士、兵卒は日本から俸給の支給がなく、准士官は糧食について日額四〇銭、下士・兵卒は三〇銭として、その定額内の現品が支給されるのみであった。それは准士官で月額一二円、下士・兵卒で九円に相当した。ただしこれは一九一八（大正七）年一二月七日をもって改訂され、月額准士官二五円、下士・兵卒二〇円として遺憾なきようにされている。[43] しかし、彼らにはこのほかに、召集前に働いていた企業からの俸給、家族からの送金、救恤金の配分、所内外における労働、商売、技術指導等による収入があった。

かくて、俘虜には社会の縮図として貧富の差が生じていた。経済的余裕のある面だけを強調した例を新聞記事に見ると、「俘虜の貯金六万円」という見出しで、

「貯金主義で板東郵便局にあずけてある金が六万円に達している。局長の調べでは、預金通帳は三五〇通ばかり。最高限度の一、〇〇〇円をあずけているのは三〇人ばかり。月二回の即時払を許可している。一回ひきだす金が五〇〇円から六〇〇円うごく。送金してくる金も月四、五〇〇〇円になることは少なくない」[44]

とある。今日ならプライバシーの侵害として物議をかもすところだが、史料としては有益である。

表5-4　1918年板東収容所への入金

送金方法	件数	金額
現金書留	1,389	170,973.08円
郵便為替	3,483	170,987.90
銀行為替	35	5,248.99
電報為替	16	2,609.27
（A）計	4,923	349,819.24
日本国内から	1,474	101,927.89
外国から	3,449	247,891.35
（B）支給金		41,029.49
（A）＋（B）合計		390,848.73

出典：『ディ・バラッケ』第3巻、344頁。"Die Baracke." Bd. Ⅲ, S.407ff. より。

しかし、一年分の入金をトータルして全体をみると、表5－4のようになる。これによると、国内からの送金は約一五〇〇件、一〇万二〇〇〇円ある。内容は主として先に指摘した召集前に働いていた企業からの俸給、家族の送金、救恤金。外国からの送金は約三五〇〇件、二四万八〇〇〇円ある。内容は主として召集前に働いていた企業の俸給。支給金約四万一〇〇〇円は日本の肩代わりした将校の俸給である。要するに、板東収容所には外から年間三九万円余りが入金されるということであった。

こうした入金のトータルは全体的経済規模を知るうえでは有益だが、貧困層については何ら把握できないのが実情である。ただ、貧困層は准士官以下であるならば、日本によって被服、靴に至るまで押収古着、古靴ながら現物を支給されていたので、最低限の生活を保障されていた。彼らは不足分を所内外の経済活動によって捻出すればよかったのである。

御用商人と商売

収容所と俘虜の用を便ずる商人としては日本人とドイツ人を挙げられよう。まず日本人から検討する。

収容所は新設とは言え、徳島収容所から一日徒歩圏内に設立され、所長、副官、俘虜に至るまで徳島から横すべりで着任したり、移動させられて開所し、さらに衛兵も徳島の第六二連隊から派遣させられた関係で徳島収容所出入りの業者がそのまま継続して使用されたのであった。その営業分野と業者名は以下の通りである。㊺

陸軍炊事	浜口伊平	酒保商人	土岐伊八郎	乾物販売	藤井松次郎
諸工事請負	森豊吉	筆紙墨販売	勝浦久太郎	米穀類販売	福家亀吉

乾物販売　小松和惣　　洗濯請負　井関功　　洋酒類販売　多智花啓次郎
野菜類販売　吉本彦吉　　石炭販売　美馬儀一郎　　製靴販売　住友直太
獣肉販売　佐山八十吉　　雑貨物販売　宮井理吉郎

彼らは収容所の近隣に店舗を設置したが、小規模商人は収容所側の定める時間表により所内での営業を認められた。㊻洗濯商人は月・土曜日（午前八時～午後三時）、靴商人は火・金曜日（正午一二時～午後三時）等であった。

しかし、板東町では地元業者が参入を許可されないことに次第に不満がつのり始めた。したがって、彼らは徳島商人の追いだしにかかる。

「各商人ハ収容所ヨリ斯ク厳正ナル取締ヲ受ケ薄利ナルニ不拘、板東町民ハ最モ有利ナル如ク誤解シ、他市郡ヨリ入込商人ヲ排斥シ、地方有志ガ出入商人タラント、目下各商人排斥策トシ第一家賃ノ値上ヲ暗々裡ニ観誘セルヤノ模様ニ有之、而シテ家主ハ幾度トナク五十銭壱円ト値上スルノ実況ヲ呈シツツアルガ……」㊼

という状況である。そのため、

「当俘虜収容所ノ出入商人ハ従来ヨリ徳島俘虜収容所存置ノ際出入致シ無期限ニテ左記業目営業継続中ナリシガ、今回営業期間ヲ三ヵ月ノ限度トシ、出入商人ヨリ其ノ取扱ニ係ル物品ノ価格見積表ヲ提出セシメ其低価ヲ認メ期限内販売セシムルコトト決定シ、本月十一日第一回見積表ヲ各商人ヨリ提出セシムル義ニ有之候」㊽

となった。そこで、提出を見守ると、三グループが名乗りを挙げた。㊾しかし、見積表の検討の結果、収容所側は出入商人の大幅な変更、交代を実施しなかったように思われる。というのも、図5－3「収容所営門前図」によれば、酒保商人・土岐伊八郎、諸工事請負・森豊吉、野菜類販売・吉本彦吉ら従来の商人五名の店舗が印され、藤井藤吉ほか八名のグループ名をつらねた長谷川長平のビーケー商会の店舗のみがわずかに新味をだしているからである。㊿かくて、日本人の商売は徳島商人を中心に、地元商人も参入しながら、推移したものと思われる。

それに比較すると、俘虜の商業活動は単純明快であった。先に引用した『案内書』に付された図5－1「板東俘虜

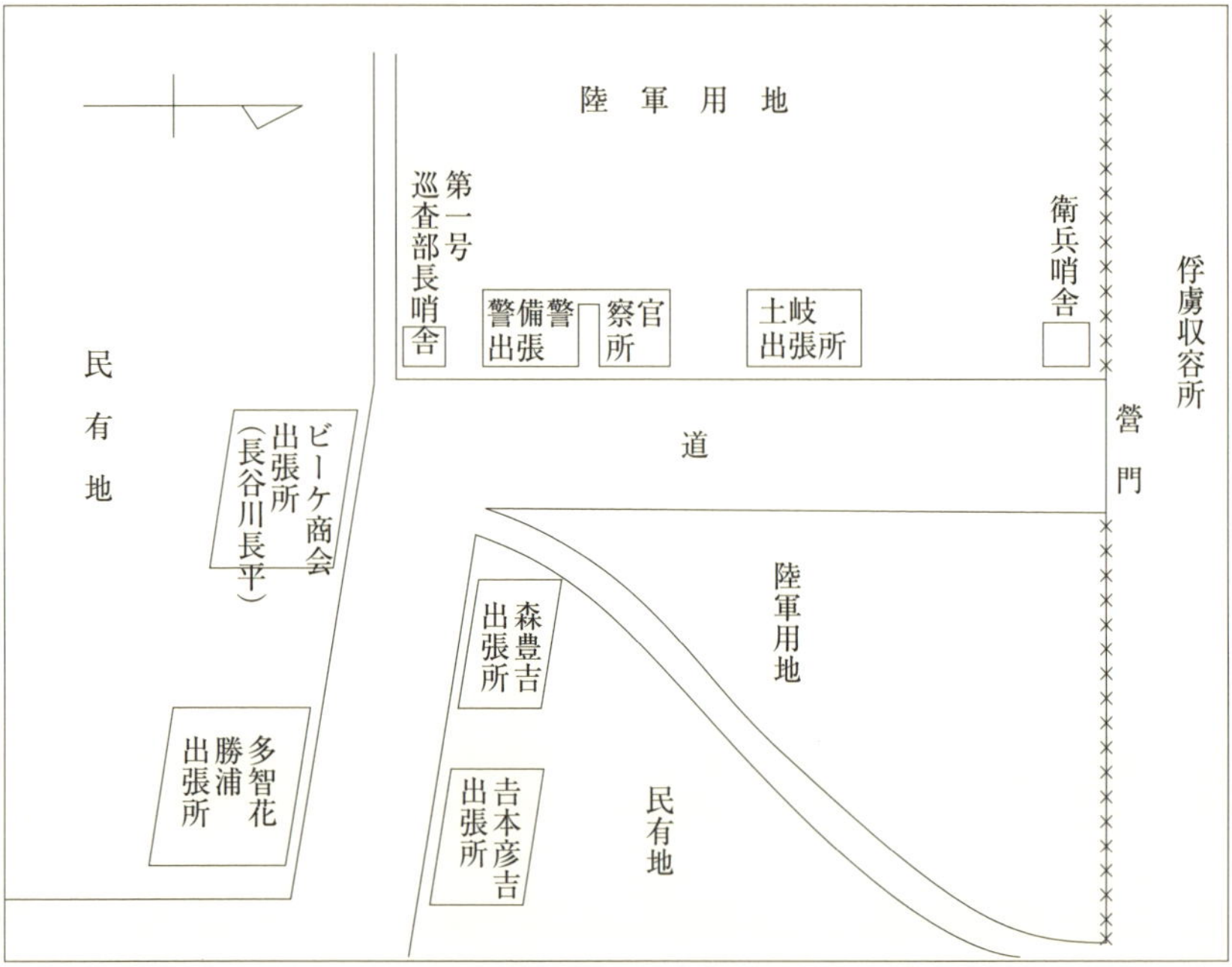

出典：『雑書』大正七年一月九日付の地図を書き直す。

図 5-3　収容所営門前図

収容所略図」によると、さまざまな分野の業種が自由に重複しながら存在した。しかも、それらは収容所が許可した小屋掛の店舗街からバラッケと称する俘虜の起居する兵舎内での個人営業まで多様であった。たとえば、収容所略図で見れば、11に日本人理髪店があり二名の理髪師がいるが、17の第Ⅵ棟Ⅱ室でクローゼ（Klose）が理髪店を営業しているし、20の第Ⅶ棟Ⅴ室でハイツマン（Heizmann）、Ⅲ室でヴォルムス（Worms）軍曹、55の第Ⅲ棟Ⅱ室でレークス（Rex）が、57の第Ⅱ棟Ⅷ室でコッホ（Koch）、60の22号小屋でルンツ（Lunz）がそれぞれ営業しているのであった。店舗で最も有名であったのは大鮑島《ターパウタウ》であった。それは青島の一大商店街の名を借用したもので、ドイツの栄光の象徴であり、その名を耳にするだけで、青島で苦労したドイツ人にはピンとくるのであった。色とりどりの看板が並んだと言われる大鮑島には、家具、楽器修理、仕立から大工、配管、金属加工まで、アイスクリーム、清涼飲料水、食事からボーリング場まで約四〇軒が集中したと言う。外に異色の商業としてはミルツ浴場と製菓所ゲーバを挙げられよう。

収容所では一九一七（大正六）年七月末から毎週月火金土の週四回午後一三時三〇分から一回につき四〇分水浴をさせているが[51]、それとは別にシャワー屋、冷水シャワー屋、温水浴場さらに同年一一月からミルツ浴場が登場した。それは休憩所、脱衣場、浴場、火焚場からなり、設備と合わせて約一二〇〇円もかけた。浴場は浴槽と掛湯場とに分け、浴槽は一人ごとに湯を替えていた[52]。しかし、注目をあびた割には永続しなかった。一九一九（大正八）年五月二二日、火災を起こし建物を全焼して廃業したのだった。

その点、製菓所ゲーバ（Geba）は順調な発展であった。もとより、その名は俘虜収容所板東（Gefangenlager Bando）の略である。板東あってのゲーバであった。その製菓所の起源は松山収容所の俘虜が一九一五（大正四）年一二月ドイツ菓子の工房を設立したことにあった。それは収容所の統合の結果、板東へ移転することになり、さらに発展することになった。その背景には、収容所側の一層の便宜提供や需要の増加等が指摘できよう。ゲーバにとって常態的な難題は原料価格の上昇で、一九一六（大正五）年一月から一九一九（大正八）年一〇月までに牛乳、バター、砂糖は二〇〇％、卵二五五％、小麦粉二七五％の高騰であった。にもかかわらず、『板東俘虜収容所案内書』の広告にあるケーキ、クッキー、お祝い用ケーキ、ライ麦パンの売行きは順調であったようで、板東で消費した小麦粉は三万六二五〇キログラム以上、卵は一三万一〇〇〇個以上であって、創業時に二名であった従業員は八名にまで増加したのだった。さらに、ゲーバはその商品を収容所の外にも送り出した。約五〇〇キログラムの胡椒菓子、二〇〇キログラムのマルチパン、一二〇キログラムのシュトレが祝祭用に日本や中国にいる同胞の許に送られたのであった[53]。

医療と健保組合

俘虜の健康に最終的責任を負うのは日本政府であった。では、収容所内で俘虜が健康を害した場合どのような措置がとられることになるのか。患者本人は午前九時に始まる医務室で日本の軍医から診察を受け、治療を受ける（歯科の場合は月、木の午前七時〜一二時）。[54] それが重態であると、徳島の陸軍衛戍病院へ入院することになる。それが一応のプロセスであるが、一九一八（大正七）年一一月一三日頃から流行し始めたインフルエンザ、いわゆるスペイン風邪の際には、桃井軍医も看護長も罹患し休暇をとり、衛戍病院からの軍医派遣もできなかったため、板西町から町医者をよんで重態患者を診てもらっている。[55]

インフルエンザは例外としても、一応こうした医療体制はあるが、これとは別に、俘虜の相互扶助の組織、健康保険組合（正式には収容所健康保険組合 Lager-Krankenkasse）が存在した。それは一九一七（大正六）年四月二〇日に発足した。その使命は「資産を持たず援助を必要とする収容所内の戦友すべてに、日本側から提供されないものについて、相応の病人食と体力補強薬やその他の救済手段といった形で援助し、負担の軽減をすること、ならびに病人に対しあらゆる形で、彼らの宿命を軽いものにし、回復を促進すること」にあった。[56] そのため月々募金が始められたが、やがてインフルエンザのような大きな問題を克服するため、より多額の経費を必要とした。それらは月々の募金のほかに日本在住のドイツ人、オーストリア人等で構成された東京、神戸等の救援委員会、上海救援委員会の義捐金や現物、所内からの個人的寄付によっている。[57] 健康保険組合の活動をみると、たとえば、

「一九一八年、収容所内ではスペイン風邪を除き、月平均で一五人の病人が看護を受けた。それ以外に健康保険組合は一一月には六七七人、一二月には三〇人に至るインフルエンザ患者を看護した。徳島衛戍病院では、報告年度に全部で八人の患者がいた。そこでは、平均して毎月一ないし二人の患者が看護を受けたのである。収容所内では合わせて三七一六日分、スペイン風邪を含めると六四四四日分の病人給食が支給された。一人当たりの一日平均給食費は二〇銭であった。一九一八年に二つの収容所薬局（クラウス Clauss 軍曹とハイル Heil 二等海兵）に処方を要求した症例は一一、八九四で、そのうち包帯巻は五、一三〇例、その他の傷の処置二、一六九例、ちょっとした薬が投与された症例は二、四九二で、強壮剤・滋養物の支給が二二二瓶であった。二つの薬局は平均して一日当たりそれぞれ一・六人の来客があった。」[58]

単年度だけでもこれだけの活動をする健康保険組合はその外にも八月七日久留米収容所から到着した戦友を迎える際には、南京虫に汚染された荷物の消毒や兵舎に適合する蚊帳の調達に予備費をはたいて対応するなど収容所の医療を補完して自分たちの健康予防や維持、対策に貢献したのであった。(59)

所内の流通とコミュニケーション手段

流通という意味では物資、商品の流通もあるが、ここでは紙幣の流通を挙げておこう。それは一九一八（大正七）年四月二日、俘虜マックス・グリル（Max Grill）が収容所内でのみ通用する一円に相当する伝票、事実上の紙幣を発行したことにある。それは小額紙幣の不足から生じた要請であったらしく前年の六月には紙幣デザインの公募が行われていた。それは一円相当の紙幣を一〇〇〇枚、一〇〇〇円分印刷し、売買取引一般に使用させ、五円もしくは一〇円相当分が集まれば、本物の日本円を引き換えるという仕組みであった。(60) グリルはその後増刷に踏み切り、六月には日本人の印刷業者に二〇〇〇円分を印刷させている。(61) 少なくとも三〇〇〇円分の一円紙幣が流通し始めることになる。紙幣の表上部には収容所紙幣（Lagergeld）、下部には Bando の文字が漢字の板東にはさまれて表示されている。収容所が紙幣の発行によって国家の原初的態様をとっていたとも言えよう。

さらに、郵便局の存在も指摘しておきたい。それは外部との発着信をする公式の郵便ではなく、所内俘虜間で交わされる郵便であった。それは収容所当局の許可を得て、一九一九（大正八）年九月八日から始められた。二種類の違う額面の切手が発行された。二銭切手が七五〇シート、五銭切手が二五〇シート印刷され、それぞれ一万五〇〇〇枚と四〇〇〇枚であった。二銭切手のデザインは山頂の見張所と立木を配したもので、ドイツ語で収容所郵便（Lagerpost）と表示してある。五銭切手は収容所の建物を配し、同じく収容所郵便と表示してある。外に収容所郵便葉書、一枚二銭も発行された。それは収容所郵便葉書（Lagerpost-karte）と表示してあり、緑、赤、茶、青など七種類が判明している。(62) これも先の紙幣発行と同様国家の態様を示す証左とも言えようが、これらの所内郵便にどれだけの実際の効用があったのであろうか。一〇〇〇名の居住する収容所内を想像したとき、そこに多分に遊び心を感じるであろう。

コミュニケーション手段としては所内新聞『ディ・バラッケ』を挙げておこう。それの成立・発刊された背景には、板東俘虜収容所に流入した徳島俘虜収容所と松山俘虜収容所のドイツ俘虜の存在が大きい。どちらの収容所にも所内新聞が創刊されていたからである。徳島では一九一五（大正四）年四月に創刊された『徳島新報』（Tokushima Anzeiger）が一九一七（大正六）年四月まで丸二年刊行されていた。松山では一九一六（大正五）年一月に創刊された『陣営の火』（Lagerfeuer）があった。それは週刊紙で六号まで刊行されたが、収容所長により娯楽的すぎるとして発行禁止処分に付されたのだった。以来、それはタイプライターで打たれ、カーボン複写をとった手製の地下出版紙として一年二ヵ月間に六十三号合計一二六八頁も刊行されたのだった。こうした収容所新聞の遺産の上に『ディ・バラッケ』は乗って登場する。一九一七（大正六）年九月三〇日付で週刊収容所新聞『ディ・バラッケ』は創刊された。六名の編集委員の中三名が『陣営の火』で編集委員を務め、一名が『徳島新報』で委員を務めたものと推測されている。それは一年六ヵ月毎週日曜日に発行され、一九一九（大正八）年四月号から九月号までは月刊であった。二年間続刊の『ディ・バラッケ』は合計二七二〇頁に上った。内容は時事問題、軍事問題、戦況から収容所内の出来事、東アジア研究、社会科学、自然科学研究、文化・スポーツの記録……と多くの分野に及んでいるが、読物としての充実振りと記録性に重点がある。(63)発行所は所内の印刷所で、印刷方法は平版多色印刷であった。(64)発行部数は大正八年九月の月刊最終号にある終刊の辞に付された発行部数の推移を示すグラフによって知ることができる。(65)それによると、一九一七（大正六）年一〇月の創刊時点で発行部数は一八〇部弱から一九一八（大正七）年二月に二〇〇部、五月に三〇〇部を超え、一〇月には三二〇部余と最大部数に達し、それからゆるやかに減少、一九一九（大正八）年三月末には二六〇部余、さらに内務班への贈呈分から三一部を廃止した五月末には二五〇部余に減少した。しかし、それは最終的には再び上昇に転じ、習志野からの新たな購読者五一名を加えて最終刊の九月号は三四〇部に迫る勢いであった。価格は購読料が月五〇銭と高くはなかった。かくて、内務班への無料配布は一九一九(大正八)年五月号まで六〇部であったから、冨田弘氏によると、購読分の約二五〇部と考え合わせると、ほとんど全員が読んでいたのではないかと推測される。[66]

文化活動

最初に指摘すべきは講演会であろう。第一回の講演会が始まるのは一九一七(大正六)年五月一四日で、ゾルガー(Solger)予備少尉による「第一回中国の夕べ」であった。以来同少尉の講演は精力的に続けられている。中国についての後援会は討議の夕べまで含めると、一九一八(大正七)年四月までに四五回、そのうちゾルガー少尉が二二回担当している。しかも同年一月六日からは「郷土研究」というシリーズ講演を日曜毎にほぼ定期的に開催するようになるので、彼は毎週出ずっぱりの状態になる。「郷土研究」は一九一九(大正八)年一〇月二六日まで合計で七二回の長大なシリーズになる。彼は「中国の夕べ」、「郷土研究」その他を加えると、合計九八回の講演をしたことになる。[67]『ディ・バラッケ』の「収容所日誌」には、一九一八(大正七)年二月からは具体的な講演タイトルがでるようになったので、内容をそれと知れるが、郷土研究は狭い意味の郷土誌を連想しては実態にそぐわない。ちなみに、この二月の「郷土研究」のタイトルは二月三日「生命の基礎」、一〇日「原子と細胞」、一七日「進化と退化」、二四日「植物の発生」であることを指摘しておこう。[68]

ゾルガー少尉の後援会とどのような相互関係や受講者の流れがあるか判明しないが、一九一七(大正六)年一二月一日、ボーナー(Bohner)二等海兵による「ドイツの歴史と芸術」が始まる。それは一九一八(大正七)年五月一八日まで三七回のシリーズである。彼はそれが終了した一〇日後の五月二八日、ベートーヴェン第九交響曲について講演し、それを最後に講演から身を引いたように思われる。

ボーナー海兵と交代するかのように活動を活発にするのが、一九一八(大正七)年四月一七日から始まるマーンフェルト（Mahnfeldt）伍長による「近代ドイツ史」である。それは一一月七日に終了するまで、三四回のシリーズであった。内容的にみればタイトルは年代区分に始まる歴史から「帝国外のドイツ人たち」「ドイツの領土、国境政策」「ドイツの民族、国家形態」「帝国憲法」……と段階を追って政治史的な問題へ分け入っている。

そのほかにも、一九一八（大正七）年四月、五月には東欧の歴史に関心のあるラインハルト（Reinhardt）副曹長による三回シリーズの「東ヨーロッパの歴史」や東ヨーロッパ関係の文化など二回の講演があるが、講演回数で多いのは軍事情勢や分析のそれである。中でも最も多かったのはブッターザック（Buttersack）大尉の講演で一三回である。以上の講演は主なものだけで、二三五回に上った。[69] それは収容所内兵舎第Ⅰ棟の東半分を占める講堂で開かれる知的レベルの高い集会で、祖国での社会復帰を期して知的維持に努めるためであったと言えるであろう。

次に学習活動は意外なほど知られていない。すでに、徳島と松山時代の収容所における学習講座が語学を中心に多数あったことは確認されている。しかし、板東におけるそれについては『ディ・バラッケ』にそれがあることを示唆する記述があるだけで、講座名、講師名、テキストの存在すら確たる証拠がない。[70] 板東にいた俘虜エルンスト・ベーアヴァルト（Ernst Baerwald）の手書きノートに時間割が記され、本人の勉強したと思われる日本語、英語、スペイン語、イタリア語、ヴァイオリン、簿記、体操等が表示されている程度である。[71]

それに比較すると、印刷、出版活動は成果が目に見えるだけに目覚しい。板東の印刷所の技術には定評があり、外部からも注文が来ていた。日本の六収容所が印刷した刊行物は全部で七〇点あるが、五〇点は板東で印刷されている。[72] そのほかに催し物のプログラム、ビラ、チラシの類まで印刷しており、紙の消費量は大幅に延びている。一九一七（大正六）年の消費量は三五万枚であったが、二年目には五五万枚に達していた。[73]

芸術活動

音楽も重要な役割を演じた。個人による活動は目につかず、オーケストラや合唱団のそれが主体である。中でも最も早くから活動を始めたのが徳島オーケストラであった。それは一九一七（大正六）年四月六日板東収容所に入所するや、八日丸亀から到着した仲間を「プロイセン行進曲」で出迎える早業をやってのけ、一躍有名になった。指揮者はヘルマン・ハンゼン（Hermann R. Hansen）軍楽兵曹長、団員は総勢で四五名であった。徳島オーケストラは徳島俘虜収容所で結成され、演奏活動を始めたオーケストラで、四月一七日には、第一回のコンサートを開いている。それは一九一八（大正七）年一〇月二日の第二四回コンサートからM・A・Kオーケストラと名称変更して三五回のコンサートを開いた。[74] この徳島オーケストラは所内で日本で初めてベートーヴェン「第九交響曲」を全曲演奏したことで知られている。期日は一九一八（大正七）年六月一日で、その演奏には、俘虜八〇人の合唱団が出演し、女声が歌う独唱パートも編曲してすべて男性が歌って実現した。また、第九ほど有名ではないが、ハンゼンは同年二月二四日、第一六回コンサートでベートーヴェン「第四交響曲」も日本で初めて演奏したのだった。[75]

徳島オーケストラと双璧をなすのがエンゲル・オーケストラであった。それは丸亀収容所で結成された楽団でプロのヴァイオリン奏者でもあったパウル・エンゲル（Paul Engel）を指揮者に団員総勢は四五名であった。一九一七（大正六）年五月一三日に第一回コンサートを開き、以来定期コンサートだけで一七回開いている。[76]

その他シュルツ・オーケストラ、エンゲル・オーケストラのヴィオラ奏者でもあるモルトレヒト（Moltrecht）軍曹の指揮するマンドリン楽団があり、合唱団にはヤンセン（Janssen）予備伍長の指揮する収容所合唱団六〇名と上記のモルトレヒトの指揮するモルトレヒト合唱団六〇名があって、オーケストラと共演することもあった。[77]

演劇は音楽ほど複雑ではなかった。さまざまな演劇グループがあったが、ゾルガー少尉を委員長とする劇場委員会の下に一本化されていたからである。委員会は演劇グループの上演を調整し、会場の設営や運営の一切を行い、入場券の販売まで担当した。[78] 公演は一九一七（大正六）年六月三日の第一回以来二三回行われた。公演は平均すると月一回程度であった。上演された演目にはシラー、レッシング、シェークスピア等文学的大作が少なくない。[79] 女性役の演出や衣装の調達に苦労がつきまとったことは想像に難くない。

スポーツ活動

スポーツが人の健全な肉体と精神の維持にいかに重要であるかを、板東に集結した俘虜はすでに十分に承知していた。したがって、彼らは入所するとすぐにスポーツ委員会を組織した。それは委員長ら七名の委員で構成され、施設から行事まですべてを管理することになった。他方、収容所の松江所長は所内のみでは十分用地確保ができないことを承知しており、収容所に隣接した元陸軍省所有地を九名の借地人から一反歩につき六ヵ月四円の賦金と損料を支払い「菜園地及運動場」にすべく、「合計二町三反九畝十九歩、惣坪数七千百八十九坪」の用地を借り受けた。(80) かくて、一九一七（大正六）年五月一日、俘虜は自らの勤労奉仕でそこへ菜園地と共に各種競技場を造る作業にかかった。その結果、テニスコート九面、サッカー場一、トライプバル（ホッケーと似たスポーツ）競技場（ドイツ式クリケット、ホッケーにも転用）一、ファウストバル（ドイツ式バレーボール）競技場一ができ上がる。他方、所内の空間も割当や整備が進み、朝夕の点呼用広場はドイツ式クリケット、ドイツ式バレーボールのコートに転用され、器械体操場、レスリング、ボクシングの練習場、有料ながらビリヤード場、九柱戯場も登場した。その他所外の乙瀬川には水浴場も造られ、初心者区域、遊泳区域が設定され、監視所まである本格的水浴場になっている。(81)

そうしたスポーツ施設を利用する者はどのくらいなのか。委員会の下には、各種のクラブが組織されていた。どのクラブも会費を徴集する会員制であった。代表的なクラブをみてみよう。板東テニスクラブは会員数五四名、新板東テニスクラブは五二名を数えた。サッカー、ホッケーと似た競技のトライプバルを行う松山スポーツクラブは会員数一〇〇名、サッカー、ドイツ式クリケット、シュラークバルを行う砲兵隊スポーツクラブは一五〇名、体操、陸上競技を行う板東収容所トゥルネンクラブは一一四名、丸亀サッカークラブは七〇名、レスリング、ボクシングを行うスポーツクラブ・若い力は四〇名、ドイツ式バレーボールのファウストバルクラブ「年配組」は三〇名、シュラークバルクラブ「年配組」は三〇名を数えたのであった。(82) これだけで合計六四〇名もいる。その外に会員数の明らかでない第三のテニスクラブたるハロークラブや板東ホッケークラブも考慮に入れれば、実に多数、圧倒的ともいえる。

さらにスポーツ委員会は一九一七（大正六）年一〇月二日から一一月二日までをスポーツ週間と定め、その間にスポーツ振興と協調を目的に、各競技の大会を計画した。それは広い支持を集めサッカーとファウストバル、シュラークバル、トライプバル、テニスの参加をみて大成功であった。その後も折にふれ大会が試みられ、一九一九（大正八）年四月一七日には、市街地も含む約二一キロメートルのコースで競歩大会さえ開催された。[83] 松江所長の信頼を得て、スポーツの空間は収容所の周辺からさらに外郭へと広がりをみせたのである。それを如実に示すのが所外への散歩や遠足であった。

『雑書』の「俘虜散歩ニ関スル報告」によると、

「各収容所ノ俘虜ニシテ精神ニ異常ヲ来ス者続出スルノ有様ニシテ且ツ又逃走等ヲ企ツル者ナシトセズ。依テ今回其ノ筋ニ於テモ散歩ヲセシムルノ方得策ナリトノ意見ニヨリ、斯ノ如キ計画ヲ立テ、俘虜ヲシテ精神上ノ慰安ヲ与ヘシムルノ趣意ニ出タル由ニ有之候。」

ということで、所内兵舎をA組B組に分割、一〇月九日より一二月二五日まで各七回撫養など数キロ以内の地域を散策させている。それには兵舎ごとに俘虜の古参准士官に指揮させ、収容所側も所員一名が引率し、衛兵四名、警察官、喇叭手一名をだして警戒に当たった。[84] 一九一八（大正七）年二月一一日、ドイツが降伏すると、散歩や遠足は一層多くなる。翌年はとくに頻繁に実施され、同年一月から一〇月までに散歩二四回、遠足四七回を数えた。それらのうち、夏季の遠足は海水浴を目的にしていた。それは収容所から北へ二時間以上もかけて行く櫛木浜で行われた。もとより、俘虜に海水浴は禁止されていたが、「足を洗うため」という名目で黙認されたのであった。[85]

その他の活動

「菜園地及運動場」を借地し、スポーツ用に各競技場を確保したことは指摘したが、残余の土地は菜園地として利用された。そこでは、俘虜は個人で農園を経営し、収容所で利用する野菜類等を栽培したが、並行して家禽類の飼育も行っていた。大正七年一一月一〇日現在では鶏一〇四四、家鴨二四六、兎五一、七面鳥三〇、鵞鳥二八、鳩四九、合計一四四八である。[86]

他方、俘虜の生活に使用される薪の調達も伐採活動を通じて実現することになった。それは諸物価高騰の折、規定の支給額では生活の維持が困難なため、燃料費を切りつめる目的から、板東町の住民が所有する樋殿《ひどの》山の山林約三万反歩分の立木を購入し、俘虜一〇数名に伐採させたのであった。[87] それは一九一八（大正七）年二月四日に始まった活動で四月に終了したが、その間に収容所当局は第二の山林を買い取って彼らに委せたのであった。

「今度は木こりたちにとってかなりきつい仕事であった。その理由はまず第一に、着衣を可能な限り少なくしたにもかかわらず、夏の暑さがその仕事を相当に辛いものにしたこと、第二に、その森は急勾配な山の斜面にあったため、肥満した殿方で自分の仕事場にやっとのことで這い登るだけでもう休息を必要としたような人もいたからである。とりわけ、木材は最初の山の場合のように現場で積み上げられることがもはや許されず、およそ一キロメートル離れた搬出場所へ引きずって運ばなければならなかった」。[88]

さらに第三の山林が彼らに委せられた。

「そして木こりたちは更に三番目の山の樹木を伐採した。そして二月四日に彼らの仕事記念日を祝った。――全体としておよそ二万六、〇〇〇貫の木材が伐採された。薪の市場価格と木こりたちによって産出された原料との差額は貫当たり二～三銭になった。こうして収容所財政のために、およそ一、〇〇〇円が節約できた」。[89]

それは、収容所当局と俘虜たちの協力の成果であった。それと同様の成果が今度は産業の分野における技術指導によっても得られることになった。大正時代においてはドイツは先進国であり、教育レベルの高い俘虜からは積極的に技術を学ぼうという気運が官民共に強くみなぎっていた。そのため、収容所から俘虜の中には招聘されて指導にでる者も少なくなかった。しかし、それには当局の間で詳細が報告され、許可の申請がなされたことを指摘したい。以下の申請は所長松江中佐（当時）から徳島衛戍司令官山口平吉少将を経由して陸軍大臣大島健一へ宛てられた「俘虜労役ニ関スル件申請」（大正六年六月四日付）である。

「板東俘虜収容所俘虜農事得業技師「ハインリヒ・シュミット」ヲ無給ニテ労役シ板東町農会ニ於テ畑五反五畝ヲ提供シ西洋蔬菜《そさい》ノ栽培ヲ実施シ、同会技術員及地方青年会員中有望者ヲ選ヒ、之ヲ実習セシメ度儀願出候ニ付許可致度修《ママ》條許可相成度候也」。(90)

そうした周到な手順の結果、シュミット（Schmidt）は西洋蔬菜、たとえばトマト、じゃがいも等の栽培を指導し、普及につとめたのであった。その他、クラウスニッツァー（Claussnitzer）一等海兵の指導する畜産と乳製品（バター、チーズ）の製造、ガーベル（Gabel）一等海兵の指導したドイツ風のパンの製造、さらにはウィスキー、ブランデーの製造、豚肉の燻製等から石鹸製造、鳥類の剝製作り、はては建築の製図、設計等多数を指摘できよう。また、それと並行して住民の利便を考えて自発的な架橋も行われた。現在、大麻比古神社の境内とその境に二つの石橋が残存している。

面会、外出、郵便と日本の新聞

収容所と外部の一般社会を結ぶパイプは上記の面会、外出、郵便であった。

面会はあらかじめ定められた方法によった。「取扱細則」によると、第一〇条では、「俘虜ニ面会ヲ許ス場合ニ於テハ其ノ面会ノ場所、時間等ニ関シ取締上相当ノ制限ヲ為シ且監視者ヲシテ之ニ立会ハシムヘシ」(91)とある。その結果、面会申請の手続は、外務省へ申請する方法から県庁、収容所へ申請するものまで幾通りかあったように思われる。面会者の身分は、家族・親族、友人・知人、宣教師、仕事上の交渉者等であった。目的は慰問、訓話を中心に、時には仕事上の打合せであった。『雑書』で報告された面会件数で見ると、最も多いのは陸軍曹長アドルフ・バルクホールン（Adolf Barghoorn）の妻ヨハンナで四八回、以下ヴァルター・ドゥンケル（Walter Dunkel）海軍兵卒の妻リヤー四二回、モイ・シュトラウス（Moi Strauss）海軍兵卒の妻ミサオ（元日本人松村操）四〇回、アルトゥール・ゲッフェルト（Arthur Goepfert）工兵少尉の妻オリー三六回あたりで、その他ではゲッフェルト少尉の長女ゲルトルート二〇回、エルヴィン・フォン・コッホ（Erwin von Koch）陸軍准士官の妻ゲルトルート一四回等が目立つ。また宣教師もカトリック、プロテスタント両派の信者慰問に頻繁に面会している。[92] そうした面会は俘虜に外の空気や家族の動静を生で伝えることができるため好評であった。とくに面会の多い妻たちは、夫が俘虜になったため徳島市へ転居してきたのであった。収容所の生活をコミックに表現した詩画集には俘虜と連れ立って歩く面会者とおぼしき女性を見る多数の俘虜たちと、「なんだか少しちがう！」という雰囲気を示した説明文があるが、羨望と好奇の目を表現するのにこれ以上十分なものはないように思われる。[93]

外出もまた外の空気を肌で感じ、一般社会の秩序と仕組を経験できる貴重な機会であった。その場合の外出とは伐採、産業指導やスポーツ活動のための外出ではない。たとえば『雑書』によると、

「当収容所ニ於テ今回其筋ノ認可ヲ得テ、俘虜ニシテ徳島衛戍病院へ入院シアル患者ニ対シ附添看護ノ為メ、俘虜中ヨリ一週間交代ニテ患者数ニ応ジ若干名ヅツ外出滞在勤務セシムルコトトナリ、其第一回トシテ本日（水曜日）左記俘虜一名外出致シ候」[94]

とある。これは病人看護のためであるが、この外、徳島衛戍病院へ患者の見舞、徳島市の見物、買物等がある。

しかし、一般社会と結ぶ最も太いパイプは故国、親族、友人との郵便にあった。それは着信、送信いずれも俘虜から大きな期待と喜びを寄せられていた。『ディ・バラッケ』によると、

「ここ数ヵ月来のニュースは、最早われわれを楽しませくれるようなものではない。それだけにいっそう、故国の愛する者からの挨拶や連絡を伝える郵便への日毎の期待は強くなった。単なる紙切れ――それが、われわれの心にもっとも近い愛する人が、この紙を手にしていたと考えると、そこに彼らの字の癖を認め、彼ら自身の言葉を読むと、どんなに活き活きしてくることか。」[95]

とある。そのような意味をもつ手紙の大正七年の発信数について『ディ・バラッケ』がまとめた数値がある。それによると、板東収容所の俘虜は一万六一三七通の封書と五万七七七〇通の葉書を世界中に送ったのだった。規定により、

将校は月に封書二通と葉書三枚だけ、曹長は二通と二枚、下士官は一通と二枚、兵卒は一通と一枚しか許可されていない。にもかかわらず、冨田氏によれば、一人平均は年間封書約一六通、葉書約五七枚、月間では封書一・三通、葉書四・七五枚となる。明らかに数の一致をみない。原因はどこにあるのか。それは主として高木大尉ら収容所側が商品の注文用、苦情用の封書や葉書、祝日カードの名目で規定を超えて郵便の発送を許可してくれたからに他ならない。規定によるなら、彼らが発送できたのは封書一万三七九三通と葉書一万四四五一枚にすぎなかった。[96]

他方、板東では郵便物が着実に到着もしていた。一九一八（大正七）年における到着郵便は冨田氏によると、封書三万三二八四通、葉書二万五八八四枚、書留三七七八通、印刷物二万八八四七点、電報二一五枚、小包一万一〇〇六個、荷物四八七個である。俘虜一人当り封書三三通、葉書二五枚、書留三通、印刷物二八点、電報〇・二枚、小包一個、荷物〇・五個になる。[97]これだけの郵便物により俘虜は日本、故国と世界、家族と友人・知己関係、社会と元の職業関係のニュースを手に入れ、ドイツ人として故国の人々と一体感をもつことができたのであった。

以上のような直接・間接ながらも本人の感性や経験によって得られる一般社会とのパイプのほかに、新聞、しかも日本の新聞という強力なパイプがあった。それは収容所の開所直後から購読が始まっている。最初は収容所の国安中尉が検閲後に俘虜へ渡していたが、時局の進展に伴い俘虜にとって事態が深刻になってきたため、松江所長が検閲後に渡すようになる。一九一八（大正七）年一二月の時点における新聞購読者は大阪毎日新聞一〇名（内分置所一名）、徳島毎日新聞一名、大阪朝日新聞五名で、合計一六名になる。購読者の読解レベルは

「本《ママ》程度同一ナラザルモ、高キモノハ日本人ト同様了解シ得ルモノノ如ク（約三、四名）、他ハ自己ノ職業ニ必要ナルコト日常ノ新シキ出来事ハ解シ得ルモノノ如シ、内「グロースマン」、「マイスナー」ノ如キハ一四、五年モ日本ニ居住シ、日本人ヲ妻トシ居ル位故、一面ノ論説等ハ容易ニ読ミ得ラルル也。」[98]

というものである。それらの新聞によって入手したニュースはすぐドイツ語へ訳し、印刷して公表した。それが「日刊電報通信」で、一九一七（大正六）年四月から一九二〇（大正九）年一月まで二年一〇ヵ月間「板東の官報」的役

割を担うのであった。[99]

収容所「社会」の成果発表

収容所生活の単調さを破り、何かに集中して自己の能力を啓発し、維持させる必要から、さらには先進技術国からさまざまな技術を吸収し、反面日本の特産物を俘虜へ示すという意気込みから、一九一九（大正八）年に美術工芸の展示会が開催された。それは前年の秋口には決定され、俘虜は製作にとりかかっていた。松江所長より陸軍省次官宛の「俘虜製作品展覧会ニ関スル件報告」によると、

「二、展覧会場ハ板東町内ニ在ル郡公会堂及霊山寺《りょうぜんじ》ヲ借リ受ケ……

三、我国産物ヲ彼等ニ紹介シ、一面我国ノ智識ヲ増進スル為農商務省及大阪物産陳列場ヨリ秀逸品ノ出陳ヲ受クルコトトセリ。

四、開会ハ三月八日ヨリ一〇日間（自午前八時三〇分至午後四時）ニシテ中四日間ハ我国各種ノ技術員ノ研究日ニ充テ、他六日間ヲ一般公衆ノ観覧ニ供シ、日曜日二日ヲ含マシメ実業学校生徒ノ参観ノ便ヲ計レリ。」[100]

とある。案内のパンフレットは日独二種類発行されたが、第一部絵画、第二部手工、第三部娯楽場とある。絵画では二〇〇枚、手工芸では二〇〇〇点余が出品された。[101] 展覧会受入れのため、収容所、板東町共に委員会を作って運営にあたり、俘虜も単に出展するだけはなく日本語による案内係からアトラクションでオーケストラ、レスリング、器械体操に活躍する出演者まで多数が参加した。入場は無料で、さらに宣伝が行き渡ったため多数の訪問者を数えた。それは徳島県知事、県会議長、徳島衛戍司令官、農林省代表、市会議員ら各界のお歴々、さらに官吏、工場主、商店主、神戸から来た外国人、徳島に転居してきたドイツ人妻も含まれていた。『ディ・バラッケ』によると、期間中の入場者数は何と合計で五万九六名であった。展示品への購入希望も相次ぎ、「展示会については、大声を張り上げて「大成功だ、大成功だ」と叫ぶ以外には判定のしようもなかった」のである。[102] こうして展覧会はドイツ人の働く能力と徹

底性を内外に示して目的を達成し、文化、芸術ばかりかスポーツの一部もとり込んで成果を披露する機会を得たのであった。

慰霊碑の建立

一九一九（大正八）年二月八日付の文章で俘虜ハンス・コッホ（Hans Koch）が慰霊碑の建立を呼びかけたのが事の始まりであった。それには反対の意見もあったが、ドイツ側の先任将校クレーマン（kleemann）少佐や中隊長らの賛同があり、俘虜側の意見が一本化した。次いで、日本側の収容所長松江大佐の協力と好意的仲介により徳島衛戍司令官の許可を得て、収容所で亡くなった六名の俘虜の遺骨を納める慰霊碑の建立が決定した。敷地は上の池の東岸の丘の斜面に設定された。作業は二月一〇日から俘虜のボランティアによってはじまる。材料費も彼らの寄付によった。除幕式は八月三一日午前九時であった。俘虜のほぼ全員と正装の松江大佐と三名の収容所スタッフが出席した。それは故国へ無事帰国することもかなわず、思い半ばにして逝った戦友の霊を慰め、ドイツ人の誠実と戦友愛のあかしとして建立されたのであった。[103]

しかし、それ以上に重要なことは俘虜の大多数が共通の目的を見いだせなくなって、心理的、精神的に崩壊しかかっていた時期に慰霊碑建立が提起されて、心を一つにする連帯感を取り戻す場になったことにある。たとえば、丸亀から異動でやって来たヨーハン・クロイツァー（Johann Kreuzer）によると、板東では、入所するや、

「総じて我々は板東では丸亀にいた時よりもずっと自由な生活を営んだ。軍事的な調子は益々消失し、見る間に同志的な形を取った。」[104]

と軍隊的な上下関係の崩壊を指摘しているが、俘虜情報局が一九一九（大正八）年一月発信した情報によると、板東では、

「従来、将校ト下士卒トノ間ニ親密ヲ欠キアリシカ、本国ノ民主的運動及国内中心ノ動揺ヲ新聞紙ニヨリ承知

スルヤ、更ニ両者疎隔ノ甚タシキ感アリ。例ヘハ解放ニ際シ下士以下ノ将校ニ引卒セラルルヲ喜ハサルカ如キ或ハ従来事ニ当リ高級将校ニ協議シアリシモノヲ単ニ之ヲ兵卒間ニ於テ随意ニ決定スルカ如キ之レナリ。」[105]

と、その指摘を裏づけている。もはや、俘虜は収容所の日課や規制を別にすれば士気の低下をきたし、俘虜も軍隊勤務の一つであることを忘れ、軍人から中途半端な市民へと移行しつつあったのである。ドイツの降服は前年一一月七日に生じており、諦観とも言うべき雰囲気が支配的であった。そのような折になされた慰霊碑の建立は再びドイツ軍人の気概を取り戻させ、心を一つにする機会となった点を指摘しておきたい。

第四節　解放と帰国、軍隊の解体

他国他領域出身者の解放

第一次世界大戦は一九一八（大正七）年一一月一一日、ドイツが連合国へ降服して終結した。それより先、一一月三日、キール軍港の水兵の反乱がきっかけになり、いわゆるドイツ革命が生じた。各地に兵士や労働者によって構成された評議会、レーテが結成され、九日皇帝は退位した。ただちに共和政が宣言され、社会民主党のエーベルトを首相とする臨時政府が成立し、二日その新政府が降服したのであった。

そのようにして生じたドイツの降服は板東の俘虜にとって「悄然憂慮ノ色アリ」[106]ではあったが、翌一九一九（大正八）年になると、一月からパリで講和会議が始まり、六月二八日には講和条約の調印がなされた。それに先立ち、ドイツの国際関係上の変化や国境変更によって外国人となった俘虜の解放、帰国が実現することになり、板東俘虜収容所のドイツ軍は次第に解体することになった。

最も早くは一九一七（大正六）年六月二三日に実現したイタリア人俘虜一三名の解放であった。それは彼らの祖国イタリアがドイツに宣戦したからで、彼らは同年六月一九日付で陸軍大臣大島健一から外務大臣本野《もとの》一郎《いちろう》への回答で解放されることになり、神戸でイタリア側へ引渡された[107]。

次には、一九一九（大正八）年七月九日に実現したアルザス・ロレーヌ人二九名の解放であった。それはアルザスとロレーヌ両地方がフランスへ帰属することになったからで、彼らは同年七月一七日付の陸軍次官山梨半造から外務次官幣原《しではら》喜《き》重郎《じゅうろう》への通牒で、七月九日横浜でフランス側に引渡されたことが明らかにされた[108]。

次には、一九一九（大正八）年六月二一日に実現したポーランド人俘虜一〇名の解放であった。それは彼らの出身地がポーランドへ帰属することになったからで、彼らは同八年六月二五日付の通牒で、六月二一日敦賀でポーランド側に引渡されたことが明らかにされた[109]。

次には、一九一九（大正八）年八月二六日に出発したシュレースヴィヒ地方出身者七名の解放であった。それは彼らの出身地が人民投票によって帰属が決定されるからで、その投票に参加するため一足早い解放となった[110]。

次には、一九一九（大正八）年一〇月三〇日に実現したベルギー人俘虜四名の解放であった。それは彼らの出身地がベルギーへ帰属することになったからで、彼らは同年一〇月一八日付のベルギー代理公使の書翰で解放を要請され、横浜でベルギー側に引渡された[111]。

こうして板東俘虜収容所は、開所以来ドイツの国情と国境変更に照応して六三名の俘虜を解放したのであった。あとに残された人々が純然たるドイツ人俘虜ということになる。

ドイツ人俘虜の解放

いよいよドイツ人俘虜の解放が始まることになる。しかし、敗戦以来祖国ドイツの呈している惨状は次第に家族からの連絡や新聞報道によって俘虜に知られ、不安をいだかせていた。帰国しても職が見つかり、食べていけるだろうか。とくに、青島や東アジアに戦前生活の基盤のあった俘虜には帰国することさえ、気がかりであった。『ディ・バラッケ』の一九一九（大正八）年四月号は「敗者の悲哀——中国からのドイツ人追放」を報じ、約三五〇〇名のドイツ人が追放されたことを指摘すると、俘虜の中には多数の利害関係者がいるだけに心中おだやかではいられなかったはずである。[112]

そのため俘虜の中には、早くも就職活動を始める者もでてきた。同年九月の俘虜情報局の報告では、板東俘虜収容所について

「俘虜解放期モ余リ遠カラサル時期ニ行ナハルヘキニヨリ、解放後ノ職業ニ関シテ種々憂慮シテ、東亜特ニ日本ニ在留希望者ハ知名ノ会社乃至大商人等ニ求職ノ申込ヲナスモノ多シ、中ニモ予備少尉ゲツペルトハ東京時事新聞及大阪朝日新聞ニ左ノ如キ意味ノ求職広告ヲ為サンコトヲ願出テタルニヨリ、之ヲ許可セリ」。[113]

とある。そのような折、タイミングよくオランダ政府より東インド植民地（現インドネシア）に勤務する警察官の公募が行われた。それはドイツの混迷する国情に鑑み、日本から帰国する俘虜に同情しての措置であった。『ディ・バラッケ』によると公募は将校五、下士官四〇、兵卒五〇、合計九五名であったが、板東からだけでも一五三名の応募があった。[114]

かくして、不安と希望の織りなす中で、ドイツ人俘虜の解放が始まる。それは『沿革史』によると、六回に分散して実施された。第一次解放は海軍中尉シュルツ（Schulz）外三三名で解放準備委員として同年一二月一九日神戸へ出発した。第二次も解放準備のため六名が一二月二〇日神戸へ出発した。第三次はクレーマン少佐ほか五六三名で、一二月二五日神戸へ出発した。第四次は船舶の都合で七名が一二月二六日門司へ出発した。第五次は日本または青島へ残留する希望者九二名で、翌年一月一六日収容所門前で解放された。第六次はシュテッヒャー（Stecher）大尉以下五二名が一月二六日収容所門前で解放され、さらに同日残余の二二〇名が神戸へ出発して終了した。[115] その結果、収容所には俘虜が一人もいなくなったため、一月三〇日、衛兵が引揚げ、二月一日、警備警察官出張所が閉所となり、四月一日、板東俘虜収容所は閉鎖され、三年近い歴史の幕をおろしたのである。

おわりに

以上、板東俘虜収容所とそこにおける擬似社会について詳述した。それによって板東においては軍律と常識と寛容の許す限り、俘虜に有利に取りはからう考え方が明らかになってきたように思われる。俘虜に文化、芸術、スポーツ活動に打ち込ませ、産業技術の知識と技を維持させ、それを地元民に伝授させ、他方で収容所内を一つの社会にみたてて、新聞、郵便、出版、印刷活動を推進させ、補助紙幣の発行さえ許可して商業活動を助長し、精神的、肉体的バランスのとれた社会の構築を行ったのである。それは独善的な方針や計画によって指導したものではなく、俘虜の要望をかなえてやるという控え目な方策と郵便物の発送に際しての仕分けにみるように好意的な判断によるものであった。

擬似社会は食事やビールによって故国をしのばせ、似たような素材と味付けで家族をしのばせることになった。皇帝の支配するドイツ帝国の秩序、ドイツ的規律、風俗習慣、低地ドイツ語のひびき、こうした特色の一切がドイツ人俘虜に一体感をもたらし、共通の仲間意識をいだかせることになったのである。その結果、この擬似社会から正常な判断力をそなえた俘虜にして、自らの意志で逃亡や自殺を試みて実現した例は先に指摘した逃亡事件一件のみであった。

一九世紀ドイツにはきわめて明瞭に結社（アソシエーション）が出現した。それは国民生活のさまざまなレベルに、たとえば地域の日常生活の場から各種の職業、文化、芸術、スポーツ等の場まで、団体、組合、会、団、協会といった名称で個人と個人が結びつく自発的、自主的な組織体であった。それはドイツの国家権力と何ら関係なく勝手に成長し、運営されたものであった。そこでは、会員となる人々は生活、置かれた環境をよりよいものに改善させ、快適で楽しい、楽で豊かなものに成長させ、持てる教養や体力をより確かで高い能力へ昇華させることをめざしたものであった。そのような結社が板東俘虜収容所の内部に次々と結成されたもの、と理解すべきであろう。そこでは、健康保険組合、木こり団、収容所合唱団、劇場運営委員会、講演会、板東テニス協会、丸亀サッカークラブ等名称は多様であるが、俘虜は生きがいを求め、自発的に自分の意志で結社に参加したのであった。そうした結社の集まりが板東という擬似社会であったのであり、自発性、自主性を尊重した収容所長松江大佐の見識に負うことが大きいと思われる。

やがて、帰国のため解放の時が近づいた。その時には、ドイツ俘虜は個々のドイツ人となり、軍隊は解体し、「社会」は消滅した。俘虜にとって忌わしくも楽しかった板東収容所は、心の中に生きる「社会」になったのである。

※本章を執筆するに際し、寺岡健二郎氏所蔵の『雑書編冊』と『板東俘虜収容所沿革史』を利用させていただきました。利用を快諾された寺岡健二郎氏に謝意を表します。

註

(1) 小林啓治『総力戦とデモクラシー——第一次世界大戦・シベリア干渉戦争』吉川弘文館、二〇〇八年、五四～五七頁。井上光貞ほか編『日本歴史大系一六　第一次世界大戦と政党内閣（普及版）』山川出版社、一九九七年、二九頁。宮地正人編『日本史』山川出版社、二〇〇八年、四三二～四三三頁。

(2) 小林前掲書、五七～五九頁。井上ほか編前掲書、三〇頁。

(3) 小林前掲書、五九～六九頁。

(4) 小林前掲書、七三頁。井上ほか編前掲書、三〇～三二頁。

(5) ヴォルフガング・バウワー（大津留厚監訳）『植民都市青島　一九一四～一九三一』昭和堂、二〇〇七年、一五～一九頁。Wolfgang Bauer, *Tsingtau 1914 bis 1931 : Japanishe Herrschaft, wirtschaftliche Entwicklung und die Rückkehr der deutschen Kaufleute* (München, 2000). 欒玉璽『青島の都市形成史　一八九七—一九四五——市場経済の形成と展開』思文閣出版、二〇〇九年、一九～四〇頁、六一～六八頁、一〇三～一一〇頁。

（6）バウワー前掲書、二三〜二四頁。欒前掲書、一一六〜一三〇頁、二二〇頁、二二九頁。
（7）小林前掲書、七三〜七九頁。
（8）冨田弘『板東俘虜収容所――日独戦争と在日ドイツ俘虜』法政大学出版局、一九九一年、二五三頁。
（9）小林前掲書、八一〜八九頁。
（10）松尾展成「日独戦争、青島捕虜と板東俘虜収容所」『岡山大学経済学会雑誌』第三四巻、第二号、二〇〇二年、三頁。
（11）冨田前掲書、七頁。
（12）防衛研究所図書館蔵『大正三年乃至九年戦役俘虜ニ関スル書類』のうちの「大正三年乃至九年戦役俘虜取扱顛末」（以下「顛末」とする）、九一八頁。
（13）冨田前掲書、二六八頁、表六 - 二参照。
（14）C・バーディック／U・メースナー／林啓介『板東ドイツ人捕虜物語』海鳴社、一九八二年、七〜一七二頁。Charles B. Burdick/Ursula Moessner, *The German Prisoners- of-War in Japan, 1914-1920* (Typescript, 1982). 高橋輝和「サムナー・ウェルズによるドイツ兵収容所調査報告書」『「青島戦ドイツ兵俘虜収容所」研究』（以下『青島戦研究』とする）「青島戦ドイツ兵俘虜収容所」研究会、創刊号（改訂版）、二〇〇三年、三〜三〇頁。ドイツ政府が日本の収容所を危惧した理由について、上記文献の説明と異なる点に注目のこと。
（15）外務省外交資料館蔵『日独戦争ノ際俘虜情報局設置並独国俘虜関係雑纂』（以下『日独戦争ノ際』とする）第五巻「在本邦米国大使館員「ウェルス」俘虜収容所視察ノ件」、受二五〇五九号。なお、高橋前掲論文、三〇頁では、退所は午後一時半とある。
（16）バーディック他前掲書、七四〜七五頁。
（17）バーディック他前掲書、七五〜七九頁。
（18）冨田前掲書、七〜八頁。
（19）鳴門市ドイツ館史料研究会編『「どこにいようと、そこがドイツだ」――板東俘虜収容所入門』鳴門市ドイツ館、平成一五年、一二頁、表二。
（20）以下全体の内容について『鳴門市史　中巻』鳴門市、一九八二年、七四一〜七八四頁に多くを負う。
（21）『板東俘虜収容所沿革史』警備警察官出張所（以下『沿革史』とする）、同上箇所。
（22）『雑書編冊』板西警察分署警備警察官出張所（以下『雑書』とする）、大正六年四月一六日付。
（23）「板東俘虜収容所案内書・日本」（以下「案内書」とする）冨田前掲書所収、九〜一一頁。

(24)『沿革史』、同上箇所。なお、松江豊寿所長の家系、経歴、人柄等について、詳しくは以下の論考を参照のこと。田村一郎「徳島・板東俘虜収容所長松江豊寿の実相──「模範収容所」を可能にしたもの」『青島戦研究』第四号、二〇〇六年、一～一六頁。
(25)「顛末」、一九六頁。
(26)『沿革史』、同上箇所および「顛末」二二〇頁では、定員三三名となっている。
(27)『沿革史』、同上箇所。
(28)『沿革史』、同上箇所。「顛末」二二〇頁。
(29)『雑書』、大正六年五月九日付、五月二七日付。
(30)『雑書』、大正七年六月二三日付、六月二五日付、六月二六日付、七月三日付、七月一三日付。
(31)鳴門市ドイツ館史料研究会訳『ディ・バラッケ』第三巻、鳴門市、一九九八年、三一五～三一七頁。„Die Baracke. Zeitung für das kriegsgefangenenlager Bando“(Naruto, 1998), Bd. Ⅲ, S. 373.
(32)『ディ・バラッケ』第三巻、三一〇～三一三頁。„Die Baracke.“ Bd. Ⅲ, S. 368ff.
(33)『ディ・バラッケ』第三巻、三一一頁。„Die Baracke.“Bd. Ⅲ, S. 369.
(34)田村一郎「『ヒューマニスト所長』を可能にしたもの──『背景』からみた『板東俘虜収容所』」鳴門教育大学社会系教育講座・芸術系教育講座（音楽）『「板東俘虜収容所」研究』昭和六二・六三年度文部省特定研究報告書、五五～五八頁。
(35)防衛研究所図書館蔵『大正三年乃至九年戦役俘虜ニ関スル書類』のうちの「陸戦ノ法規慣例ニ関スル規則抜粋」（以下「陸戦ノ法規」とする）、一八一一～一八一二、一八一五～一八一六頁。
(36)防衛研究所図書館蔵『大正三年乃至九年戦役俘虜ニ関スル書類』のうちの「俘虜取扱規則」（以下「取扱規則」とする）、一八二八頁。
(37)防衛研究所図書館蔵『大正三年乃至九年戦役俘虜ニ関スル書類』のうちの「俘虜取扱細則」（以下「取扱細則」とする）、一八三七～一八三九頁。
(38)『雑書』、大正六年八月二四日付。
(39)「顛末」、二六八頁。
(40)『雑書』、大正六年八月二四日付。
(41)防衛研究所図書館蔵『欧受大日記』のうちの「俘虜情報局」一二四九、一四五〇頁。
(42)「取扱細則」、七三五頁。
(43)「陸戦ノ法規」、一八三九頁。

(44) 大阪朝日新聞四国版、一九一七（大正五）年一一月九日付。
(45)『雑書』、大正六年五月十日付。
(46)『雑書』、大正六年五月二日付の後に挿入された「俘虜収容所商人在所時間表」参照。
(47)『雑書』、大正六年五月十日付。
(48)『雑書』、大正六年五月十日付。
(49)『雑書』、大正六年五月十一日付、高橋啓「雑書編冊にみるドイツ兵俘虜と地域社会」『鳴門教育大学・鳴門市共同学術研究事業報告書』鳴門教育大学・鳴門市、平成一五年、六九頁。
(50)『雑書』、大正七年一月三日付に挿入された地図。
(51)『雑書』、大正六年七月二五日付。
(52)『雑書』、大正六年十一月二十一日付。
(53)『ディ・バラッケ』第四巻（九月号・付「帰国航」）、四八八〜四九一頁。„Die Baracke.“ Bd. Ⅳ, S. 72ff. 冨田前掲書、一一七〜一二〇頁。
(54)「案内書」、一〇頁。
(55)『雑書』、大正七年一一月一五日付、一一月二一日付。
(56)『ディ・バラッケ』第二巻、三八四頁。„Die Baracke.“ Bd. Ⅱ, S. 454.
(57)『ディ・バラッケ』第三巻、三〇〇〜三〇一頁。„Die Baracke.“ Bd. Ⅲ, S. 357. 冨田前掲書、一九八〜二〇二頁。
(58)『ディ・バラッケ』第三巻、三〇〇頁。„Die Baracke.“ Bd. Ⅲ, S. 356.
(59)『ディ・バラッケ』第三巻、三〇二頁。„Die Baracke.“ Bd. Ⅲ, S. 360.
(60)『雑書』、大正七年五月二七日付。『ディ・バラッケ』第二巻、二四八頁。„Die Baracke.“ Bd. Ⅱ, S. 295f.
(61)『雑書』、大正七年六月十九日付。
(62) H・ルーファー／W・ルンガス（吉田影保訳注）『ドイツ俘虜の郵便――日本にあった収容所の生活 1914 - 1920』日本風景社、昭和五七年、二七〜二九頁。H. Rüfer und W. Rungas, *Handbuch der Kriegsgefangenenpost Tsingtau, 1914-1920* (Düsseldorf, 1964). なお、郵便切手について、それが全く必要なかった点についての言及がある。田村一郎「「ルートヴィッヒ・ヴィーティングの回想」から」『青島戦研究』第二号、二〇〇四年、三六頁。
(63)『ディ・バラッケ』第一巻、解説２『ディ・バラッケ』の成立事情と関連事項、ｘⅸ〜ｘｘⅲ。

(64) 冨田前掲書、八八～八九頁。
(65) 『ディ・バラッケ』第四巻、付録（一九一九年一〇月）、五三三頁。„Die Baracke." Bd. Ⅳ, September 1919, S. 124.
(66) 冨田前掲書、八八頁。
(67) 冨田前掲書、一七六頁。
(68) 『ディ・バラッケ』第一巻、三〇七頁。„Die Baracke." Bd. Ⅰ, S. 394f. 冨田前掲書、一七六頁。田村前掲論文、一六頁。
(69) 『ディ・バラッケ』第一巻～第四巻、全収容所日誌。„Die Baracke." Bd. Ⅰ - Ⅳ, Lagerchroniken. 冨田前掲書、一七四～一七六頁。田村前掲論文、一五～一六頁。
(70) 川上三郎「俘虜の学習活動について」鳴門教育大学・鳴門市共同学術事業報告書『地域社会における外来文化の受容とその展開』、二〇〇三年、三〇～三一頁。
(71) 川上前掲論文、三五～三六頁。
(72) 『「どこにいようと、そこがドイツだ」』、四八頁、表一一参照。
(73) 『ディ・バラッケ』第四巻、三四頁。„Die Baracke." Bd. Ⅳ, S. 39. 冨田前掲書、八八～九〇頁。
(74) 横田庄一郎『第九「初めて」物語』朔北社、二〇〇二年、五五～五六頁。
(75) 横田前掲書、四四頁。
(76) 横田前掲書、三九、四三頁。
(77) 頃安利秀「板東俘虜収容所における音楽生活」『地域社会における外来文化の受容とその展開』、五一頁。
(78) 「案内書」、三一頁。
(79) 「案内書」、三一頁。『「どこにいようと、そこがドイツだ」』、四六頁。詳しくは以下の論考を参照のこと。高橋輝和「板東俘虜収容所のドイツ語学・文学・文化論」『青島戦研究』第二号、二〇〇四年、一一三～一一六頁。
(80) 『雑書』、大正六年五月一五日付。
(81) 山田理恵『俘虜生活とスポーツ――第一次大戦下の日本におけるドイツ兵俘虜の場合』不昧堂出版、平成一〇年、三三～三六頁。
(82) 山田前掲書、三二頁。
(83) 山田前掲書、三九頁。
(84) 『雑書』、大正六年十月二日付。
(85) 山田前掲書、三八～三九頁。

(86)『欧受大日記』、大正七年一二月付、欧受第二〇五号、六八八頁。
(87)『雑書』、大正七年二月五日付。
(88)『ディ・バラッケ』第三巻、二六八～二七〇頁。„Die Baracke.“ Bd. Ⅲ, S. 319f.
(89)『ディ・バラッケ』第三巻、二七〇頁。„Die Baracke.“ Bd. Ⅲ, S. 321.
(90)『欧受大日記』、大正六年六月四日付、欧受第七六五号、一三九九頁。
(91)「取扱細則」、一八三六頁。
(92)『雑書』、一九一七（大正六）年四月から一九一八（大正七）年一二月までの二一ヶ月間。
(93)ヴィリー・ムッテルゼー／カール・ベーア『鉄条網の中の四年半——板東俘虜収容所詩画集』井上書房、昭和五四年、再版平成一八年、三〇頁。Willy Muttelsee/Karl Bähr. *41/2Jahre hinter'm Stacheldraht* (Bando, 1919).
(94)『雑書』、大正六年八月一五日付。
(95)『ディ・バラッケ』第三巻、三四一頁。„Die Baracke.“ Bd. Ⅲ, S. 404.
(96)『ディ・バラッケ』第三巻、三四一頁。„Die Baracke.“ Bd. Ⅲ, S. 404ff. 冨田前掲書、一二一～一二三頁。
(97)冨田前掲書、一二三頁、表三－一〇参照。なお、俘虜宛の郵便二通が以下の論考に訳出されている。瀬戸武彦「俘虜郵便について」『青島戦研究』第二号、二〇〇四年、四六～四八頁。
(98)『雑書』、大正七年一二月一二日付。
(99)『ディ・バラッケ』第一巻、解説、一二頁。
(100)『欧受大日記』、大正七年二月二一日付、二一二八～二一三一頁。
(101)『欧受大日記』、二〇四五～二〇四六頁、二一三二～二一三八頁。
(102)『ディ・バラッケ』第一巻、三一二頁、三四一～三四四頁。„Die Baracke.“ Bd. Ⅰ, S. 399f. S. 440ff. なお、『ディ・バラッケ』の三四四頁では入場者は五万九六名、„Die Baracke.“ の四四五頁では五万九五名となっている。冨田前掲書、一九一～一九八頁。
(103)『ディ・バラッケ』第三巻、二九六～二九七頁、第四巻、四一八～四二一頁。„Die Baracke.“ Bd. Ⅲ. S. 352f., Bd. Ⅳ. August 1919, S. 88ff. 冨田前掲書、一〇六～一一〇頁。田村一郎「板東の『慰霊碑』について」『青島戦研究』創刊号（改訂版）、二〇〇三年、三三～三四頁。
(104)高橋義和「ヨーハン・クロイツァー『日本における私の俘虜生活』」『青島戦研究』第四号、二〇〇六年、一一五頁。
(105)『欧受大日記』、大正八年一月付、欧受第一二一号、四一八～四一九頁。

(106)『欧受大日記』、大正七年一一月付、欧受第二〇五号、六七三頁。
(107)『日独戦争の際』第一六巻、大正六年六月二〇日接受、受一七二七八号。
(108)『日独戦争の際』第一三巻、大正八年七月一八日接受、受二一七八八号。
(109)『日独戦争の際』第一五巻、大正八年六月二七日接受、受一九六八一号。
(110)『日独戦争の際』第一四巻、大正八年六月一七日接受、受一八六三三号。この書簡が最初の解放要請書簡。
(111)『日独戦争の際』第一六巻、大正八年一〇月二〇日接受。
(112)『ディ・バラッケ』第四巻、五三頁。„Die Baracke.“ Bd. Ⅳ, April 1919, S. 62ff.
(113)『欧受大日記』、大正八年九月付、欧受第一一九四号、二六七頁。
(114)『ディ・バラッケ』第四巻、四九七頁。„Die Baracke.“ Bd. Ⅳ, September 1919, S. 83.
(115)『沿革史』、同上箇所。なお、これ等解放されて出所する人員については表五—二の数値とは微妙に異なっている点に注目のこと。

第六章

カントン制度再考
――一八世紀プロイセンにおける軍隊と社会

鈴木直志

はじめに

一八世紀プロイセンのカントン制度は、周知のように、自国民を徴募対象とした、すぐれた兵員補充制度である。この制度によってプロイセンは、経済利害と軍隊の利害とを巧みに調整しつつ、主として農村下層民から成る民兵的組織を常備傭兵軍に統合することに成功した。傭兵に比べると安価で、士気も高い兵士を常備軍に補充したこの兵制は、フリードリヒ大王自身の言葉に従えば「戦時に軍を不死身にした」重要な制度的基盤であった(1)。実際、他のヨーロッパ列強に比べて資源に劣るプロイセンが、あの過酷な七年戦争を戦い抜けたのは、フリードリヒの軍事的才能や軍の練度もさることながら、このカントン制度に負うところが大であった。

カントン制度は一七三三年に法制化され、成立したといわれる。そして、一九世紀初頭のプロイセン軍制改革で一般兵役義務が導入されるまでの間、制度として機能した。その骨子をなすのは、①徴兵区制度、②賜暇《しか》制度、③登録制度の三つである。第一の徴兵区制度は、プロイセン全土を徴兵区(カントン)に分け、連隊(あるいは中隊)が自らに割り当てられた区域から新兵を徴集する制度である。徴集兵は二年間入営するが、その後は毎年三ヵ月(のちに二ヵ月）の教練を受けるだけで、残りの期間は帰休兵として郷里で生業に従事できた。これが賜暇制度である。第三の登録制度は、軍による計画的な徴募を可能にするためのもので、徴兵区内の未成年者をあらかじめ登録し、欠員が生じた際に補充する制度である。このような徴募の仕組みは、明らかに後年の一般兵役義務に連なるものであり、したがって、かつての歴史家がこぞってその前史としてカントン制度を論じたのも、故なきことではない。[2] しかし、カントン制度の場合には、身分制社会に由来する数多くの兵役免除規定が存在したため、平等な公民を前提にした近代の一般兵役義務とは、そもそも土台となる社会編成が根本的に異なっていた。この点でカントン制度は、あくまでも前近代の軍制であることに留意が必要である。

カントン制度は、当時のプロイセン社会にどのような影響を与えたのだろうか。この問いに対する答えとして、わが国で標準になっているのは、一九六二年のO・ビュッシュの学位論文『近世プロイセンにおける軍事制度と社会生活』の中で示されたカントン制度論であろう。[3]「社会の軍事化」に集約される彼の学説は、一八世紀プロイセンにおける軍隊と社会のイメージ形成に、今なお決定的な影響を及ぼしていると思われる。[4]

ところで、近年のドイツにおける軍事史研究のめざましい発達ぶりについては、ここで改めて述べるまでもないだろう。ドイツの「新しい軍事史研究」は、史料を駆使した個別研究を積み重ねるだけでなく、新しい方法論をも貪欲に取り込み、いまや包括的歴史研究へと発展しつつある。[5] 中でも、軍隊の地域史研究は顕著な成果をあげている領域で、それはカントン制度の研究にも該当する。地域史料の網羅的な渉猟に裏付けられた実証研究としてとくに優れているのは、J・クロースターフースとM・ヴィンターによるカントン制度研究である。[6] これらによって現在のドイツ歴史学では、ビュッシュの学説が根底から批判され、カントン制度に関する認識が一新されたといっても過言ではない状況である。こうした研究動向を受けて本章では、「社会の軍事化」論の再検討を中心的課題としながら、①カントン制度の歴史的変遷、②制度運営の実際、という二つの視座を据えて、一八世紀プロイセンにおける軍隊と社会の関係を問い直してみたい。具体的な検討に入る前に、まずビュッシュの学説の確認から始めよう。

第一節　カントン制度と「社会の軍事化」論

ビュッシュにおいて、カントン制度と「プロイセン社会の軍事化」は不可分である。「社会の軍事化」とは、手短に要約するなら、カントン制度を核とする軍事制度が、東エルベの農場領主制（Gutsherrschaft）と密接に結びつくことによって農村社会を紀律化し、プロイセン＝ドイツの権威主義的風土の形成に大きく寄与した、というものである。「社会システムとしての軍事制度は、プロイセンの東部諸州に存在する農制、すなわち農場領主制と解きがたく結合していた」との言葉が示すように[7]、東エルベにおける軍制と農場領主制の結合は、ビュッシュの立論の根幹であった。この結合を可能にした最大の要因であり、農村社会の隷属関係を軍隊へ横すべりさせたものこそ、カントン制度に他ならない。

彼の「社会の軍事化」論は、主に次の二つの事実認識に基づいていたと思われる。その第一は、貴族農場と連隊徴兵区との同一性の認識である。つまり、一方で農場の貴族と将校が、他方で農民と兵士が同一であったということである。「中隊長は帰郷すれば農場領主であった」とビュッシュがいうとき[8]、念頭に置かれるのは、王権と結託した領主貴族がカントン制度によって自領の農民を徴募し、農場と軍隊の双方の場で農民に鞭打って、服従を教え込んだという歴史像である。第二の柱は、農場領主制のない西エルベでは、多くの地域がカントン制度から免除され、社会の軍事化も生じなかったとの認識である。彼によれば、農場領主制を特徴づける世襲隷民制（Erbuntertänigkeit）と賦役義務に基づく労働体制が西エルベに存在しなかったことが、軍事制度との関係において決定的な役割を果たしたのであった[9]。なぜなら、東エルベのこの労働体制こそが、服従を尊ぶ権威主義を農民に馴致したからである。西部諸州には、東部に存在したこの社会的前提が欠けていた。西部におけるカントン制度の免除は、東エルベとのコントラストをこのように際だたせ、軍制と農制の相互結合というビュッシュテーゼを補完する機能を果たしたのである。

かくして東エルベ地域では、軍事制度が生活様式にいたるまで決定的影響力を持つ社会が生まれた。カントン制度で兵士になった農民は、帰休兵となって農村へ帰り、軍隊の規範や生活様式を農村社会へ広めた。都市や官僚といった他の領域でも確認される、軍事の優位という現象と相まって、プロイセン社会では盲目的服従を是とする権威主義的風土が醸成された。このような社会変容、つまり軍隊がきわめて強い規定力を持つ社会への変容を、ビュッシュは「社会の軍事化」と呼んだのである。

もとより、この「社会の軍事化」概念はビュッシュによるまったくの独創ではない。社会に及ぼす軍隊の影響力は、すでにO・ヒンツェによって看破されていた。彼は論文「国制と軍制」の中で、「すべての国制は元来、戦争のための制度であり、軍制である」と述べ、軍事組織と政治組織との相互関係にいち早く視野を開いていた。[10] この観点に立って彼は、軍隊から社会へ向かうベクトルに着目し、ヨーロッパ史においてこの傾向が強まる近世以降の時期を「近代軍国主義の時代」と呼んだのであった。ただし、軍隊と社会に関するヒンツェのこのような構想は、ドイツの伝統的歴史学が「外交の優位」を奉じたことにより、また第二次大戦後のドイツ歴史学では軍隊や戦争といったテーマが忌避されたこともあって、長い間顧みられなかった。[11] しかし、一九六〇年代以降の伝統史学の後退とともに状況が変わり、ヒンツェを継承する研究もいくつか現れるに至った。[12] ビュッシュの軍事化論は、広い意味でこの系譜に属すると考えてよいものである。

彼がヒンツェから継承したのは、軍隊が社会に影響を及ぼすという視点であった。しかし次の二点において彼は、ヒンツェとは異なる方向を打ち出した。その一つは社会史の導入である。ヒンツェの考察は主として国制史との関連で展開されたが、これに対してビュッシュは、軍事制度と農場領主制との結合というテーゼを提起することによって、G・クナップ以来の社会経済史研究を軍制史に接合したのである。それだけではない。ビュッシュの論点は、すでに見たように、搾取と統制に慣れた農民＝兵士による臣民根性の形成というメンタルな領域にまで踏み込んでいった。つまり、彼の社会史は心性の歴史までもを含んだ壮大なものであって、この射程の広さが彼の学説の大きな魅力にもなったのである。

もう一つのビュッシュの独自性は、軍国主義（ないしは軍事化）概念にきわめて否定的な意味を付与したことである。ヒンツェの軍国主義概念は、兵農分離を原則とした中世の軍制に対置される近代の現象として想定されており、軍隊と社会の距離が徐々に縮まる過程を指す概念であった。したがってそれは価値中立的で、社会学的性格を強く持った理念型ともいうべきものであった。しかしビュッシュの場合はそうではない。彼の軍事化概念は、プロイセン＝ドイツ史の暗黒面を暴き出そうとする意図から構築された。もちろんその暗黒面とは、プロイセンにおける市民性の欠如と権威主義的体制のことであり、ビュッシュはこれを、ナチズムという犯罪的独裁体制の前提として把握したのである。彼の軍事化論はその意味で、ドイツ近現代史の否定的な理解に立脚していたといえよう。

ビュッシュの軍隊の社会史研究は、折しも台頭しつつあったヴェーラーらの社会史学派と、方法論的にも、また自国の近現代史を否定的に理解する点でも、親和性が著しく高かった。考察の対象となる時代が本来異なっていた（ビュッシュは一八世紀をもっぱら論じ、ヴェーラーは一九世紀、とくにその後半を論じた）にもかかわらず、両者が車の両輪のようになって近代ドイツ史のイメージを規定したのは、このような事情による。「社会の軍事化」論はこうして、社会史学派が標榜する「ドイツ特有の道」論を下支えし、その隆盛と同じ軌跡を描きながら、近世プロイセン史の「長く覆すことのできない学説」として、通説の座に君臨することになったのである。

第二節　制度の歴史的変遷

カントン制度の成立過程については、すでにわが国でも比較的よく知られている。しかし、制度のその後の変遷については、あまり言及されてこなかったのではなかろうか。実のところカントン制度は、フリードリヒ大王の治世以降、とくに七年戦争後に重大な改変を何度か経験しており、その中には、ビュッシュの描いた歴史像からすっぽり抜け落ちた事実もいくつか含まれている。それゆえここでは、既知のフラウエンホルツの史料集などを利用して[13]、カントン制度の歴史的変遷をあらためてたどることにしよう。

軍人王時代のカントン制度

冒頭でも述べたように、カントン制度の特質は、住民の中から徴集した民兵を常備傭兵軍と結合したことにある。絶対主義時代のヨーロッパ諸国の軍隊において民兵は、戦力としては常備連隊に劣ったため、ほとんど主力にはならなかったけれども、常備連隊が国外に遠征したときの国土守備隊として、また補助部隊として、多くの国々で編成され運用された。民兵の徴集業務を担当したのは、どの国でも伝統的に末端の行政機関であり、局地の支配者でもあった等族であった[14]。プロイセンにおいても事情は同様である。初代国王フリードリヒ一世は、さしたる成果はなかったものの、そうした民兵軍の創設を幾度か試みている。しかし彼の息子のフリードリヒ・ヴィルヘルム一世になると、様相がまったく変わった。彼は、一七一三年の即位早々に既存の郷土民兵軍（Landmiliz）を廃止し、一八年には「民兵（Miliz）」という言葉の使用すら禁止したのである[15]。それを通じて、軍隊における等族の影響を排除し、王権のみによって制御される集権的軍隊を設立するのが彼の企図であった[16]。カントン制度はこの過程の産物であった。すなわち、民兵の調達と補充から等族を締め出し、業務をもっぱら軍隊が担ったところに、成立時のカントン制度の大きな特色があったのである。

さて、即位した軍人王は、その時点で四万人足らずだったプロイセン軍を、一七二五年にはすでに約六万五〇〇〇人までに増強した（その後、彼が没した一七四〇年に兵力は七万六〇〇〇人に達した）。彼のこの急激な軍備拡張が、カントン制度成立の背景である。兵員を確保しようと軍隊が行った暴力的な徴募は、住民の逃亡や激しい抵抗を招いた。王権は、この好ましからぬ事態を食い止めつつ、権力政治の見地から必要な大規模軍隊を、経済発展と矛盾せずに維持しなければならなかった。長期にわたる試行錯誤のうち、最も重要な役割を果たしたのが賜暇制度の確立で、これにより住民は、兵役を伴う生活が計算可能になり、兵役義務をなんとか負担できるようになった。[17]実際、この制度の定着した一七二〇年代には、住民の側からの抵抗も弱まっている。他方、プロイセン軍はさらなる増強の可能性を得た。賜暇制度により、帰休兵の俸給を募兵費用に充当できたからである。[18]それとともにプロイセン軍は、平時に軍隊を極限まで縮小させながら、戦時に休暇兵を動員して巨大化するという、従来にない独特の常備軍へと発展したのであった。[19]

軍人王は、たんに兵員数を増大させただけではなかった。彼は兵士の質についても新たな原則を掲げた。より攻撃力のある軍隊にするために、長身者を求めたのである。[20]人的にも物的にも資源に恵まれなかったプロイセンは、列強に比べて小規模な軍隊に甘んじざるをえなかったが、その制約を克服するためになおさら多くの長身兵を集め、軍隊を質的に強化する必要があった。

重要なのは、これに伴い兵員補充の基準が変わったことである。従来、徴募に際しての第一の基準は、社会的有用性（Entbehrlichkeit）の原則であった。今やこれに代わり、身長が優先的な基準になったのである。プロイセンでは一七三三年の王令により、身長が五フィート三インチ（一六三センチ）以下の者は徴集の対象外とされた。[21]実質的な対象になったのは五フィート六インチ（一七一センチ）以上の者で、これに対して五フィート（一五五センチ）に満たない者は、戦時にすら動員されない不適格者であった。[22]もちろん、長身者なら誰彼かまわず徴集されたわけではなく、社会的、経済的に重要な人々はあらかじめ兵役を免除されていた。たとえば、暴力的徴募の激しかった一七一〇年代にはすでに、手工業者をはじめとする広範な都市民層や屋敷圃（Hof）を持つ農民が兵役を免除されている。[23]しかし、長身者の数は限られているから、実際にはこれらの免除者が登録されてしまうこともしばしばあった。[24]住民が逃亡や抵抗に及んだ理由は、兵力の急激な増大だけでなく、この徴募基準の変化に対する反発の中にもあったのである。

カントン制度は、王権の周到な計画に基づいて整備された、体系的な制度では決してない。実態はむしろまったく逆で、兵員補充の際に生じた軍と民間との、あるいは連隊（中隊）間の軋轢を個別に解決し、それを積み重ねていく中で、少しずつ制度としての形を整えたものである。そもそも、一七三三年のカントン条令自体がそうした過程を如実に示している。この王令は、国王がその時点の懸案事項（徴兵区制定とそれに伴う諸問題）に対して与えた指針であって、制度の理念や業務の細目を厳密に規定した「条令」では決してない。[25] 言葉を換えれば、一七三三年時点においてカントン制度はその大枠が定まったにすぎず、運営の詳細はなお多くが未決で、現場の判断に委ねられていたのである。[26]

徴兵区は世帯（Feuerstelle）単位で設置され、一定数の世帯が連隊に配分された。割り当てられる世帯数は州や兵種によって異なり、たとえば、ブランデンブルクの歩兵連隊の割り当ては約五〇〇〇世帯であった。[27] 連隊の徴兵区はさらに十等分されて中隊に配され、中隊徴兵区が設置された。元来、中隊長の任務は中隊の維持管理だけであったが、この措置によって、管轄区域内の兵役義務者を登録し、徴集する業務が新たにつけ加えられたのである。彼らは登録証（Laufpässe）と呼ばれる証書を兵役義務者全員に発行して、住民を把握した。[28] 兵士の欠員は、この登録者の中から徴集された者で補充された。軍隊は登録者に対して広範な権限を有していた。軍事裁判権はその最たるものである。徴集兵だけでなく、まだ兵士になっていない登録者もまた、軍事裁判権の下に服した。さらに、登録者が結婚や屋敷を相続した時には兵役免除になるのが原則だったので、彼らが結婚と定住をする時には管轄区域内の中隊長の同意が必要であった。

カントン制度に伴う軍隊の権限拡大は、プロイセン社会にとって前代未聞の出来事であった。同時代史料は軍隊の専横ぶりを次のように伝えている。「兵員調達業務はことごとく軍隊の、いや中隊長の手に落ちた。中隊長は時に、彼らに委ねられた権限を私利私欲のために用いた。……軍隊の行き過ぎた優位のもとにあるこの制度は、幾人かの者にとっては儲けの多い金鉱であったが、ラントにとっては苦痛に満ちた痛手であった」。[29]「中隊長は皆、徴兵区域内の長身者を随意に徴集した。都市や農村で生業に携わり、必要とされている人であろうがおかまいなしだった」。[30] フリードリヒ二世の即位時に等族が提出した陳情書（Gravamina）の中で、これと似た激しい調子で軍隊が糾弾されているのは、すでに周知のとおりである。[31]

中隊長の職権濫用は、しばしば中隊経営と関連づけて説明される。中隊経営とは、隊の維持に必要な総額を国庫から一括受領した中隊長が、自己の責任で中隊を運営するというものである。その主な収入源は、外国募兵に必要な資金と休暇兵の俸給であった。[32] 軍人王時代のカントン制度は、追加収入の機会を中隊長に与えた。兵役義務の免除や、登録者の結婚・定住にあたっての認可手数料がそれである。経営が黒字になれば中隊長個人の収入になったため、しばしば彼らは、業務の際に私利私欲のため職権を濫用したと見なされるけれども、近年の研究によれば、理由は必ずしもそれだけではなかったようである。職権の濫用はいわば、国王によって暗に承認された強請行為だったのである。ヴィンターによれば、中隊長に給付されたのは毎月わずか一三ターラーで、中隊の維持費用としてこの金額はまったく不十分であった。[33] 金策に窮した中隊長は職権濫用に向かわざるをえず、国王としても、兵力増強政策の都合上彼らに十分な資金を与えられないので、結局のところ、禁令は発するけれども黙認したというのである。

軍人王時代におけるカントン制度の最大の特徴は、軍隊の利害を優先して、制度運営の実務から等族を締め出したことであった。カントン制度がプロイセン臣民に対する強制支配であるかのごときイメージは、この事実に由来する。[34] そして、一七四〇年の等族の陳情書を貫くこのイメージが、果てはビュッシュの歴史像にまで及んだのである。

フリードリヒ大王期以降の制度改変

フリードリヒ二世は、父の遺したカントン制度に原理的な変更を加えることはなかった。しかし、彼の長い治世の間には、必要に応じた制度改変が適宜行われており、それはカントン制度の歴史の中で、少なからず重要な意味を持つものであった。

まず、彼が治世を開始した一七四〇年には、登録者全体に結婚許可が与えられ、中隊長からその権限が取り上げられた。また中隊徴兵区を廃止して、登録と徴募の権限が中隊長から連隊長に戻された。[35] 中隊長の権限は、以前のように自らの中隊だけに限定されることになったのである。それは同時に、これらの業務が中隊経営から切り離され、中隊長がそこからの追加収入を失うことを意味した。もとより、現実には中隊徴兵区はその後も数多く存在したようなのだが、[36]いずれにしてもこの措置は、明らかに中隊長の職権濫用を防止して、等族の苦情に対処しようとしたものであった。[37]中隊長からの権限剥奪は、フリードリヒ時代のカントン制度に生じた最初の大きな変化といわねばならない。

しかし、七年戦争後には、さらに重大な制度変更が行われた。それを示すのが、一七六三年と六四年にメレンドルフ少将の名で発せられた訓令である。[38]重大な変更とは、前者の訓令にある「徴兵区の若者を今後名簿に記載する際には、指示を受けた将校が郡長や都市財務官（Land- und Steuer-Räthe）の意見を求めながら行う」との文言から明らかなように、これまで軍隊の専権事項であった登録業務に、局地の文官が介入したことである。軍隊は彼らの協力のもとに、一〇歳から四〇歳までのすべての兵役義務者を登録した（第一条）。[39]貴族や官僚はもとより、「都市財務官が必要と認める専門技術者や芸術家」、外国人や六〇〇〇ターラーの財産を持つ有産者の子弟などが、登録から免除された（第二条）。この条文からは、局地の文官（都市財務官）が免除者の選定にもある程度影響力を及ぼせるようになったことが分かる。もとより彼らは、軍の協力を仰がないで単独で業務してはならず（第九条）、登録者名簿をつねに連隊へ通知する義務も負ったが（第一〇条）、連隊による新兵補充は文官が要請したときに行われるようになったので、軍は以前のように、下士官や兵卒を事前に徴兵区へ派遣できなくなった（第六条）。翌年の訓令では、従来の登録証に代わって、新たに徴兵区原簿（Haupt-Canton-Rolle）の作成が定められ、将校と文官の双方にその記載が課された（第一条）。[40]原簿は二部作成され、連隊と文官がそれぞれ保管した（第三条）。カントン制度の中心業務が今や軍隊だけのものではなくなり、局地の行政機関との共同作業になったことは明らかであろう。つまり、七年戦争後は、軍人王の治世以来絶えて兵員調達業務から締め出されていた等族が、この業務への影響力を回復する決定的な転回点ということができるのである。

なぜこのような変化が七年戦争後に生じたのだろうか。その原因は、破局寸前とまで形容される、戦後プロイセンの国土の荒廃にあった。戦争で喪失した人口は総人口の一割にあたる四〇万人ともいわれ、さらに経済的疲弊もきわめて深刻で、戦後直後のプロイセンでは「耕されている畑はなく、人々は種籾さえ食べられない」状況だったという。[41] このような人口減少や経済的窮状に直面して、国王はもはや従来の身長優先の原則を維持できず、かつての社会的有用性の原則に再び重きを置かざるをえなくなったのである。社会的に有用な人物に関する情報は、軍隊よりも局地の行政機関の方が通じていたから、そちらが積極的に登用されたわけである。

七年戦争後は、軍隊そのものにも変更が加えられた。たとえば、フリードリヒは全州に兵監を配備して軍隊の監察を強化した。戦争で有能な将校や兵士を数多く失い、軍隊の質が大幅に低下したためである。[42] 平時兵力は削減され、非正規部隊も解体された。外国募兵にも手が加えられた。その結果、中隊長は外国募兵からの収入源も奪われることになったのである。[43] 軍人王の時代にカントン制度と密接に関わった中隊経営は、こうして七年戦争後の軍隊の集権化措置の中で、一段と厳しい統制の下に置かれたのであった。実際、これによって中隊長の被った損失は、収入の五〇～六〇％と見積もられている。[44] 連隊を代表し、徴兵区全体の登録と徴集を管轄する将校（彼らが郡長らと共同で業務にあたる）が選任されたのは、中隊長に損失補填のための濫用行為をさせないためでもあった。

一七九二年のカントン条令は、三三年の王令とは異なり、制度の細目を定めた正真正銘の条令であり、制度化の到達点を示すものである。[45] その規定を見ると、局地の行政機関がその権限をいっそう拡大させたことが明らかになる。まず兵役義務者の登録と検査については、徴兵区検査委員会（Kantons–Revisions–Kommissionen）が新たに設置された。委員会は、二名の文官（農村の場合には郡長とクライス代表者、都市の場合には都市財務官と市長）と二名の将校で構成された（第四二条）。徴兵区名簿は、牧師が委員会に提出する教区簿を基にして作成され（第五四条）、兵役義務を持つすべての世帯とそこで生まれた男子の名前、その体格、年齢、身長が記載された（第四九条）。一六歳から四五歳までの兵役義務対象者は、毎年委員会へ出向くことが義務づけられたが（第五一条）、その際に、兵役免除者、四五歳以上の者、軍夫（Knechte）の免除証書を持つ者、身体上不適格な者は対象外になった（第五二条）。また欠員補充業務は、郡長と都市財務官だけで徴集を行い、しかるのちに徴集者を連隊へ引き渡すことになった（第七六条）。軍隊が七年戦争直後よりもさらに権限を縮小させたことは、すでに明らかであろう。加えて指摘すべきは、検査委員会の設置が、一七四〇年の陳情書の中でまさしく要望されていたことである。[46]カントン制度はこの点において、等族の要望に沿う方向で変質を遂げたのである。

兵役義務の免除は、無条件免除と条件付免除の二種類に大別された。前者には貴族や資産家、国家官僚などが属した（第一〇条）。これに対して条件付免除には、収税吏や医者、法曹など特定の職業に携わる者が免除される個人的兵役免除と、経済的にとくに重要な地域や都市が丸ごと免除される地域的兵役免除との二つがあった（第一一条以降）。規定は多岐にわたって詳細を究めるため、紙幅の都合上これ以上記すのは不可能だが、いずれにせよ言えるのは、このカントン条令では兵役免除者の枠が以前よりも大幅に拡大したことであり、[47]軍事的要求が一義的に貫かれたのではなく、社会の側からの要求もまたかなりの程度反映されたということである。

カントン制度が時間的推移とともに大きく変化したことについては、もはや繰り返して言うまでもないだろう。軍人王の治世以来、制度を担ったのはすべて軍隊であり、それが伝統的な民兵制度と異なる、カントン制度独特の特徴であった。しかし、つねにそうであったわけではなかった。その後に制度には改変が加えられ、七年戦争後になると、これまで締め出されていた等族が権限を取り戻し、軍隊を牽制する役割を担うようになった。[48]カントン制度は、プロイセン社会のその時々の動きに柔軟に対応していたのである。中隊徴兵区の廃止や検査委員会の設置、兵役免除者の拡大といった事実からは、軍隊に対するプロイセン社会からの圧力すら窺える。カントン制度の歴史的変遷は、要するに、クロースターフースにならって要約するなら、一七三三年から七年戦争までの時期を制度確立の局面、六三年以降を旧態復帰の局面ということができるのである。[49]

第三節　制度運営の実際

本節では、主として近年の地域史研究の成果に依拠しながら、カントン制度の実際の運営状況を検討する。以下では、とくに焦点となる問題として、①農場領主と連隊将校の同一性、②西部諸州におけるカントン制度、③登録者・徴集兵・免除者の割合、④カントン制度に対する地域の対応、を扱う。

農場領主と連隊将校の同一性

すでに旧稿で示したように、貴族の所領と将校の駐屯地は、必ずしも同じ地域ではなかった。[50] ビュッシュの描いた「同じ対象を支配し、搾取する貴族と将校」という図式に対応する実態は、カントン制導入の如何に関わりなく存在しなかったし、自らの出身地域に駐屯した将校は、つねに全体の一五%〜二〇%程度にとどまったのであった。ここでは旧稿で引用したのとは異なる調査データを取り上げるが、そこからもまた同じ結論に至ることになる。[51] 表6－1は、一七四〇年前後の時点で、中隊長が自分の勤務する駐屯地の同郷者であるかどうかを示したものである。東プロイセンでは、約半数の中隊長の駐屯地と出身地域とが同一だったものの、[52] 他の諸州では、両者が同一になる事例はやはり一八%ほどであったことが分かる。貴族と将校の利害共同体というビュッシュ説の第一の支柱は、もはやその効力を失ったといわねばならない。むしろこの貴族＝将校関係から読み取るべきは、土着貴族を行政から遠ざけようとする、プロイセン王権の反封建的行政の姿ではないかと思われる。そして、まさにこの土着性の薄さと開放性こそが、他国にない特別な柔軟性を持つ「抽象的な理性国家」プロイセンの強みだったというべきではなかろうか。[53]

表6-1　中隊長の駐屯地と出身地（1740年頃）

Ⅰ　中部諸州

連隊	駐屯地	徴兵区（州）	年	同郷の中隊長	他郷の中隊長
第5	マクデブルク	マクデブルク	1747	3（人）	7（人）
第7	シュテッティン	ポンメルン	1740	2	8
第8	シュテッティン	ポンメルン	1740	0	10
第12	プレンツラウ	ウッカーマルク	1740	2	8
第13	ベルリン	ミッテルマルク	1740	3	7
第17	ケスリン	ポンメルン	1740	4	6
第18	シュパンダウ	マルク西部	1740	2	8
第20	マクデブルク	マクデブルク	1740	1	9
第21	ハルバーシュタット	ハルバーシュタット	1740	1	9
第22	シュターガルト	ポンメルン	1736	4	6
第23	ベルリン	ミッテルマルク・ウッカーマルク	1740	2	8
第24	フランクフルト	ノイマルク・クロッセン他	1733	0	10
第25	ベルリン	ノイマルク	1740	1	9
第27	ガルデレーゲン	アルトマルク	1736	2	8
第30	アンクラーム	ポンメルン	1740	1	9

合計150人のうち　28人（18.7%）122人（71.3%）

Ⅱ　東プロイセン

第2	ラステンブルク	東プロイセン	1740	6	4
第4	プロイセン州ホラント	東プロイセン	1738	1	9
第11	ケーニヒスベルク	東プロイセン	1740	1	9
第14	バルテンシュタイン	東プロイセン	1740	6	4
第16	ケーニヒスベルク	東プロイセン	1740	3	7

合計50人のうち　23人（46%）　27人（54%）

出典：H. Bleckwenn, Altpreußischer Militär- und Landadel, S.94f.（一部省略と簡略化をした）

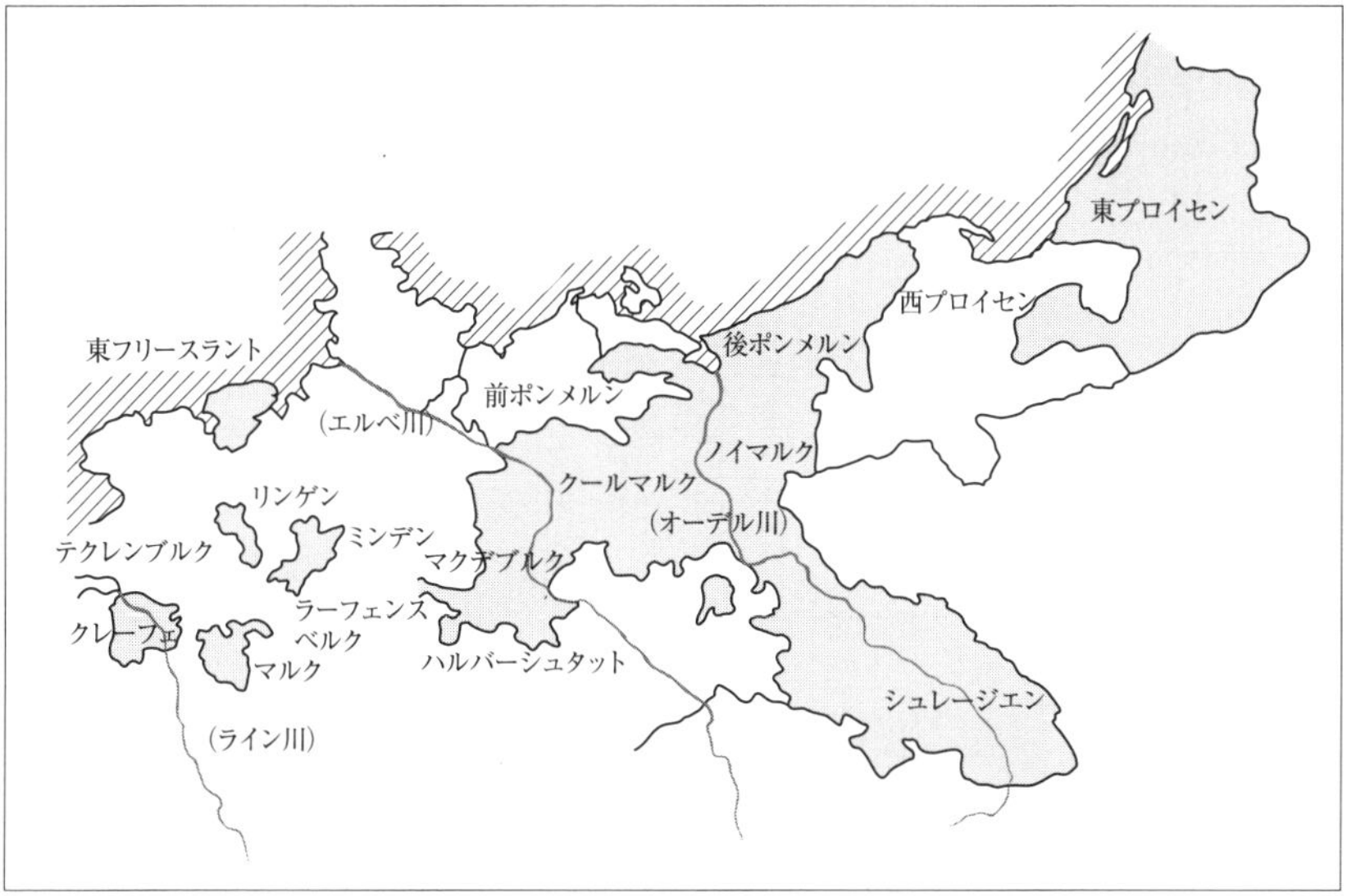

出典：阪口修平『プロイセン絶対王政の研究』40 頁（地名表記は本稿の表記にあわせて変更した）。

図 6-1　18 世紀のブランデンブルク＝プロイセン

西部諸州におけるカントン制度

ここでは、クロースターフースの研究に従って、西エルベ、正確にはヴェストファーレン地域のプロイセン領におけるカントン制度を検討する。具体的にはミンデン、ラーフェンスベルク、クレーフェ、マルク、テクレンブルク＝リンゲンなどである（地図参照）。一七一三年までこの地域では、等族の管理する地方行政機関が、社会的有用性の原則に従って兵員補充を行っていた。[54] しかし、軍人王による軍備拡張以来、身長の原則がここでも適用された。王権は基準の遵守を厳しく監視したため、軍隊による暴力的な徴募は苛烈をきわめた。原則変更に伴う住民の混乱は一七二〇年に頂点に達し、この年マルクでは、大規模な国外逃亡と「マルクの蜂起（Märkischer Aufstand）」と呼ばれる暴動が生じた。[55] 同時期の他地域でも頻発したこれらの動きから、王権は住民負担を軽減する制度の整備に力を傾注した。それが後年、賜暇制度へと発展したことについては上述のとおりである。

　ヴェストファーレンの諸州には、カントン制度は一七三五年に導入された。[56] 登録および徴集業務はこれ以降、軍隊の管轄になったわけだが、権限を奪われた等族は、陳情書などを利用して影響力の回復を図った。一七四八年には、西部諸州のうちクレーフェ、メールス、ゲルデルン、テクレンブルク＝リンゲン、そしてマルクの西部地区で、一万五〇〇〇ターラーの支払いと引き替えに徴兵区が廃止された（ただしミンデンやラーフェンスベルクではカントン制度は存続する）。これが、ビュッシュ説の基礎となった、西部におけるカントン制度の免除である。すでに見たように、彼はこの事実を土地領主制という社会経済構造と結びつけて議論を展開したわけだが、クロースターフースによればそれは明らかな誤りであった。徴兵区の廃止と農制や社会構造は無関係であって、それは国王フリードリヒの政治判断の結果だというのである。(57) 一七四六年のドレスデン条約でシュレージエンを新たに編入した結果、フリードリヒはプロイセン国家の重心を東方に移した。それに伴って、テクレンブルク＝リンゲンとミンデンに駐屯していた第一八歩兵連隊と、マルクとメールスの第二九歩兵連隊がシュレージエンに移転された。カントン制度の免除はこれによって生じたとされるのである。クロースターフースのこの指摘は大変説得力に富んでおり、ビュッシュ説はこれにより二つめの柱も失ったと考えて差し支えないと思われる。

ところで、東部にはない西部諸州の顕著な特色は、農村工業の発達である。ミンデンとラーフェンスベルクでは糸漂白および織物加工業が、マルクでは金属研磨業および加工業が農村工業として展開し、重要な地場産業になっていた。それゆえ、社会的有用性の原則の下では、これらの産業の従事者が徴募対象になることはなかったが、軍人王以降の長身者の原則ではそうはいかず、それが彼らの激しい反発を招いたのであった。とりわけマルクでは、一七二〇年代に製造業代表団（Fabriken-Deputierten）が組織され、兵役免除特権が侵害されたときには即座に抗議する体制が整えられた。(58) カントン制度の導入以降、等族は「軍隊の専横」に屈従したが、彼らはことあるごとに、マルクの中心的な産業地域一帯の兵役免除を要求した。そして、七年戦争後の一七七一年についに、国王の説得に成功してこの免除を獲得するのである。以上の経緯から読み取れるのは、一時的に抑えられていても、自らの影響力を回復しようとする等族の力の強さであろう。「社会の軍事化」論が描くような、既存社会に対する軍隊の強い規定力をここから導くことはできない。力の作用はむしろ逆向きであり、カントン制度の方が、農村工業の発達という地域的特質に巧みに適応しながら発達したとさえいいうるのである。

登録者・徴集兵・免除者の割合

カントン制度では、堅信礼を終えた一六歳ごろの若者が登録（enrollieren）され、兵役義務者となった。そして、およそ一八歳を過ぎると徴集（einrangieren）され、兵士になる可能性があった。ただしその際に、兵役免除者や不適格者はもちろん除かれたから、実際の徴集対象になったのは、これら以外で、かつ基準身長以上の者だけであった。カントン制度にはこのように、兵役免除、身長、年齢といった選別基準があり、それは換言すれば、基準を満たす特定層――貧農層で長身の二〇歳代の若者――から兵士が集中的に供給されたことを意味する。たとえ登録者になったとしても、それが自動的に入営を意味したわけではないし、むしろ、基準を満たさない登録者の方がはるかに多かったのである。本項の問題を考えるにあたっては、まずこの点が確認されねばならない。

さて、そのうえで個別のデータを検討してみよう。表6－2は、一七八六年のミンデンとラーフェンスベルクについてクロースターフースが行った分析を表にしたものである。それによれば、男性人口の二四％が免除者で、登録者は七一％、徴集兵は五％であった。より細かく区分すると、徴集兵（免除者扱いである兵士の息子を含む）が六％、適格者（二〇歳以上、身長五フィート以上）二六％、年少者（二〇歳以下）四三％、不適格者（二〇歳以上、身長五フィート未満）三％、免除者一九％、除隊者三％である。表6－2の元となる統計数値が表6－3と表6－4である。これらから読み取れるのは、ミンデン、ラーフェンスベルクともに、住民に占める登録者の割合（表6－4［c］÷表6－3［a］）が約三七％、登録者に占める徴集兵の割合（表6－4［b］÷表6－4［c］）が約七％であったことである。興味深いことに、この数値は、ハルニッシュが示す一八〇一年時点のクールマルクの統計値（住民中の登録者の割合約一九％、登録者中の徴集兵の割合約七％）とほぼ同じである（表6－5）。

次に、プロイセン全体での数値を見てみよう。しばしば引用されるヤーニーのデータによれば(59)、一八〇二年の兵役

表 6-2　ミンデンおよびラーフェンスベルクにおける登録者、徴集兵、免除者の割合

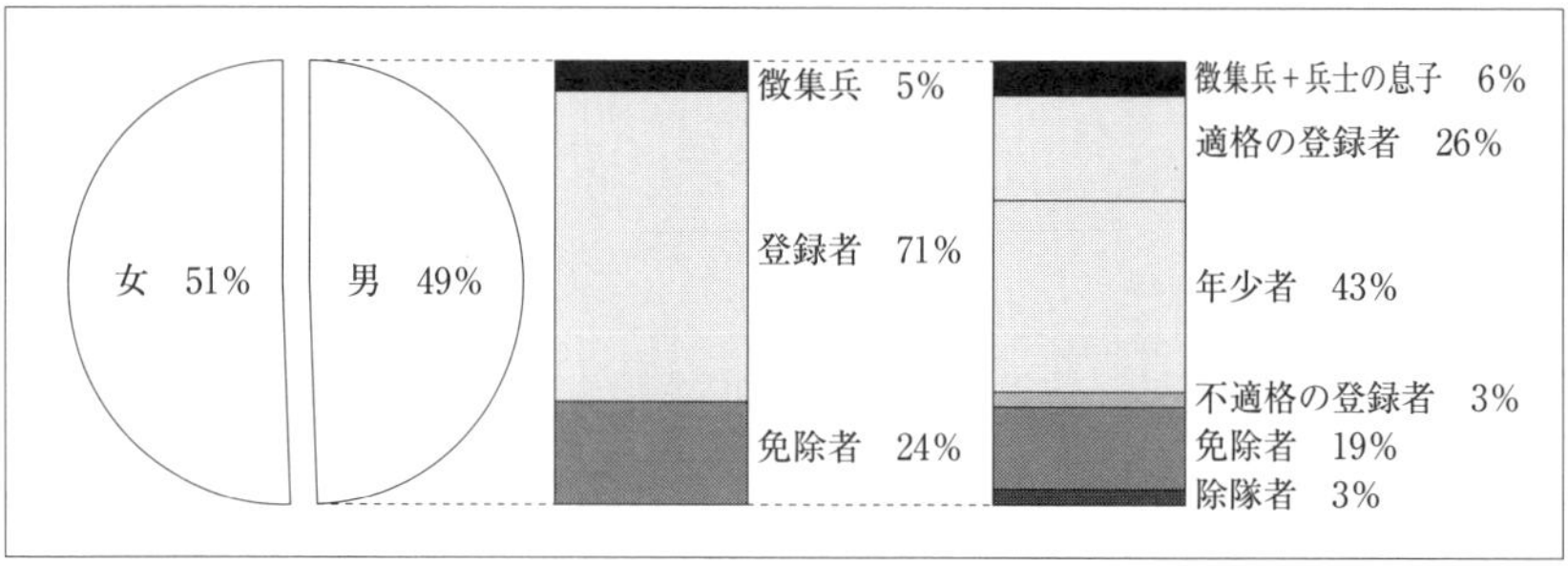

出典：J. Kloosterhuis, Bauern, Bürger und Soldaten, S.XXVIII.

表 6-3　ミンデンおよびラーフェンスベルクにおける世帯数と住民数（1786 年）

	ミンデン 都市部	ミンデン 農村部	ミンデン 総計	Rbg 都市部	Rbg 農村部	Rbg 総計
世帯	1,760	10,731	12,491	2,881	11,022	13,903
家	2,265	11,645	13,910	3,667	13,114	16,781
男性（同国人）	3,538	27,003	30,541	6,671	30,482	37,153
男性（外国人）	1,367	1,033	2,400	1,652	1,325	2,977
男性（総計）	4,905	28,036	32,941	8,323	31,807	40,130
女性	5,248	29,763	35,011	8,517	33,165	41,682
住民総計 …［a］	10,153	57,799	67,952	16,840	64,972	81,812

出典：J. Kloosterhuis, Bauern, Bürger und Soldaten, S.195ff. から作成。Rbg はラーフェンスベルクを指す。

表 6-4　ミンデンおよびラーフェンスベルクにおける登録者、徴集兵、免除者（1786 年）

	ミンデン 都市部	ミンデン 農村部	ミンデン 総計	Rbg 都市部	Rbg 農村部	Rbg 総計
1　免除者	2,242	5,916	8,158	3,432	5,596	9,028
2　徴集兵 …［b］	697	1,071	1,768	1,101	1,146	2,247
3a 在住登録者						
20 歳以下	1,492	12,593	14,085	2,499	14,467	16,966
21-30 歳（身長 5 フィート以上）	129	1,492	1,621	271	2,514	2,785
21-30 歳（身長 5 フィート未満）	98	658	756	234	1,028	1,262
21-30 歳（身長未記入）	49	796	845	90	318	408
31 歳以上	198	5,510	5,708	696	6,738	7,434
3b 不在登録者						
20 歳以下	56	205	261	41	73	114
21-30 歳（身長 5 フィート以上）	83	297	380	40	83	123
21-30 歳（身長 5 フィート未満）	4	95	99	21	29	50
21-30 歳（身長未記入）	91	399	490	83	337	420
31 歳以上	31	253	284	37	162	199
3c 3a ＋ 3b						
在住登録者	1,966	21,049	23,015	3,790	25,065	28,855
不在登録者	265	1,249	1,514	222	684	906
登録者総計 …［c］	2,231	22,298	24,529	4,012	25,749	29,761

出典：J. Kloosterhuis, Bauern, Bürger und Soldaten, S.195ff. から作成。Rbg はラーフェンスベルクを指す。

表6-5　クールマルクの諸クライスにおける世帯、登録者、兵士（1801年）

	住民	世帯	登録者	住民／登録者	兵士	兵士／登録者	兵士／世帯
レブス	32,231	4,110	9,531	29.57%	727	7.62%	17.68%
ルッケンヴァルデ	7,891	1,276	2,243	28.42%	163	7.26%	12.77%
テルトウ	22,695	3,503	6,627	29.20%	451	6.80%	12.87%
ウッカーマルク	62,276	8,306	18,782	28.77%	1,366	7.27%	16.44%
ツァウヘ	20,335	3,447	5,747	28.23%	403	7.01%	11.69%

［出典］H. Harnisch, Preußisches Kantonsystem, S.152.

表6-6　兵役義務者の身長分布（1802年）

身長（5 Fuß 以上）	歩兵	騎兵
0 Zoll（155.0cm）	47,432	8,960
1 Zoll（157.6cm）	52,170	10,582
2 Zoll（160.2cm）	59,269	12,530
3 Zoll（162.8cm）	50,639	11,562
4 Zoll（165.4cm）	29,672	7,772
5 Zoll（168.0cm）	12,367	3,679
6 Zoll（170.6cm）	3,387	1,318

身長（5 Fuß 以上）	歩兵	騎兵
7 Zoll（173.2cm）	857	318
8 Zoll（175.8cm）	240	65
9 Zoll（178.4cm）	77	13
10 Zoll（181cm）	14	1
11 Zoll（183.6cm）	1	1
合　計	256,125人	56,801人
5 Fuß 5 Zoll 以上	16,943人	5,077人

出典：C. Jany, Geschichte der Preußischen Armee, Bd.3, S.443.
注　1フィート（Fuß）＝12インチ（Zoll）＝31cmで計算。

義務対象者は二一五万六八一二人で、ここから免除者と身長五フィート未満の者を除くと三一万二九二六人（一四・五％）になった（表6―6）。この中から基準身長五フィート五インチ（一六八センチ）以上の者を選別すると二万二〇九〇人になり、実際に徴集されたのは九二八七人であった。それぞれ兵役義務対象者の一％、〇・四％にあたる人数である。また一徴兵区内の割合については、一七七三年のハレ駐屯歩兵連隊に関するデータがある[60]。この連隊の徴兵区は一万三九六三世帯から成り、登録者は二万七三七人であった。ここから免除者と身長不適格者を除くと四二四七人（二〇％）、徴集基準身長以上の者は一二四人（〇・五％）であった。

問題はこれらの数値をどう解釈するかであるが、私見によれば、以上のデータから、ビュッシュのような「プロイセン社会の軍事化」を導くのは不適当だろうと思われる。社会の隅々まで軍隊が紀律化したというには、兵役免除者と不適格者の割合があまりに大きいからである。加えて、フリードリヒ大王期以降の領土拡大に伴う住民負担の軽減や[61]、プロイセンに匹敵する徴集率を持つ他のドイツ小領邦の存在を考慮するなら、[62]「社会の軍事化」はますます想定しにくくなるだろう。カントン制度に伴う住民の人的負担が非常に重かったことはたしかであるが、だからといってそれは「プロイセン社会の隅々まで軍隊が紀律化した」と表現するまでの状況ではなかったように思われるのである。いずれにしても、現時点では他国との比較検討を積み重ねて、詳細を見きわめる必要がある。プロイセンの諸関係がどれほどユニークであったかは、そのうえで改めて判断されねばならない。

カントン制度に対する地域の対応

カントン制度の実際の運営の場であった地域のレベルから検討すると、制度を農村社会の紀律化と権威主義の注入手段としてのみ理解するビュッシュ説が、甚だ一面的であることが明らかとなる。以下では、ハルニッシュの研究に依拠してこの点を考察してみよう。[63]

農村では、カントン制度の徴集から逃れようとする動きが広範に見られた。興味深いことにハルニッシュは、その方法がエルベの東西で異なるという。[64] 東エルベでは、農場領主制下にある農民の法的地位が低く、農村共同体もあまり機能しなかった。それゆえ、たとえ貧しくない農民であっても、徴集回避の際につねに領主に依存したことが特徴であった。領主の側も、忠実に働く農民の動きを支持した。つまり、領主と農民が利害共同体を形成し、軍隊の要求に対峙したのである。跡取りでない息子が徴集を回避するときや、徴集後の除隊時の常套手段になったのは、息子のいない農民の娘や未亡人と結婚して屋敷圃を獲得して、その後継者になることであった。ただし、こうした兵役回避の方法が可能なのは大農や中農であり、貧農層には事実上、除隊の余地がなかった。彼らの唯一の除隊方法は、領主から結婚許可をもらい、日雇いや職人として身を立てることであった。

他方、西エルベの土地領主制地域では、カントン制度に対して農村共同体の果たした役割が大きかった。東エルベと同様、ここでも兵役回避のための屋敷圃獲得の動きが見られたが、特徴的なのは、大農を中心とする農村共同体がさまざまな場面で軍隊と接点を持ったことであった。豊かな村ならば、その上層部が徴兵区検査委員会の面々を豪勢な食事で接待し、彼らを買収することがあった。[65] また、農村共同体に課せられていた脱走兵の捕縛と登録・徴集業務のうち、前者については、村落の協力がなければ王権は何もできない状況であった。後者に関しては、七年戦争以降の西エルベ地域では、平時において村長が新兵を徴集するのが一般的であった。

農村と軍隊の関係には、両者が友好関係を築くこともあれば、前者が後者に対して距離をとって臨む場面も見られた。[66] たとえば、ハルバーシュタットのクヴェンシュテット村では一七九四年に、出征中の連隊に冬用ズボンを贈るための募金が行われ、兵士の妻のためには集会が開かれた。翌年、グロース＝ローアスハイム村では、戦地から生還した軍人たちにビールが振る舞われている。両者の関係が緊張した時には、村はかなり慎重に兵士たちに対応した。たとえば、ヴァッサーレーベン村では一七七三年に、学校で兵士が教練をしないよう村が申し込む際に、最古参の六人の兵士と相談した。古参兵との交渉という、無難で慎重な方法を選んでいるのである。これらの事例から明らかなように、軍隊と農村の関係は、前者の後者に対する一方的な紀律化の過程などではない。両者はある程度の距離をとりながら、時には平和的ともいうべき共存関係にあったのである。

おわりに

カントン制度はこれまで、ビュッシュの描いた歴史像に従い、プロイセン社会の軍事化の主要因子として、あるいは権威主義的なプロイセン＝ドイツ国家の促進要因として考えられてきた。しかし、本章の検討から明らかになったように、このようなカントン制度の歴史的評価や近世プロイセンにおける軍隊と社会の関係は、抜本的に見直されねばならない。再考の要点をまとめれば、相互に関連する次の四点になる。

まずはじめに、ビュッシュのカントン制度論に含まれる誤認識や認識不足が正されねばならない。連隊将校と農場領主とを同一の存在と見なしたこと、西エルベ諸地域の兵役免除を農制と結びつけたことは、彼の誤認識であろう。また七年戦争後におけるカントン制度の改変、それに伴う軍隊から局地の行政機関への大幅な権限移行、そしてその持つ意味に、ビュッシュはほとんど注意を払わなかった。彼の学説が支配的テーゼになったために、カントン制度の理解から欠落してしまったこれらの事実は、しかるべく評価され、歴史像が改められねばならない。「社会の軍事化」論に基づくカントン制度像は、立論の支えを失い、もはやそのままのかたちでは成り立ちえないのである。もちろん、だからといってビュッシュの研究が全否定されるわけではない。彼が想定したような展開ではなかったにせよ、軍隊から社会への影響力は、プロイセンの場合、少なからず作用したと思われるからである。[67] しかしながら、本章の第一の結論としてはやはり、カントン制度を「社会の軍事化」論の呪縛から解き放つべし、といわねばならない。

カントン制度と既存社会との関係は、これまでよりもずっと多面的、重層的に理解する必要がある。これが第二の要点である。従来の図式はたしかに明快だが、実態を単純化しすぎるきらいがあった。また、ある一面を過度に強調した結果、歴史像としてバランスを欠いたように思われる。本章で見たように、地域のレベルにまで降り立つと、軍隊と社会の現実の関係はもっと錯綜したものであった。農民が領主と結束して軍の徴集を回避したり、農村共同体が制度運営のさまざまな場で軍隊との共存に努めたことがそれである。いずれの事例も、支配＝搾取関係ばかりに目を奪われると見えてこない、重要な論点である。今後カントン制度を考察するにあたっては、王権、軍隊、等族、農民といった各行為主体の利害の交錯を念頭に置き、それらを多面的、重層的な視点から把握することが肝要となろう。少なくとも、制度の主要な負担者だった貧農層を、支配の単なる客体としてしか理解しない場合には、生産的な議論は生まれないと思われる。

第三の論点は、時と場所によって異なるさまざまな社会に、カントン制度がうまく適応したことである。七年戦争後の荒廃した社会への対応や、農村工業の中心地域の徴集免除措置などから明らかなように、カントン制度はその時々の社会に柔軟に対応していた。クロースターフースの掲げた「軍隊の社会適応（Sozialisation des Militärsystems）」は、こうした軍隊の様態を概念化したものである。[68] それは、社会の側からの軍事制度への影響と言い換えることもできよう。軍事組織やその制度は、それが社会へ及ぼした影響の方にとかく関心が集中しがちで、逆方向の影響関係は看過されやすい。それゆえ、軍隊と社会の相互関係を両方向から複眼的に把握することの重要性を、ここで改めて指摘するのも決して無益ではあるまい。社会から軍隊への影響という論点は、旧稿において「軍隊の市民化」現象に即して言及したけれども、[69] このベクトルの作用が見られるのは、決してこの現象だけに限られるわけではない。また軍隊が社会とその変化に適応するという事例も、一八世紀プロイセンのカントン制度にだけ該当するわけでもないだろう。要するに、どのような時代や地域であろうが、およそ軍隊と社会の問題をテーマとする限り、両方向からの作用を複眼的にとらえる視点が絶対に欠かせないということである。

さて、ここまで見直しを進めてくると、最後の要点として、カントン制度がどの程度までプロイセンに固有な軍制だったのか、という問題が生ずるだろう。この問題はつまるところ、その前後の軍制、すなわち民兵軍の伝統ならびに一般兵役義務と、カントン制度との関係をどう理解するかという、古くからある問題に他ならない。これに対しては大きく二つの見解がある。一つは、カントン制度を民兵軍の伝統から切り離し、後代の軍制にできるだけ引きつけて解釈する立場である。この立場に立つとカントン制度は、のちのプロイセン＝ドイツに連なるプロイセン独自の軍制として評価されることになる。その代表者は軍人ヤーニーであるが、[70] 実のところビュッシュもまたこの立場である。軍隊の役割評価の点でたしかに両者は正反対の立場にあるのだが、近代との連続性を重視するという点では両者は同じなのである。これに対してもう一つの立場は、伝統的な民兵軍とカントン制度との連続性に着目し、カントン制度の身分制的構造を強調するもので、古くはM・レーマン、近年ではハルニッシュやヴィンターなどがこれに属する。[71] 筆者もまたこの立場に立っている。その理由は、すでに何度も述べたように、フリードリヒ大王期以降に見られる等族の影響力増大という事実をやはり重視するからである。もとより、等族の影響力の回復といっても、それは無論、カントン制度が軍人王以前の民兵制度へ回帰したというような単純な意味ではない。プロイセンの兵員補充制度は軍人王の下で新たな局面に入ったとはいえ、長い目で見た場合、それはつまるところ、君主と等族とによって担われる近世軍隊の一バリエーションだったということである。(72)

カントン制度をこのように、肯定的にせよ否定的にせよ、プロイセンだけの例外現象と考えないならば、他のヨーロッパ諸国や他のドイツ諸領邦における近世軍隊との比較の余地が、俄然開けてくることであろう。(73) とりわけ近世ドイツ軍制については、カントン制度をも含めた全体像の構築をいっそう進める必要がある。そして、その作業は同時に、現在わが国で生じつつある「プロイセン史理解の地殻変動」をいっそう加速させることになるはずである。(74) 本章はその予備的考察としての性格も持っているのである。

註

（1）フリードリヒは、彼の二つの政治遺訓（一七五二年、六八年）のいずれにおいても、この表現を用いてカントン制度を評している。Friedrich der Große, Politisches Testament (1752), in: R. Dietrich (bearb.), *Die politischen Testamente der Hohenzollern*, Köln / Wien 1986, S. 410f. Ders., Politisches Testament (1768), in: Ebd., S. 516f.

（2）たとえば、G・シュモラーは次のように述べている。「一七三三年九月一五日のカントン条令は、『ラントのすべての住民は武器を取って国を守るために生まれた』という重大な原則に、はじめて言及することになった。この条令は一般兵役義務の第一歩であった」（強調原文）。Gustav Schmoller, Die Entstehung des preußischen Heeres von 1640 bis 1740, in: Ders., *Umrisse und Untersuchungen zur Verfassungs-, Verwaltungs- und Wirtschaftsgeschichte*, Leipzig 1898 (zuerst 1877), S. 279.

（3）Otto Büsch, *Militärsystem und Sozialleben im alten Preußen. Die Anfänge der sozialen Militarisierung der preußisch-deutschen Gesellschaft*, Berlin 1962.

（4）ビュッシュの学説の影響が認められるわが国の代表的な文献としては、上山安敏『ドイツ官僚制成立論――主としてプロイセン絶対制国家を中心にして』有斐閣、一九六四年、坂井榮八郎「一八世紀のドイツ」『岩波講座世界歴史一七　近代世界の展開Ⅰ』岩波書店、一九七〇年（この論説の後半部分は「『プロイセン主義』の構造」という題名で同『ドイツ近代史研究――啓蒙絶対主義から近代的官僚国家へ』山川出版社、一九九八年に再録）、阪口修平『プロイセン絶対王政の研究』中央大学出版部、一九八八年、同「プロイセン絶対主義」『世界歴史大系ドイツ史』第二巻、山川出版社、一九九六年などがある。いずれも重要な基本文献であることが分かるだろう。近年では、仲内英三「一八世紀プロイセン絶対王政と軍隊」『早稲田大学政治経済学雑誌』（一）第三四二号、二〇〇〇年、（二）第三四五号、二〇〇一年が、ほぼ全面的にビュッシュに依拠している。

（5）ドイツにおける「新しい軍事史」の研究動向は、鈴木直志「近世ドイツにおける軍隊と社会――『軍隊の社会史』研究によせて」『桐蔭法学』第六巻第一号、一九九九年、阪口修平「近世ドイツ軍事史研究の現況」『史学雑誌』第一一〇編第六号、二〇〇一年、丸畠宏太「下からの軍事史と軍国主義論の展開――ドイツにおける近年の研究から」『西洋史学』第二二六号、二〇〇七年、鈴木直志「新しい軍事史の彼方へ?――テュービンゲン大学特別研究領域『戦争経験』」『戦略研究』第五号、二〇〇七年、ラルフ・プレーヴェ『一九世紀ドイツの軍隊・国家・社会』（阪口修平監訳、丸畠宏太・鈴木直志訳）創元社、二〇一〇年を参照のこと。

（6）Jürgen Kloosterhuis, *Bauern, Bürger und Soldaten. Quellen zur Sozialisation des Militärsystems im preußischen Westfalen,* Münster 1996, Martin Winter, *Untertanengeist durch Militärpflicht? Das preußische Kantonsystem in brandenburgischen Städten im 18. Jahrhundert,* Bielefeld 2005.

（7）Büsch, Militärsystem, S. 73.

（8）Ebd., S. 72. passim

（9）Ebd., S. 49.

（10）Otto Hintze, Staatsvefassung und Heeresverfassung, in: Ders. (hrsg. v. G. Oestreich), *Staat und Verfassung,* Göttingen 1967 (zuerst 1906).

（11）一九六〇年代までのドイツで行われた軍国主義をめぐる議論は、V・R・ベルクハーン『軍国主義と政軍関係――国際的論争の歴史』（三宅正樹訳）南窓社、一九九一年、とくにその第三章「ドイツと日本における軍国主義論」に詳しいので参照されたい。

（12）論述の都合上、以下ではビュッシュへの言及のみにとどめるが、ヒンツェを引き継ぐ研究にはこの他にも、G・エストライヒを経てJ・クーニッシュに至るラインが存在する。こちらは、ビュッシュの社会史的な軍制史とは異なり、国制史の観点から軍隊を問うもので、ヒンツェの継承者としてはむしろこちらの方が本流である。Vgl. Gerhard Oestreich, Zur Heeresverfassung der deutschen Territorien von 1500 bis 1800. Ein Versuch vergleichender Betrachtung, in: Ders., *Geist und Gestalt des frühmodernen Staates,* Berlin 1969 (zuerst 1958), Johannes Kunisch (hrsg.), *Staatsverfassung und Heeresverfassung in der europäischen Geschichte der frühen Neuzeit,* Berlin 1986.

（13）Eugen v. Frauenholz, (hrsg.), *Das Heerwesen in der Zeit des Absolutismus,* München 1940.

（14）近世ドイツの民兵制度に関する研究は Oestreich, *Zur Heeresverfasung* が基本文献である。わが国の研究には、神寶秀夫「ドイツ絶対主義的領邦に於ける軍制」『法制史研究』第三五号、一九八五年（同『近世ドイツ絶対主義の構造』創文社、一九九四年に再録）がある。

（15）Reskripte über das Verbot, die Worte „Miliz“ oder „Militär“ zu gebrauchen, in: Frauenholz, Heerwesen, Beilage XXXVII S. 231f.

（16）Winter, Untertanengeist, S. 61.

（17）Hartmut Harnisch, Preußisches Kantonsystem und ländliche Gesellschaft: Das Beispiel der mittleren Kammerdepartements, in: B. R. Kroener /R. Pröve (hrsg.), *Krieg und Frieden. Militär und Gesellschaft in der frühen Neuzeit*, Paderborn 1996, S. 142.

（18）Curt Jany, Die Kantonverfassung Friedrich Wilhelms I., in: *Forschungen zur Brandenburgischen- und Preußischen Geschichte*, Bd. 38, 1926, S. 232, 262. 一七一四年の軍人服務規程（Reglement）では、帰休兵の俸給は半額支給されることになっていたが、一七二六年の規定では教練期間の三ヵ月を除いて俸給はなく、すべて中隊長の管理下に置かれた。

（19）Max Lehmann, Werbung, Wehrpflicht und Beurlaubung im Heere Friedrich Wilhelms I., in: *Historische Zeitschrift*, Bd. 67, 1891, S. 281.

（20）軍人王の治世直前にあたる一七〇〇年ごろには、ヨーロッパで燧石銃が新兵器として普及し、その結果、銃兵の身長が高ければ高いほど、火力の効果をいっそう高めることが可能になっていた。というのも、この先込め銃は、銃身が長ければ十分な距離を射程におさめることができ、装填棒を素早く銃身から出し入れすれば、連続射撃の回数を増やせたからである。長い腕を持つ長身者は、それゆえヨーロッパ中で熱望された。H. Bleckwenn (hrsg.), Kriegs- und Friedensbilder 1725-1759, Osnabrück 1971, S. VI. なお近年の研究は、この軍事技術的理由に加えて、美的理由にもしばしば言及する。整然と並ぶ長身の兵士たちは、軍隊に美しい外観を与えるとともに、その強さを示すステイタスシンボルにもなったからであるという。Winter, Untertanengeist, S. 153.

（21）Friedrich v. Ribbentrop, *Verfassung des Preußischen Cantons Wesens; historisch bearbeitet und mit einigen Bemerkungen versehen*, Minden 1798, S. 30. なお度量衡は、周知のように近世ドイツでは場所と時代によって著しく異なっていた。ここではゲープハルトのハンドブックの付表に従って、プロイセンの一フィート（＝一二インチ）を三一センチ（一インチ＝約二・六センチ）として計算する。Anhang (Wichtige Münzen, Maße und Gewichte), in: *Gebhardt Handbuch der deutschen Geschichte*, Stuttgart 2001.

（22）Martin Winter, Preußisches Kantonsystem und städtische Gesellschaft. Frankfurt an der Oder im ausgehenden 18. Jahrhundert, in: R. Pröve und B. Kölling (hrsg.), *Leben und Arbeiten auf märkischem Sand: Wege in die Gesellschaftsgeschichte Brandenburgs 1700 – 1914*, 1999, S. 249.

（23）Jany, Kantonverfassung, S. 234. 阪口『プロイセン絶対王政の研究』二〇六頁。
（24）同前書二二四頁。
（25）Königliche Kabinetts-Ordre betr. die dem Regiment Finckenstein (bezw. v. Marwitz) zum Zweck der Enrollirunggeschäfte zugeteilten Städte und Feuerstellen vom 1. Mai 1733, in: Frauenholz, Heerwesen, Beilage XXXXVIII S. 243ff. したがって、一七三三年のカントン条令には、註2でシュモラーが述べたような一般兵役義務の理念は一切記述されていない。彼がそのような記述をしたのはおそらく、一八世紀のアルニムの著作（Karl Otto von Arnim, *Über die Canton-Verfassung in den Preußischen Staaten und die von dem Obristen Bröecke verweigerte Verabschiedung des Enrollierten Elsbusch*, Frankfurt /Leipzig 1788, S. 7）以来流布した通説に依拠したからだと思われる。
（26）「名簿にどう記載するのか、兵士の徴集と除隊の手続きをどうするのかについて、まだ規定はなかった。……中隊は自分たちの任意で徴集していた」。Jany, Kantonverfassung, S. 245.
（27）騎兵連隊には一八〇〇世帯が割り当てられた。これに対して東プロイセンでは、歩兵連隊が約七六〇〇～七九〇〇世帯、騎兵連隊が約三八〇〇世帯で一つの徴兵区をなした。Ebd. S. 244f.
（28）Arnim, Über die Canton-Verfassung, S. 7, Jany, Kantonverfassung, S. 238f. この証書の記載事項を王令から読み取ることはできないが、ヴィンターによれば、兵役義務者の地位や状態、免除の可否、管轄連隊が記載されていたという。Winter, Preußisches Kantonsystem, S. 248.
（29）Ribbentrop, Cantons Wesens, S. 30f.
（30）Arnim, Über die Canton-Verfassung, S. 8.
（31）阪口『プロイセン絶対王政の研究』二一八～二三五頁。
（32）休暇兵は、賜暇制度によって農村に帰郷する帰休兵だけではない。駐屯地に在営する兵士に対しても、歩哨に最低限必要な人員を除いて休暇が与えられた。彼らは非番兵（Freiwächter）と呼ばれる。中隊経営の詳細については、南正也「一八世紀プロイセンの中隊経営――利殖手段としての軍隊経営」『クリオ』一〇・一一合併号、一九九七年を参照のこと。
（33）Winter, Untertanengeist, S. 187.
（34）Ebd. S. 96. 先に引用したリッベントロップも、一七九八年の時点で、軍人王の時代を同じようなイメージのもとで回顧している。「昔、生まれたばかりの男の子には、揺りかごにいる時からもう赤い襟飾り〔兵役義務のあることを示す印〕がつけられた。結婚と定住にあたっては、将校が私腹を肥やそうと、臣民の自由を異常なまでに制限した。そんな昔のことを、今の幸せなプロイセン人は物悲しい気持ちで思い起こす」。Ribbentrop, Cantons Wesens, S. 31. カントン制度から等族が締め出されていた軍人王の時代が暗黒時代で、フリードリヒ大王の時代を経た一八世紀末が「幸せ」だと述べている点は、本章のこの後の議論にとっても非常に重要なので留意されたい。

(35) August Skalweit, Die Eingliederung des friderizianischen Heeres in den Volks- und Wirtschaftskörper, in: *Jahrbücher für Nationalökonomie und Statistik*, Bd. 160, 1944, S. 205.

(36) Winter, Untertanengeist, S. 189.

(37) 将校の職権濫用に対する等族の苦情については、阪口『プロイセン絶対王政の研究』二二八頁以下を参照のこと。

(38) Instruction, welchergestalt bey der Revision der Cantons verfahren werden soll, in: Frauenholz, Heerwesen, Beilage LXXI (1763), LXXII(1764), S. 281ff.

(39) 翌年の訓令では「年齢の別なく（ohne Unterschied des Alters）」と規定され（第一条）、登録にあたっての年齢制限がなくなっている。また同訓令では、徴集する兵士の身長を五フィート五インチ以上と定めている（第九条）。Ebd., S. 287ff.

(40) 「徴兵区原簿」という言葉が使われているのはこの箇所だけで、それ以外では（後の一七九二年の条令においても）「徴兵区名簿（Canton-Rolle）」が用いられている。史料で両者は同一のものを指していると思われるので、本稿の以下の論述でも区別して用いない。

(41) Ingrid Mittenzwei, *Friedrich II. von Preußen. Eine Biographie*, Berlin (Ost) 1979, S. 130.

(42) アルニムは、七年戦争によって大量の欠員が生じ、徴兵区名簿も消失したために、連隊がかなり無思慮な新兵補充を行ったことを伝えている。Arnim, Über die Canton-Verfassung, S. 10f.

(43) 国王は連隊に甲乙丙の等級を設けて、連隊が自己責任で行う従来の募兵を優秀な甲連隊にのみ許可した。これに対して、乙丙の連隊には外国での募兵が禁じられ、国王自身によって調達される兵士が補充された。これについては大王自身が政治遺訓の中で言及している。Dietrich, Die politischen Testamente, S. 515.

(44) Bernhard R. Kroener, Armee und Staat, in: J. Ziechman (hrsg.), *Panorama der fridericianischen Zeit. Friedrich der Große und seine Epoche*, Bremen 1985, S. 396, Winter, Untertanengeist, S. 189f.

(45) Canton-Reglement, in: Frauenholz, Heerwesen, Beilage LXXXIII, S. 309ff.

(46) マクデブルクの等族は「新兵は将校とグーツヘルによって構成された委員会によって採用さるべきである」と要望していた。阪口『プロイセン絶対王政の研究』二二五頁。

(47) 条令の規定はあくまでも原則的なものだったので、具体的な運用では免除要件をめぐるトラブルがその後も絶えなかった。結果、条令には一七九八年までに四〇を越える変更が加えられ、兵役免除の適用層はいっそう拡大した。Winter, Untertanengeist, S. 263.

(48) フリードリヒの一七五二年の政治遺訓には次のような文章がある。「どんな制度であっても濫用の危険がある。カントン制度もまた同じである。……将校はさまざまな口実をもうけて徴兵区の金銭を巻き上げ、商人や手工業者、農家の一人息子を登録している。……他方で注意が必要なのは、とくにオーバーシュレージエンとヴェストファーレンで、貴族や役人、聖職者が登録の邪魔をすることである。そのような場合には、農村ではなく軍隊の方が支持される。農民、都市民と軍人とのあいだには、ある種の力の均衡を保たせるように為政者は絶えず務めねばならない。そうすれば、彼らは相互に抑制しあうだろう」。Dietrich, Die politischen Testamente, S. 410f. ここからは、国王が軍隊と文官の相互牽制を通じてカントン制度を運営しようとしていたこと、そしてそれは七年戦争前からすでに国王の方針であったことが分かる。

(49) Jürgen Kloosterhuis, Zwischen Aufruhr und Akzeptanz. Zur Ausformung und Einbettung des Kantonsystems in die Wirtschafts- und Sozialstrukturen des preußischen Westfalen, in: B. R. Kroener/ R. Pröve (hrsg.), *Krieg und Frieden*, S. 190.

(50) 鈴木「近世ドイツにおける軍隊と社会」一九一頁以下。

(51) Hans Bleckwenn, Altpreußischer Militär- und Landadel. Zur Frage ihrer angeblichen Interessengemeinschaft im Kantonwesen, in: *Zeitschrift für Heereskunde*, Bd. 49, 1985. 著者のブレックベンは、ビュッシュ批判のいわば草分け的存在ともいえる在野の研究者である。ビュッシュ説が不動の座にあったとき、彼の主張にはさしたる反響がなかったが、近年、彼の業績はひろく受容されつつある。表6－1は当時の将校名簿（Rangliste）を元に作成されたものである。ブレックベンによれば、この名簿には将校の氏名、年齢、勤務年数、出身地が記載されているという。Ebd., S. 94.

(52) ブレックベンはその理由として、東プロイセン州の規模が大きく、なおかつ人口が希薄であったことを挙げている。Ebd., S. 94.

(53) S・ハフナー『プロイセンの歴史——伝説からの解放』（魚住昌良監訳、川口由紀子訳）東洋書林、二〇〇〇年、一二八頁。ハフナーは、一八世紀のプロイセンを「国家以外の何物でもない国、民族をもたず、部族をもたず、抽象的で、啓蒙主義の精神で構築された、行政と司法と軍事だけの機構」（同一二六頁）だという。また「どの民族にも、どの種族にも根付いていず、いわばどうにもできるというこの抽象的な国の在り方こそ、プロイセンの強さであった」（一二八頁）とも述べる。いずれも傾聴に値する指摘であろう。

(54) 一六八八年から一七一三年までの戦時徴集は、領邦君主の軍事召集権（Aufgebotsrecht）に基づいて、租税分担と同じ方法、つまり国家の地方行政官庁から通知された必要分を、局地の等族の行政機関が調達する方法で行われた。等族的行政機関の具体例としては、マルクの富農層の自治組織であった Erbentag が挙げられる。Kloosterhuis, Zwischen Aufruhr und Akzeptanz, S. 176.

(55) Kloosterhuis, Bauern, Bürger und Soldaten, S. XVI, Ders., Zwischen Aufruhr und Akzeptanz, S. 168f.

（56）Circulare wegen der Werbungs-Cantons in den Provinzen jenseits des Rheins（1735）, in: Frauenholz, Heerwesen, Beilage LII, S. 250, Kloosterhuis, Bauern, Bürger und Soldaten, Q35ff. ヴェストファーレンでは一徴兵区に約八〇〇世帯と、東部より多い世帯数が割り当てられている。その上、ミンデン北部には国王徴兵区（Königskanton）なるものが設置され、近衛連隊や首都に駐屯する他の連隊がこの区域で新兵を補充した。Kloosterhuis, Ebd., S. XVI. なお、西部諸州へのカントン制度の導入が東部より二年遅れた具体的な理由は、現在もなお不明であるという。Ders., Zwischen Aufruhr und Akzeptanz, S. 168.

（57）Kloosterhuis, Bauern, Bürger und Soldaten, S. XVII, Ders., Zwischen Aufruhr und Akzeptanz, S. 180.

（58）Kloosterhuis, Bauern, Bürger und Soldaten, S. XVIf.

（59）Curt Jany, *Geschichte der Preußischen Armee vom 15. Jahrhundert bis 1914*, Bd. 3, Osnabrück 1967（zuerst 1928/29）, S. 443f. Skalweit, Eingliederung, S. 209, Winter, Preußisches Kantonsystem, S. 251.

（60）Skalweit, Eingliederung, S. 210.

（61）前註で引用したハレ駐屯連隊の割り当て世帯数に見られるように、領土拡大などを通じて、徴兵区の規模は大きくなった。一七九〇年代頃には、ほとんどの歩兵連隊の徴兵区が一万世帯以上を数え、中には一万五〇〇〇世帯を超える徴兵区もあったという。Peter H. Wilson, Social Militarization in Eighteenth-Century Germany, in: *German History*, Vol. 18, No. 1, 2000, p. 19. 徴兵区の割り当て世帯数が増えるということは、当然のことながら、住民にとっては負担の軽減を意味する。

（62）ドイツの小領邦には、ヘッセン＝カッセルやシャウムブルク＝リッペなど、人口に占める軍隊の比率がプロイセンより大きい国がいくつか存在した。それらと比較した場合、プロイセンの人的負担は特別に重いわけではなかったとウィルソンはいう。Ibid. p. 20. 従来のように、フランスやオーストリアといった大国とではなく、帝国の小領邦とプロイセンとを比較する彼の視点は、近世ドイツ軍制の中にプロイセン軍を位置づけて考える場合に有益ではないかと思われる。

（63）Harnisch, Preußisches Kantonsystem, S. 155ff.

（64）Ebd., S. 157.

（65）Ebd., S. 160. 一七六九年と七〇年のハトマースレーベン村（ハルバーシュタット）の会計記録によると、徴兵区検査委員会の経費として、肉や鶏を用いた豪華な食事、ビール、タバコ、ブランデー、馬糧が計上されているだけでなく、郡長書記への一ターラー八グロッシェンの付け届けも記録されている。史料的に裏付けられないけれども、接待の場で、大農の息子を兵役対象から外すよう交渉が行われた可能性が高いとハルニッシュはいう。

（66）Ebd., S. 163.

(67) 同時代人のミラボーは「プロイセンは軍隊を持つ国家ではなく、国家を持った軍隊である」と評した。皮肉とはいえ、この言葉はやはり、プロイセンにおける軍隊の影響力の大きさを示すものとして、つねに想起すべきであろう。Kroener, Armee und Staat, S. 393.

(68) Kloosterhuis, Bauern, Bürger und Soldaten. Grundzüge der Sozialisation des Militärsystems im preußischen Westfalen, 1713-1803, in: Ders., *Bauern, Bürger und Soldaten*, S. VIIff.

(69) 鈴木「近世ドイツにおける軍隊と社会」一九〇頁以下。

(70) Jany, Kantonverfassung, S. 228. ヤーニーはカントン制度の起源を民兵制ではなく、傭兵軍の募兵管区の中に見ている。

(71) Lehmann, Werbung, S. 266f. Winter, Untertanengeist, S. 67f. Harnisch, Preußisches Kantonsystem, S. 143.

(72) このような立場に立つと、一七三三年という年は、カントン制度の成立にとって決定的な年にはならなくなる。なぜなら、一七三三年を重視するヤーニーらは、この年のカントン条令に一般兵役義務の理念――国家のすべての住民は、その生まれながらの防衛者である――が表明されたとするアルニムの憶測の記述に基づいているからであり、しかも註25で示したように、実際の王令にはこれについて何も言及がないからである。制度の成立にとってより重要な意味を持つのは、ハルニッシュが推定した、一七一七年のレーエンの自由地化の方であろう。これによって騎士領の所有権は貴族に委譲され、同時にレーエンに付随していた緊急動員権（ius sequelae）が消滅し、その結果貴族は、これまで王権の兵員要求に対して盾となっていた領民の召集権（Landfolge）を用いることができなくなったのである。Harnisch, Preußisches Kantonsystem, S. 148. フリードリヒ一世の民兵創設の試みが等族の抵抗によって何度も挫折したのに対して、カントン制度の導入に際して等族から目立った抵抗が起こらなかった理由は、このレーエンの自由地化によって説明できる可能性が高い。プロイセン軍の兵員補充は、ここから新たな局面に入ったのである。

(73) わが国でいち早くこの可能性を示唆したのは、神寶秀夫氏である。「カントーン制でドイツ軍制全体を代表させるべきでなく、逆に前者を後者の中に位置づけること」（神寶「ドイツ絶対主義的領邦に於ける軍制」五三頁）との指摘は、まさにここでの筆者の主張と同じものである。

(74) 「地殻変動」とも称すべき新しい歴史像を提示するのは、山崎彰『ドイツ近世的権力と土地貴族』未來社、二〇〇五年である。なお、この著作への筆者の書評（『西洋史学』第二二四号、二〇〇七年）と、鈴木直志ほか「ブランデンブルク近世史と東西ヨーロッパ――山崎彰著『ドイツ近世的権力と土地貴族』の合評と著者の応答」『西洋史学』第二二八号、二〇〇八年も併せて参照されたい。

第Ⅲ部　文化史からみた軍隊

——プロパガンダ・啓蒙・記憶

第七章

初期近代ヨーロッパにおける正戦とプロパガンダ

――オーストリア継承戦争期におけるプロイセンとオーストリアを例に

屋敷二郎

はじめに

オーストリア継承戦争期における戦時プロパガンダ研究の先駆的業績『第一次・第二次シュレージエン戦争におけるプロイセンおよびオーストリアの戦時プロパガンダ』(一九九六年)を著したジルヴィア・マズラは、プロパガンダを「自己の利益において他者の政治的に重要な観点ないし行動に影響を及ぼすこと」と定義し、さらに戦時プロパガンダを「戦争に直接・間接に関連する事象に付随するすべてのジャーナリズム的努力」と定義する。[1]『普遍的王国――初期近代の政治的指導理念』(一九八八年)を著したボスバッハによれば、「そこで提示されるものは、真剣に受けとめられねばならない。その発言は、時代の政治的判断においてこうした効果を得るために何が必要だったか、あるいは少なくとも何が必要と思われたか、を示すものである」。[2]

このような戦時プロパガンダ文書は、歴史における軍隊と社会のあり方を探る上で、非常に有益である。パレスチナ問題[3]やヴェトナム戦争[4]の例を想起すれば分かるように、マスメディアが高度に発達した現代社会では、プロパガンダが時に決定的重要性を持つことすらある。それは、社会における戦争と軍隊の像を映し出す鏡の一つである。

しかしながら、初期近代ヨーロッパにおける戦時プロパガンダ文書の研究は、ようやく緒に就いたばかりと言ってよい。[5]その一因として、プロパガンダがしばしば総力戦時代の現象として捉えられてきたことが挙げられよう。さらに、現実のいわば「メタ次元」に属するプロパガンダを単なる口実や都合の良い解釈を並べた文書として位置づけてきた長い伝統のゆえに、政治学や社会学の素材としてはともかく、歴史学の素材として扱うための方法が確立していないことも挙げられるだろう。また、思想家の著作や公的な法律・条約文などに比して、研究対象となるべき確固たる文献類型として扱われることが少なく、体系的な蒐集・出版が遅れてきたことも付け加えて良いだろう。[6]

しかし、「現実」というものが「生起したこと」「為されたこと」だけでなく「語られたこと」「考えられたこと」をも含み込むような絡み合いのなかで構成される複合的存在であるとすれば、現実の「メタ次元」に立ってはじめて見えてくる「現実」があるに違いない。本章においては、このような見地から、オーストリア継承戦争期のプロイセンとオーストリアを例に、初期近代ヨーロッパにおける正戦とプロパガンダを取り上げることにしたい。

第一節　初期近代ヨーロッパの正戦とプロパガンダ

正当化の手段と根拠

ユルゲン・ハーバーマスの壮大な理論に従えば、政治的公共性はフランス革命期にようやく登場するものであり、初期近代の身分制社会においては、政治的エリートの「代表的公共性（repräsentative Öffentlichkeit）」[7]についてのみ語りうる。しかし、マズラが指摘するように、このような定式化は初期近代のパンフレット文献の範囲や内容に関する多くの研究成果に一致しない。[8]むしろコンラート・レプゲンが指摘するように、初期近代の為政者たちもまた、戦時の行動に関して身分制的・公的な「正当化圧力（Legitimationsdruck）」[9]の下にあったと考える方が適切であろう。ましてや、説明可能性が合理的統治の要件としてクローズアップされるに至った啓蒙絶対主義の時代[10]には、軍事行動の正当性に対する「説明」が必要不可欠のものとして認識されるに至ったのであり、為政者はそのことを真摯に受けとめて自己の行動規範としたのである。

軍事行動の正当化としての戦時プロパガンダは、自国の利権・利害の主張の一環として行われるものであり、時代を問わず普遍的に見られる現象である。たとえそれが仮に「我が帝国の一部となることは貴国に安全と繁栄をもたらすにもかかわらず、貴国が併合に抵抗するがゆえに軍事力を用いざるをえない」といった類の一方的な通告であったとしても、併合に応じる代償として安全と繁栄を約束しているわけだから、最低限の「正当化」と言える。もちろん、このような公然たる脅迫は、正当化手段としては低次元のものであり、言うまでもなく正当化の機能を十分に果たすことはできない。

より有効な正当化の方法は、法的な正当化根拠に訴えることである。法的に妥当だと認められるような主張であれば、敵国政府の抵抗に対する重大な牽制となりうる。法的な正当化が成功した場合には、抵抗することが国際法上「不正」とみなされることすらありうる。それに加えて、第三国政府に対して、自国の軍事行動の正当性を受け入れさせ、自国への軍事的・政治的協力を引き出し、敵国への協力を自制させる効果をも期待することができる。このような軍事行動の法的正当化には、十字軍からイラク戦争に至るまで、中世キリスト教神学に端を発する正戦論がしばしば活用されてきた。

正戦論に基づく法的正当化は、単なる「口実」に尽きるものではない。確かに、現実政治はしばしば法的正当化を乗り越え、時に法的正当化のあり方さえも変えてしまうことがあるだろう。しかし、例えば領土拡大欲や敵愾心といった現実政治の「動機」ではないからと言って、法的正当化が後付けの口実でしかないとするのは、あまりに短絡的である。

むしろ、そこには現実政治と法的正当化との厳しい緊張関係を見出すべきであろう。圧倒的な現実政治の嵐のなかで法的正当化は船のように翻弄されつつも、それでも法的正当化という形を取らなければ、現実政治はその最大の効果を挙げることができない。言い換えれば、現実政治は、まさに目的に向かって現実的に最大限の効果を挙げようとするがゆえに、法的正当化という枠組みに依拠せざるを得ないのである。(11)

本章が考察の対象とする啓蒙絶対主義の時代は、一般国民に対するプロパガンダが本格的に始まった時代でもある。啓蒙主義は反戦平和主義ではない。啓蒙主義は多元的で多様な諸々の思想的潮流の総称にすぎないからである。もちろん、軍隊と戦争に対する批判の声をあげた啓蒙主義者は大勢いる。しかしその批判は、個々の論者の依拠したばらばらの論拠を捨象して「啓蒙主義」という現象全体として考察した場合、軍隊生活の野蛮、戦争のもたらす人心の荒廃など、非理性に対する批判として捉えることができる。したがって、啓蒙の要請はむしろ、軍事行動の正当性に関する説明可能性に向けられていた。戦時プロパガンダは、そのための有効な道具であった。

プロパガンダと国民

啓蒙絶対主義はまた、古代地中海世界のパトリオティズム（祖国愛）を甦らせ、近代市民社会を先取りする形で、国家に対する下からの貢献を一般国民に求めるようになった。フリードリヒ大王の教育改革や司法改革には、このような傾向がはっきりと看取される。(12)本章が課題とする軍隊に関しても、この下からの国家貢献を求める傾向を見出すことができると思われる。そのための重要な道具の一つが、自国民に対する戦時プロパガンダである。

自国民に対する戦時プロパガンダは、軍事行動の正当性を自国民に知らせ、納得させ、その意義を内面化することで、自ら進んで軍事行動に協力・参加することを促すものである。少なくとも同時代の他国軍との比較においては傑出した紀律で知られたはずのプロイセン軍ですら、ブレーカーの例にみられるように、近代の軍隊では想像もできないほどの脱走兵がいた。(13)しかし、のちのナポレオンのフランス国民軍について言われるように、兵士がその軍事行動を「自己のもの」として内面化していれば、脱走どころか戦場での勇敢な振る舞いへと動機づけられたはずである。前近代の軍隊に決定的に欠如していたのは、したがって、このような一般兵士レヴェルでの当事者意識であろう。自国民に対するプロパガンダが重要だった理由の一つは、ここにある。

また、前近代の軍隊は一般に自己完結していないのが通常である。[14] 駐屯や糧秣確保が典型的な例である。これは軍隊を受け入れる側の一般市民に多大な負担を強いることになる。これらの市民の不安と負担感を和らげ、自国の守護者として感謝の念を持って受け入れさせることができれば、それは軍隊の側にとっても、市民の側にとっても、むしろ幸福なことと言えるであろう。この意味においても、自国民に対するプロパガンダは重要である。

他国民に対するプロパガンダも重要である。初期近代ヨーロッパにおいても他国民の世論が政府の方針決定に影響を及ぼしえたことは言うまでもない。もちろん近代民主主義国家のように考えるわけにはいかないが、それでも絶対主義国家だから王侯貴族が庶民の意向を無視して好き勝手に何でもできたなどと考えるのは思い込みにすぎない。まして説明可能性への感度が非常に高まった啓蒙の時代ともなれば尚更である。

とりわけ、その「他国民」が、まさにこれから軍事行動によって「解放」しようとする地域の住民であったならば、戦時プロパガンダの果たすべき役割は極めて重大なものとなる。敵軍の来襲を前に不安におびえる現地住民に対して、自分たちが抑圧からの解放者であることを伝え、これまでの伝統的な法・権利・慣習が守られることを約束することは、敵軍の士気を下げるばかりか、軍事的成功の後の占領・併合・支配のプロセスをより容易にするものである。

さらに、現地住民が従来の統治者に対して一定以上の不満を抱いていた場合には、このようなプロパガンダは非常に有効な正当化手段となりうる。実際のところ「良き古き法」観念は初期近代においても根強く生き残っており、しかも抑圧は常に「固有の権利の侵害」としてのみ把握されるものであるから、新しい支配者を迎えることと伝統的な法・権利・慣習が守られる（ないし守られるようになる）ことの間には、何の矛盾もないどころか、むしろ順接的な関係すら見出しうるのである。[15]

正戦論の展開

ここで国際法史における正戦論の発展を簡単に振り返っておくことにしよう。[16]

そもそも正戦の観念は、古代ギリシアのアリストテレスにまで遡ることができるが、それが本格的に展開されるに至ったのは、イスラム教徒やスラヴ人など異教徒・異端者との戦争（「聖戦」）を神の教えと調和的に理解することを試みた中世キリスト教神学においてである。ところが、アウグスティヌスによって基礎を据えられ、トマス・アクィナスによって完成された神学的正戦論は、正戦の成立要件を詳細に分析するもので、神学でありながらも優れて法学的な性格を有した。[17]トマスの『神学大全』第Ⅱ―二部第四〇問によれば、正戦に不可欠の要素は、①君主の権威（auctoritas principi）、②正しい原因（causa iusta）、③正しい意図（intentio recta）である。

「君主の権威」とは、公的権力による戦争の独占を意味する。それゆえ、中世ヨーロッパにおける紛争解決の基本形式である自力救済（フェーデ）は禁止される。クリュニー修道院の改革運動の一環として始まった「神の平和」運動から発展した「ラント平和」がマインツの大帝国ラント平和令において完結したのは、トマスがまだ一〇歳の少年だった一二三五年のことである。「正しい原因」とは、戦争原因の限定を意味する。これによって防衛戦争や不正に奪われたものの回復だけが正当な原因とみなされた。しかし、このような外形的な要件だけではなく、それを「正しい意図」によって遂行せねばならない。すなわち、戦争を行うにあたって善をなし悪を斥ける「意思」が問題とされ、たとえ侵奪物の回復であっても復讐心や支配欲から行われる戦争は不正な意図によるがゆえに正戦の要件を満たさない。

これらの要件のうち、アウグスティヌス以来の中世キリスト教神学において最も重視されてきたのは「正しい原因」であった。

中世キリスト教神学における正戦論はすでに優れて法学的な議論であったが、これが世俗の国際法学に移しかえられる媒介項となったのが、いわゆるサラマンカ学派である。[18]このスペインの後期スコラ学者たちは、なお神学の枠内にありながらも、のちのグロティウスとともに開花する近代自然法論・近代国際法学の先駆として位置づけられている。

フランシスコ・ビトリア（一四八三／八六頃〜一五四六）は、キリスト教徒と同様に異教徒も正当な君主（君主の権威）を有するとした上で、彼らに対する戦争は正当原因がある場合にのみ許されると論じた。[19] なおビトリアは、「言い訳できる無知」が存する場合には戦争が双方にとって正当でありうると考えるなど、近代的な議論を展開しているが、他方でキリスト教宣教師を受け入れる義務に対する違反を戦争の正当原因に数えている。

ビトリアの考えをさらに体系的に発展させたのが同じくサラマンカ学派のフランシスコ・スアレス（一五四八〜一六一七）である。スアレスの提起した論点は、中世ヨーロッパの決闘裁判を彷彿とさせるもので、非常に興味深い。それによれば、正戦を遂行する君主は、正義の弁明に関して真正の裁判管轄権を有するとされる。したがって、その君主の交戦行為は裁判所の判決に準《なぞら》えられる。原告は同時に裁判官になりえないという異議に対して、スアレスは戦争が人類にとって不可避であり、それ以上の方法は見出されないと反論している。[20]

正戦論が神学者の手を離れた後、世俗の正戦論を本格的に展開したのがアルベリコ・ジェンティーリ（一五五二〜一六〇八）である。ジェンティーリは、ペルージャ大学で伝統的な註解学派の手法によるローマ法学を学んだ後、プロテスタントに改宗したことを契機にイタリアからイングランドに移住し、オックスフォード大学で権威あるローマ法欽定講座教授となった。教会法学では衡平の見地から事情変更法理（clausula rebus sic stantibus）が発展したが、ジェンティーリはこれを国際法とりわけ講和条約解釈の中に導入したことで知られる。[21] ジェンティーリによれば、戦争は（ビトリアの制約条件を欠いても）客観的にも双方にとって正当でありうるが、正当性の程度には違いがありうるし、また捕虜や戦利品などに関する戦時国際法は戦争原因の正当性とは無関係である。[22]

初期近代の正戦論の頂点に位置するのは、言うまでもなくフーゴー・グロティウス（一五八三〜一六四五）である。[23] 東インド会社の交戦活動を思考の出発点としたこともあって、グロティウスはむしろジェンティーリから後退して戦争概念に私戦を含め、かつ原則として当事者の一方にのみ正当性を認めている。他方で、戦争の正当性と戦時国際法の分離を推し進めたグロティウスは、戦争の人道化に対して大いに寄与することになった。

ジェンティーリやグロティウスが論じた「正しい方法」の問題は、エメリッヒ・ヴァッテル（一七一四〜六七）によって正戦論の中心課題へと転換された。[24] いまや議論の中心は加えられた害悪と加える攻撃との間の均衡であり、また武力行使を必要最小限なものに限定することである。この正戦論における「戦争の正当性（ius ad bellum）」から「戦争遂行における正当性（ius in bello）」への転換によって、ヨーロッパ列強における近代的な無差別戦争観への移行は準備された。

「ヨーロッパ公法」

カール・シュミットは、近代ヨーロッパ文明世界の共通法を「ヨーロッパ公法（Jus Publicum Europaeum）」[25]と呼んだ。シュミットによれば、「宗教戦争と内戦との二つに対立して、新しいヨーロッパ国際法の純粋な国家戦争が現れ、党派の対立を中立化しそれによって克服するようになる」。いまや戦争は「共同的にヨーロッパの土地においてヨーロッパの「家族」を形成し、それによって、相互に正しい敵と看做すことができる」「諸国家そのものの相互間の戦争」となった。「それによって戦争は何か決闘に類似的なものになることが可能となる」。[26]

シュミットによれば、正戦論は殲滅戦争につながる思考であり、一方の側が正当であれば、他方の側は論理的に不正となるがゆえに、中立もありえない。[27] これはビトリアやジェンティーリの正戦論を想起すれば、やや一面的な理解であるが、それはひとまず置くとしよう。これに対して、「君主の権威」ないし主権者のみが正しい戦争を行いうる、この考え方が徹底され、かつ他の要素（特に正当原因）が後景に退くと、いわゆる無差別戦争観に至ることになる。

もちろん、無差別戦争観のもとであっても、戦時国際法を遵守することは必要である。それどころか「正しい方法」の遵守は、「君主の権威」による軍事行動と私戦を区別するための基準にすらなりうる。[28] シュミットはまた、正当原因が強調される場合には、戦時国際法の発展をみないとするが、この理解もまた同様に一面的かもしれない。とはいえ、ヴァッテルが徹底して交戦規則の詳述を行いえたのは、やはり正当原因との決別が背景にあると言わざるをえないだろう。
「ヨーロッパ公法」はまた、無差別戦争観や戦時国際法の発達とともに、勢力均衡思想の発達をもたらした。勢力均衡は、単なる政治学的な思想にとどまるものではなく、文明社会の共通法たる「ヨーロッパ公法」の核心をなした。勢力均衡の維持そのものがこの共通法の重大な保護法益とみなされた。勢力均衡思想はまた、ヘゲモニー国家の誕生を阻止すべき予防思想とも深いつながりを有する。

この予防思想および勢力均衡との関連でとりわけ重要なのは、条約の拘束力について事情変更法理を認めるジェンティーリの立場が支配的となり、グロティウスのように「合意は守られるべし（Pacta sunt servanda）」として条約の遵守を厳格に求める立場が少数にとどまったことである。これは同時代の市民法（ius civile）の発達と比較して実に対照的な結果である。市民法では契約誠実思想が大原則であり、極限的な例外的事情の下でのみ事情変更法理が認められるからである。とはいえ、現実政治が条約破棄のような苦渋の判断を迫られるのはむしろ極限的な例外的事情の下であって、そうでない場合には無論、条約を遵守するものである。ゲーム理論を持ち出すまでもなく、現実政治の見地からしても、約束を破らずにすむときは破らない方がむしろ好都合だからである。

第二節　シュレージエン戦争と戦時プロパガンダ

第一次・第二次シュレージエン戦争

一七四〇年一二月、プロイセン王フリードリヒ二世は、ハプスブルク家に属するシュレージエンに軍事侵攻した。第一次シュレージエン戦争の勃発である。人口・資源に富んだシュレージエンの領有によって、北東ドイツの有力諸侯にすぎなかったブランデンブルク＝プロイセンは、神聖ローマ帝国においてハプスブルク家に対する対立軸としての地位を獲得したばかりか、一躍ヨーロッパ列強の仲間入りを果たした。(29)

その意味で、プロイセンにとっては「シュレージエン戦争」こそすべてであった。しかし、プロイセンのシュレージエン侵攻は、シュレージエン領有権をめぐる争いにとどまることなく、ヨーロッパ全体を巻き込んだ「オーストリア継承戦争」を惹起した。

この戦争は、その名が示すように、第一義的にはオーストリアの継承権をめぐって戦われたものである。それに付随して、神聖ローマ帝国の内部では、皇帝位をめぐる戦いが繰り広げられた。その限りにおいて、この戦争の主軸は「プロイセンとオーストリア」ではなかった。フリードリヒは、ブランデンブルク選帝侯の地位にありながら皇帝位を一度たりとも要求しなかったし、まして血縁関係のないオーストリア本国の継承権など主張するはずもなかった。フリードリヒはただ、シュレージエン侵攻によって、オーストリア継承権や神聖ローマ皇帝位をハプスブルク家から奪う機会を窺っていた列強に戦端を開く機会を提供したにすぎない。

「プロイセンとオーストリア」の二元主義は、オーストリア継承戦争の結果として生まれ、一八六六年七月三日のケーニヒスグレーツ会戦に至るまで、ドイツ政治史の規定要素となった。それゆえオーストリア継承戦争は、プロイセンとオーストリアの最初の対決として描かれることが多いし、歴史叙述における位置づけとしては、それが妥当な理解の仕方であろう。しかし、オーストリア継承戦争そのものの法的性質を問うならば、プロイセンの軍事行動はむしろ副次的な出来事にすぎない。少なくとも、継承戦争当時のオーストリアにとって、直接的にはオーストリア継承権も神聖ローマ皇帝位も問題にならなかった対プロイセン戦争は中心的課題になりえなかったし、プロイセンにしても、ハプスブルク家の帰趨ではなくシュレージエンの領有権だけが重要だったからである。

一七一三年の「国事詔勅」[30]によって、皇帝カール六世（一六八五〜一七四〇、在位一七一一〜四〇）は、ハプスブルク世襲領の不可分性と直系卑属の優越性（長男子一括相続および女子の補充的地位）を柱とする継承法を定めた。これによって男子継承者を欠くハプスブルク家を一括して継承するのは、長女のマリア＝テレジア（一七一七〜八〇、在位一七四〇〜八〇）と決まった。[31]この継承法は神聖ローマ帝国およびヨーロッパの列強によって承認されたが、一七四〇年一〇月二〇日に実際にカール六世が崩御すると、ハプスブルク家と血縁関係を有するザクセンとバイエルンがオーストリア継承権を主張することで、家門的支配権に依拠するヨーロッパ勢力均衡の潜在的不安定性がただちに顕在化し、国事詔勅は画餅と化した。[32]

国事詔勅が一般的に無効となれば、嫡出女子よりも傍系男子が優越する本来の継承法が効力を有することになる。「サリカ国にて女子は相続することあたわず」[33]である。そこで、プロイセンのシュレージエン侵攻をみたバイエルン選帝侯カール＝アルプレヒトや、ザクセン、スペインもまた、軍事的手段による家門的利益の追求に踏み切った。継承期待権者たちは、フランスとプロイセンの支持を期待して、反国事詔勅同盟を結成し、ハプスブルク家の所領を継承しようとした。フランスがすぐに同盟に加担したことへの対抗上、イングランドはテレジア支援に回った。[34]

カール六世崩御により空位となった帝位の帰趨もまた争点となった。最有力候補者は一七三六年にテレジアの夫となったトスカナ公フランツ＝シュテファンで、皇帝選挙に備えて、いまやオーストリア大公・ベーメン女王・ハンガリー女王となったテレジアからベーメンの共同統治者に任命されていた。しかし一七四一年一一月に選帝侯会議は皇帝選挙からベーメン選帝侯を排除した。その結果、プロイセンとフランスの支持を受けて、翌年一月バイエルン選帝侯カール＝アルプレヒトがカール七世として選出された。帝位がハプスブルク家を離れるのは実に三〇〇年来の出来事であった。もちろんオーストリアは選挙手続の適法性に異を唱えた。こうして始まったバイエルンとオーストリアの帝位簒奪論争は時とともに争点を変えながら一七四五年一月のカール七世崩御まで続いた。

軍事的状況も刻々と変化した。テレジアは、一七四一年後半に軍事的にほぼ敗北し、辛うじて一七四一年一〇月九日のクライン＝シュネレンドルフ秘密協定によるプロイセンとの休戦に逃れたが、その後しだいに盛り返した。一七四二年初にはバイエルン諸邦を一時的に占領し、翌年にはイングランドとオランダの援軍を得た。オーストリア側の軍事的成功によって、フランスはライン左岸まで後退した。ザクセンはオーストリア側に鞍替えした。帝国議会ではオーストリアによる非難文書が朗読され、帝国の利益と法律に反して行動したこと、およびカトリック司教領の世俗化を計画したことで、皇帝カール七世が非難された。

オーストリア対バイエルンの外交的・ジャーナリズム的対決の結果として、フリードリヒは再び戦端を開くことになる。フリードリヒは一七四二年六月一一日のブレスラウ講和条約によってテレジアとの単独講和（第一次シュレージエン戦争終結）を行ってシュレージエン割譲を達成し、反ハプスブルク同盟を脱退していたが、ハプスブルクの軍事的成功により割譲地の領有が不確実になったので、一七四四年に再び反対派と同盟したのである。今回の軍事行動の目的は、フランスおよびバイエルンと連携して、オーストリア軍をバイエルンから追い出し、加えてベーメンをヴィッテルスバッハ家に与えようというものであった。一七四四年八月にプロイセンはベーメンとメーレンに進軍した（第二次シュレージエン戦争勃発）。この侵攻は軍事的に失敗したが、オーストリアとザクセンに対する幾多の勝利により、シュレージエン領有を一七四五年一二月一八日のドレスデン講和条約で維持することができた（第二次シュレージエン戦争終結）。

ドレスデン講和条約によってドイツ諸邦のオーストリア継承戦争は終結した。これに先立つ一七四五年一月二〇日、皇帝カール七世が崩御すると、オーストリアはただちに次のバイエルン選帝侯と協定を結び、皇帝選挙を経て一七四五年九月一三日にフランツ＝シュテファンが皇帝フランツ一世として即位した。

三年後、他の諸国も講和を結び、オーストリア継承戦争が終結した。一七四八年一〇月一八日のアーヘン講和条約は、ドレスデン講和条約の諸規定を追認した。フリードリヒはいまやシュレージエン領有に関してイングランドとフランスの保証を確保した。マリア＝テレジアはハプスブルク帝国の存続を保証され、帝位をハプスブルク家に奪還した。こうしてプロイセンは帝国内でオーストリアのライバルとなり、ヨーロッパ列強の一員に加わった。

『反マキアヴェリ論』の正戦論とプロパガンダ

オーストリア継承戦争における正戦とプロパガンダについて語る際、戦端を開いた当の張本人であるプロイセン王

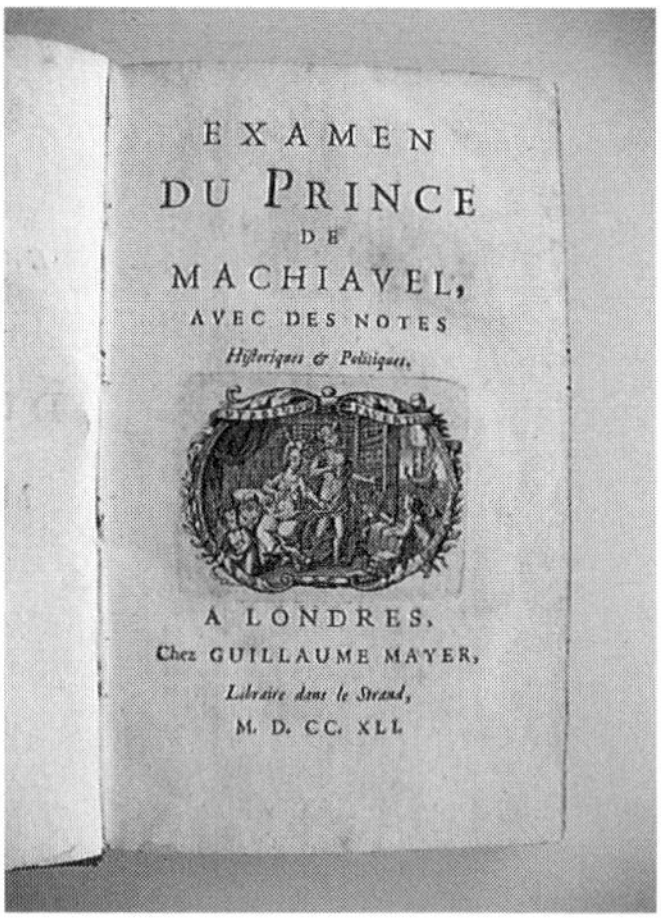

図7-1　『反マキアヴェリ論』初版の扉（M.D.CC.XLI. とあるが、すでに1740年9月末には市場に出回っていた。）

フリードリヒ二世自身が、戦端を開く半年前に出版した著作である『反マキアヴェリ論』[35]（図7－1）に触れないわけにはいかない。『反マキアヴェリ論』において人道主義的統治を説いた直後に侵略戦争に踏み切ったのだとするならば、それは「不意打ち」を可能にするためのプロパガンダ文書だったのだろうか。

通念的な思い込みとは異なり、王太子時代のフリードリヒが著した統治の綱領書『反マキアヴェリ論』は、正戦による領土獲得を当然のごとく正当とみなすばかりか、そのような機会が存在する際に戦争に踏み切るべき義務さえも君主に課している。このことは誰の眼にも一読して明らかであり、実のところ議論の余地など全くない。

フリードリヒが拒否したのは、『君主論』のマキアヴェリが唱えるような仕方で個人的野心や私益追求のために軍事行動を行うことにすぎない。啓蒙君主たるもの、国益の増大に資する場合には、むしろ当然に「人民の第一の下僕」として正戦を行わねばならない。正戦の遂行は、君主にとって、許可でも認容でもなく、人民のために履行せねばならない社会契約上の義務である。したがって、オーストリア継承戦争にあたって、サン・ピエールが失望の意を表した[36]ことは、以下に示すように明白な誤解に基づくものだが、このような誤解は、極めて遺憾なことに現代の歴史学研究にまでしばしば受け継がれている。

そもそも『反マキアヴェリ論』は、厳密な意味でのプロパガンダ文書ではない。王太子フリードリヒが、啓蒙絶対主義という新時代の統治綱領を自ら構想し、それを世に問うたものである。実際、サン・ピエールが誤解してフリードリヒの軍事行動を非難したことから分かるように、自己の軍事行動に対する世論の支持を獲得するためのプロパガンダ文書として考えるならば、『反マキアヴェリ論』は失敗に終わったことになるだろう。あるいは逆に、相手を油断させて不意打ちをするためのプロパガンダ文書として考えるならば、十分に効果を挙げたと言えるのかも知れない。しかし、そのような虚偽に基づく権力政策は、まさに『反マキアヴェリ論』第一八章が「世間の信頼を失うので背信は一度しか成功しない」として批判したものであり、[37] それを目的として『反マキアヴェリ論』そのものが著されていると考えるのは論理的に無理がある。

それに、表題だけみて中身も読まずに「ブランデンブルクのお世継ぎはマキアヴェリを批判する本を書いたのか、あの国は平和になりそうだな」などと思い込んだりせずに、『反マキアヴェリ論』と真剣に対峙すれば、フリードリヒに「相手を油断させて不意打ちをする」意図など全くなかったことは誰でも容易に理解できただろう。

実際、フリードリヒに「不意打ち」する意図がなかったことは明白である。書物の要点だけ知りたいとき、人はまず適当に何頁かを眺め、目次をみて、序論と結論だけを読むのではないか。『反マキアヴェリ論』の場合はこうなる。頁を左右に分割して『君主論』と対比する形でフリードリヒ自身のテクストが印刷されていること、また目次をみると第二六章を除いて独自の章タイトルを持たないこと、すなわち『君主論』のタイトルを踏襲していることに気づかざるをえない。とすれば、当然に誰しもが、フリードリヒが唯一独自のタイトルを付した第二六章に関心を抱くだろう。しかも、第二六章は、結論にあたるべき最終章である。断言しても良い。本当に『反マキアヴェリ論』を手に取ったことが一度でもあれば、絶対にこの第二六章のタイトルが目に入らないはずはない。そして、まさにその第二六

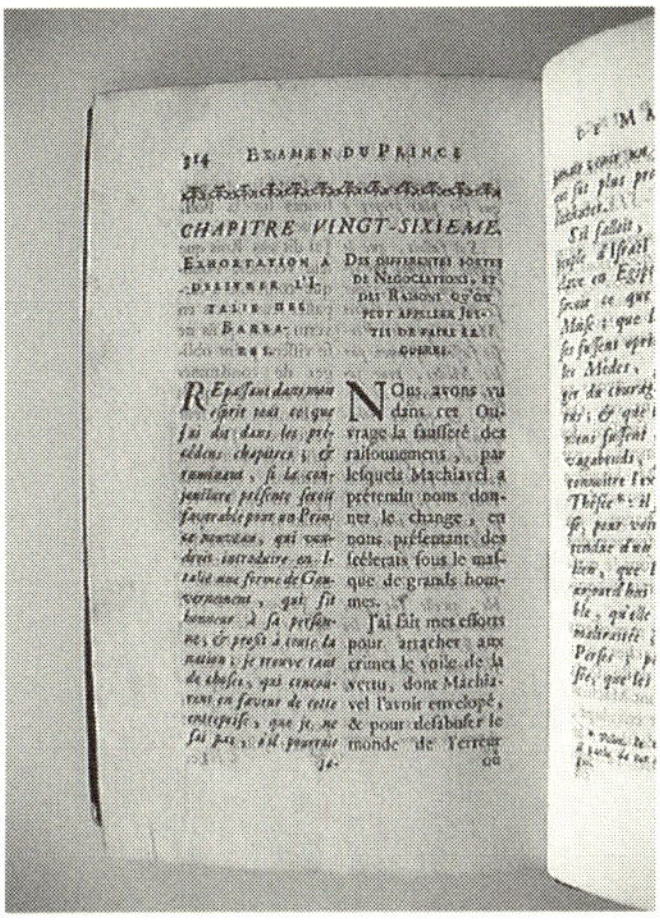

図 7-2 『反マキアヴェリ論』初版第26章（頁の左半分にイタリックでマキアヴェリのテクスト「イタリアを蛮族から解放すべし」が、右半分にフリードリヒのテクスト「外交交渉ならびに戦争の正当原因」が印刷されている。）

章は「外交交渉ならびに戦争の正当原因」と題されている（図7－2）。『反マキアヴェリ論』の結論部は正戦論なのである。

また『反マキアヴェリ論』を手に取る際に、かの有名な「第一の下僕」の定式を探さない者はいないだろう。この言葉は、序論に続く第一章に早くも登場する。すなわち、「君主は、自己の支配下にある人民の絶対的主人であるどころか、その第一の下僕にすぎない」。ところが、それに続く次の段落においては、君主になる合法的手段として「継承によるか、その資格のある人民の選挙によるか、正当に企てられた戦争によって敵の幾地域かを占領した場合か」、すなわち継承・選挙・正戦の三つが掲げられている。これでは気づかないほうが不思議である。もちろん、君主となる合法的手段なのだから、この「正戦」はもちろん肯定されるべきものであり、否定のはずがない。

このように、フリードリヒは『反マキアヴェリ論』第一章の「第一の下僕」という言葉の直後で「正戦」を肯定し、唯一独自のタイトルを付した最終章である第二六章で正戦論を正面から論じているのである。[38] これでもフリードリヒに「相手を油断させて不意打ちをする」意図があったと言えるだろうか。

フリードリヒは『反マキアヴェリ論』第二六章において、「正義を維持し、諸国民の間に平和を回復するための方法が、外交交渉の他にはなかったとすれば、世界は実に幸福であっただろう」と留保しつつも、現実には「不正によって抑圧されようとしている人民の自由を武力によって防衛する必要がある場合」が生じ、「まさにそのような場合には、良き戦争が良き平和を与え、確実にするという逆説が真実となる」と述べている。

では、具体的にどのような場合に「人民の自由を武力によって防衛」すべき事態が生ずるのか。フリードリヒは、防衛戦争・権利の維持・予防戦争・同盟の履行の四類型を挙げている。それゆえ「正しい原因」の類型化を重んじるという点において、フリードリヒの正戦論は基本的に古典的なスタイルであるように思われる。

ここで気になるのが、第二および第三の類型である。

第二の類型に関して、『反マキアヴェリ論』の言葉を用いるならば、「君主が異論の余地のある権利や期待権を維持するために行う戦争」ということになる。これは継承権をめぐる戦争である。私人であれば裁判所で紛争を解決しうるが、君主たちの上には法廷が存しないので、「戦闘においてその権利が決定され、その理由の妥当性が判断されるべきである」。

ここでフリードリヒは「君主は武器を手に訴訟する」と述べているが、この言葉からは、君主の交戦行為を司法判決に準えたスアレスの正戦論が想起されるであろう。しかし、スアレスの場合は、重大な不正を犯したがゆえに刑罰権行使の対象となる国家は正戦を行う国家の裁判管轄権に服すべし、という議論であった。これに対して、フリードリヒがここで論じているのは「異論の余地のある権利」「期待権」をめぐる戦争であるから、むしろ想定されているのは、ジェンティーリが論じたような、双方がそれなりに正当な権原を有するにもかかわらず、当該紛争に管轄権を有する裁判所が存在しないという状況である。この点には、正戦論を掲げつつも無差別戦争観へと移行しつつある啓蒙絶対主義時代の知的状況が感じられるだろう。

第三の類型に関しては、「ヨーロッパのより大きな勢力のゆきすぎた権勢がまさに溢れ出ようとしていると思われ、世界を飲み込みそうである場合」には、君主は他国と連携して迅速に対抗措置を取り「攻撃戦争に訴え」ねばならない。これは「ヨーロッパ公法」の重大な保護法益たるべき勢力均衡の思想に基づいた予防戦争の主張に他ならない。それゆえ、フリードリヒがこれを正当原因の第三類型として掲げていることは、形式的には正戦論の古典的スタイルを踏襲しているが、実質的には、むしろシュミット的な「ヨーロッパ公法」のもとでの勢力均衡に即した議論だと言えるだろう。

ここでフリードリヒは何を念頭に置いているのだろうか。『反マキアヴェリ論』の二年前に書かれた『ヨーロッパ政体の現状に関する考察』（一七三八年）に手がかりがある。それによれば、皇帝カール六世の目標は「帝国における専制政の確立とオーストリア家の無制限支配」[39]であり、国事詔勅は帝位をハプスブルク家の世襲とする試みに他ならず、「オーストリア家は帝国からいずれ選挙権を奪い、その一族の恣意的支配を確立し、ドイツが太古より有してきた民主的国制を君主政に変えようと欲している」。[40]

これを要するに、プロイセン王太子フリードリヒは、プロイセンが継承期待権を有するあらゆる領土に関して、まさに人民に対する義務として、積極的に武力行使に訴えること、ヨーロッパの勢力均衡を害するようなハプスブルク家の覇権を認めず、そのような試みに対しては他国と連携して先制攻撃に訴えることを、機密文書でも何でもない市販された自著において（！）明確に宣言していたのである。ここまで来ると、『反マキアヴェリ論』の出版は不意打ちを狙ったカムフラージュどころか、むしろ公然たる軍事侵攻の予告に近いことが分かるだろう。

極論すれば、『反マキアヴェリ論』の論旨を正確に理解し、これを真面目に受けとめていれば、フリードリヒの軍事行動は事前に予測可能であったことになり、オーストリア継承戦争の戦略面では国力で圧倒的な優位にあったオーストリア側に十分な開戦準備を促すことになって、プロイセンに不利に働いた可能性があるだろうし、他方で、国際世論の面では虚偽に基づかない公然たる権力政策としてプロイセンへの支持が得やすくなったかも知れない。しかし、実際にはそうならなかった。[41]

つまりは、ラインスベルク宮の若き文学・哲学愛好者の著作を、誰も真面目に読まなかったということである。そんなことがありうるだろうか。ほぼ全ヨーロッパを敵に回して七年戦争を戦い抜き、プロイセン飛躍の立役者となった大王の若き日の著作を？　しかし、このような疑問を抱くのはアナクロニスムである。

歴史の現実はむしろ逆である。オーストリア継承戦争でシュレージエンを獲得し、それを七年戦争で守り抜いたからこそ、プロイセンは大国の仲間入りを果たしたのである。シュレージエンを獲得する以前、すなわちフリードリヒが即位する以前のブランデンブルクは、ドイツ北方の辺境国家にすぎない。その充実した軍事力や機能的な官僚制が現実に威力を発揮し、広く知られるようになるのは、オーストリア継承戦争の後の話である。同時代の視点に立つとき、『反マキアヴェリ論』は、ヨーロッパの強国プロイセンのフリードリヒ大王が王太子時代に著した著作ではなく、辺境国家の無名の王太子が書いた著作にすぎない。ウィーンの宮廷が一顧だに払わなかったのは、むしろ自然なことですらある。

しかし、プロイセンの側からすれば、『反マキアヴェリ論』には重要な意味があった。少なくともフリードリヒ自身は、徹底した思考によって検証した自己の信念を新時代の統治綱領として著すことによって、すでに即位以前の段階で、完成した統治のシステムとスタイルを構想できていたのである。実際、あれほど長期にわたる激動の治世を経たにもかかわらず、フリードリヒ大王の思想は王太子時代から一七八六年に崩御するまで、ほとんど揺らぐことがなく、その基本構造は不変不動であった。[42] それゆえ、プロイセンは、オーストリア継承戦争の過程を通じて明確な戦争目的を維持することができ、効果的なプロパガンダを伴った軍事行動を行うことができた。これは、対応が後手後手に回らざるを得なかったオーストリア側に対する大きなアドヴァンテージであった。

戦時プロパガンダが示唆するもの――プロイセン

国王は盛大な仮装舞踏会の後に、ベルリンを去って、一二月一四日にクロッセンに到着した。偶然ちょうどこの日に教会の鐘を吊るしたが、朽ちた綱を断ち切ろうとして鐘が落下した。人々はこれを不吉な前兆と考えた。民衆の胸には、まだ迷信的な観念が支配していたからである。不快な印象を掻き消すために、国王はこの前兆を良い意味に解釈した。いわく、鐘が墜ちたのは、高いものが下に落ちねばならないことを意味する。オーストリア家はブランデンブルク家と比較にならないほど高い地位にあるから、この徴候から明らかに、プロイセンが勝利を得ることが分かる、と。民衆を知る者は、このような説明で民衆を説得するのに十分だと心得ている。

一二月一六日に、軍隊はシュレージエンに侵攻した。軍隊はぜんぜん敵がおらず、また季節が野営を許さなかったので、宿営についた。彼らは進軍の途上で、シュレージエンに対するブランデンブルク家の請求権を説明してきた。同時に宣言が公表された。それは大体、プロイセンがこの領邦を第三者の侵入から保護するために占領するのだ、という意味であった。そしてこの宣言からは明らかに、彼らがこの領邦を穏便に立ち去らないことが予測されていた。この宣言の結果、シュレージエンの民衆と貴族は、プロイセン軍の侵入を、敵の襲撃ではなく、隣人がその同盟者に示すのと同様の救助とみなした。また宗教すなわち民衆のこの最も神聖な偏見が、人々をプロイセン寄りにする役に立った。というのも、シュレージエンの住民の三分の二がプロテスタントで、オーストリア家の狂信による長年の抑圧を受けてきたので、国王を天国から派遣された救済者として迎えたからである。

『わが時代の歴史』において、フリードリヒは、第一次シュレージエン戦争の勃発をこのように描いている。[43] この記述からは、フリードリヒが自国民および占領地住民の人心掌握に意を砕いていた様子がありありと分かる。そして、その手段の一つとして存分に活用されたのが、文中でも触れられている「宣言」すなわち戦時プロパガンダ文書であった。以下においては、第一次シュレージエン戦争におけるプロイセン側の戦時プロパガンダ文書を取り上げて、それが示唆するものを考えることにしよう。関係する文書は、以下の六つである。

①　侵攻宣言（Declaration vom 13. Dez. 1740: PStSch. I 62f.）。[44]

先の引用文で言及された文書。プロイセン王がウィーンの宮廷に対して何らの害意も持たないこと、また帝国の安寧を害する意図もないことを強調し、ブランデンブルク家によるシュレージエン継承権を主張する。事前通告も宣戦布告もなしに突然の侵攻を行った理由は、他の継承期待権者に先んずるためであるとし、プロイセンはハプスブルク家の利益を大いに支持する（！）と宣言する。

②　シュレージエン人への特許状（Patent an die Schlesier: PStSch. I 69–71）

「敵の襲来という謂れなき恐怖を取り除くため」印刷され広く配布された。シュレージエン継承権への言及はなく、もっぱら予防思想が展開されている。

③　国王が軍隊をシュレージエンに侵攻させることを決断した理由に関する備忘書（Mémoire sur les raisons qui ont déterminé le Roi à faire entrer ses troupes en Silésie: PStSch. I 75–78）

シュレージエンの大部分に対するプロイセンの権利主張を展開する。それによれば、大選帝侯フリードリヒ＝ヴィルヘルムによるシュレージエン継承権の放棄は、シュヴィーブス公領と引き換えだったが、皇帝レオポルト一世は国王フリードリヒ一世から同公領を背信行為で奪い取ったため、継承権が復活した。また軍人王フリードリヒ＝ヴィルヘルム一世による国事詔勅の承認は、ベルク大公領の継承権に対する皇帝の保証が反対給付であったが、これが反故にされた以上は無効である。よって、国事詔勅はプロイセンを拘束せず、本来の男子レーエンに復帰したシュレージエンをマリア＝テレジアは継承しえない。プロイセンの侵攻はこの特殊事情に基づくもので、オーストリア継承への異議申立ではない、と主張されている。

④（ルーデヴィヒによる）法的根拠を有する領有権（Rechtsgegründetes Eigenthum: PStSch. I 102–119）[45]

シュレージエンの四公領（リーグニッツ、ブリーク、ヴォーラウ、イェーガードルフ）に対する権利を詳しく論証する。それによれば、一五二四年に購入[46]されたイェーガードルフおよび一五三七年のピアスト侯家とブランデンブルク選帝侯家との継承契約[47]で獲得された他の三公領は自由譲渡可能レーエンであるにもかかわらず、ベーメン王家はこの権利を不当に剥奪した。ブランデンブルク傍系が領有してきたイェーガードルフ公領は、一六二一年に最終領有者がアハト宣告を受けたため皇帝に没収[48]されたが、アハトの効力は直系卑属にしか及ばないとする同時代の法学者の共通見解（communis opinio）に基づき、再びブランデンブルクに帰すべきだった。またフェルディナント一世（一五二六～六四ベーメン王、一五五八～皇帝）が一五四六年に継承契約を無効としたのは違法だが、実際に男系が断絶した一六七五年にウィーンの宮廷は代替地としてシュヴィーブスを提供しており、ブランデンブルクの継承権を暗黙に認めている。しかし、シュヴィーブスはレオポルト一世の詐欺行為でフリードリヒ三世の即位に際して返還させられたがゆえに、三公領に対する継承権は完全に復活した。ハプスブルクの権勢によって従来は請求しえなかったが、いまや同家は女子が継承し、当該地域は男子継承地ゆえに、プロイセンによる四公領の領有はもはや異論の余地がない。またベーメン王はレーエン義務違反ゆえに当該地に関して封主権を主張しえない、と主張されている。

⑤（コクツェーイによる）自然法および帝国法に根拠を有する領有権の詳論（Nähere Ausführung des in denen natürlichen und Reichs-Rechten gegründeten Eigenthums: PStSch. I 122–135）

ルーデヴィヒ作成の文書④の要点を解説した文書。

⑥（コクツェーイによる）反対主張への応答（Beantwortung der Gegeninformation: PStSch. I 122–135）

文書④および文書⑤に対するオーストリア側の対抗文書に反駁した文書。

以上の戦時プロパガンダ文書におけるプロイセンによるシュレージエン継承権の主張は、客観的な事実に照らして検証した際に、それなりの正当性を有しているが、同じことはオーストリア側の戦時プロパガンダ文書についても妥当する。マズラによれば、従来の研究はこれらの主張内容の正当性に関心を寄せてきたが、戦時プロパガンダ研究の立場からは、むしろ法的議論の展開・前提・帰結が重要であるという。[49]また従来の研究は、ラインスベルク会談録[50]に始まるシュレージエン侵攻作戦において、フリードリヒは法的議論を重視したのか（コーザー）、それとも純政治的・軍事的議論にしか関心を寄せなかったのか（シーダー、クーニッシュ、ヴァイス、バウムガルト）といった議論に集中してきた。[51]

しかし、本章の観点からむしろ興味深いのは、これらの文書において展開された「法的」議論や「政治的」議論が、正戦論において持つ意味合いである。すなわち、そこで主張されている「法的」主張とは、プロイセンがシュレージエンに対する継承権を有することに他ならないが、他の継承期待権者の存在は決して排除されていない。プロイセン側からみれば、シュレージエンは（女子継承が不可能であるから）マリア＝テレジアによって継承されておらず、いわば他の期待権者に先んじて差押えた者の領有に帰する状態にある。さらにまた、国事詔勅の有効性を主張するオーストリア自身も「継承期待権者」に加えることができるだろう。これはまさに、『反マキアヴェリ論』の正戦論の第二の類型「君主が異論の余地のある権利や期待権を維持するために行う戦争」に他ならない。「政治的」主張について

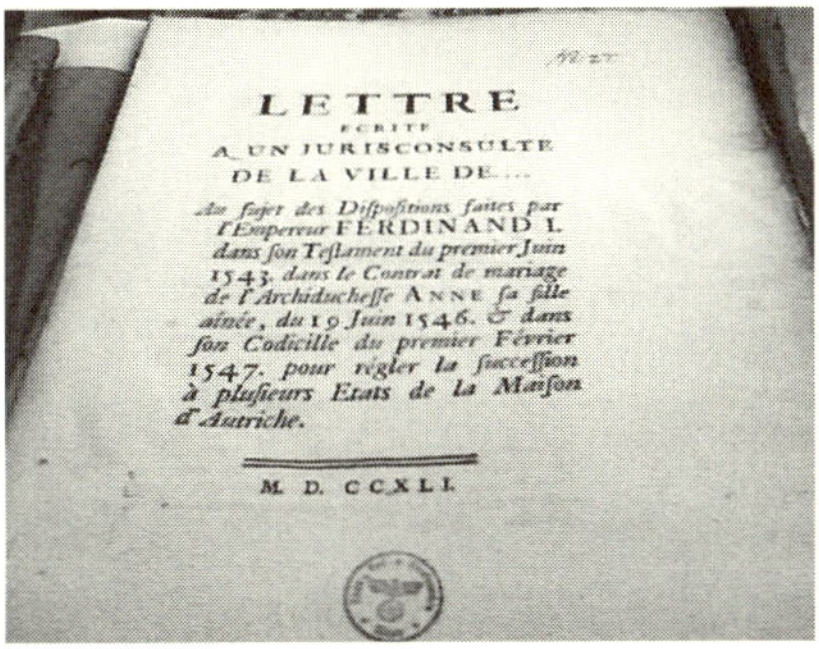
LETTRE
ECRITE
A UN JURISCONSULTE
DE LA VILLE DE....
au sujet des Dispositions faites par l'Empereur FERDINAND I. dans son Testament du premier Juin 1543. dans le Contrat de mariage de l'Archiduchesse ANNE sa fille aînée, du 19 Juin 1546. & dans son Codicille du premier Février 1547. pour régler la succession à plusieurs Etats de la Maison d'Autriche.
M. D. CCXLI.

図 7-4　バイエルンへの印刷対抗文書

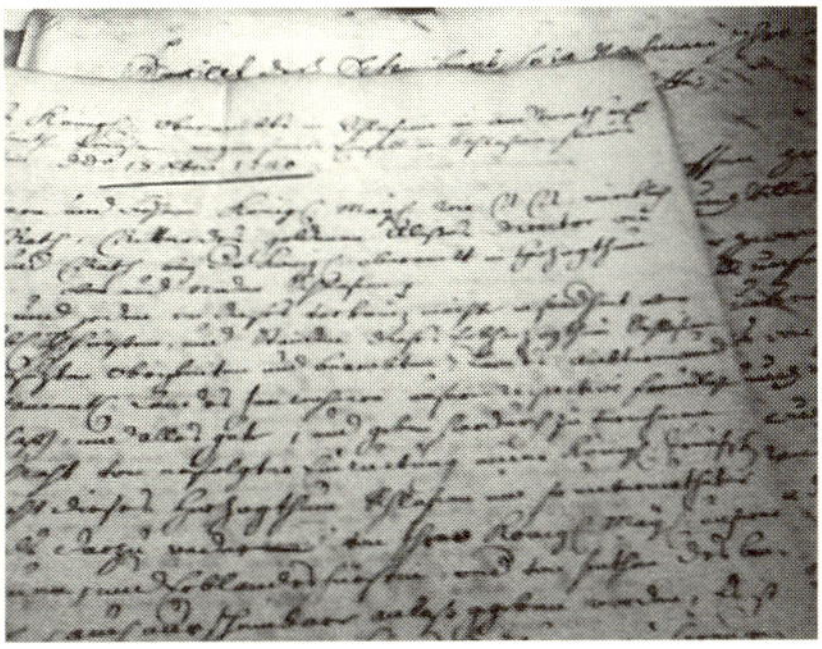

図 7-3　プロイセンへの手書き対抗文書

オーストリア継承戦争期におけるオーストリア側プロパガンダ文書の例
（ウィーン皇室・宮廷・国立文書館（HHStA）所蔵）

も同様である。勢力均衡の思想は、すでに述べたように「ヨーロッパ公法」の時代において単なる政治的観念ではなく重大な保護法益であり、『反マキアヴェリ論』の正戦論の第三の類型は、まさにこの思想に基づく予防戦争なのである。

『反マキアヴェリ論』の正戦論に照らしてプロイセンの戦時プロパガンダ文書を見るとき、継承戦争における「法的根拠」が排他的で絶対的な権利主張でなくても正戦論における法的正当化にとって何ら不都合がないこと、予防戦争における「政治的根拠」がまさに正戦論における法的正当化の根拠であることが、浮き彫りになる。

戦時プロパガンダが示唆するもの——オーストリア

オーストリア側の対プロイセン戦時プロパガンダ文書を調査すると、そのほとんどが手書き文書であることに気がつく（図7－3）。もちろん複製が作成されるにしても、所詮、手書きでは大量に配布するわけにいかないので、宮廷・君侯・将軍・外交官など一部の支配階層だけを対象にしたプロパガンダ文書であると言わざるをえない。プロイセン側のプロパガンダ文書が印刷されたり新聞に抜粋・翻訳が掲載されたりしたことと比較すると、明らかに後手に回った印象を抱かざるをえない。[52]

ここで一つの仮説を考えてみよう。オーストリアが開戦当時まだ一般国民へのプロパガンダの重要性に気づいていなかったのに対して、当初からプロパガンダの重要性に気づいていたプロイセンは、軍事行動それ自体だけでなく、プロパガンダでもオーストリアを圧倒し、それが軍事的成功をより確実なものとした、とは考えられないだろうか。また、オーストリアがプロパガンダの重要性に気づくのが遅れたため、プロイセンに対する本格的なプロパガンダ攻勢が展開される前に、クライン＝シュネレンドルフの休戦協定の成立によってプロイセンとの早期停戦が確定し、それゆえ相応の準備期間が必要な印刷文書によるプロパガンダを欠いたとは言えないだろうか。

この仮説を補強するために、対バイエルン戦時プロパガンダ文書と比較してみよう。実はオーストリア側文書でも、対バイエルンとなると全く事情が異なって、非常に多くの印刷文書がある（図7－4）。オーストリア国立古文書館（Haus-, Hof- und Staatsarchiv Wien: HHStA）に残されたオーストリア継承戦争期の延べ三七篇（三五種）四二一葉におよぶ印刷プロパガンダ文書をみると[53]、バイエルン側の対オーストリア文書と合わせて、激しいプロパガンダ合戦が行われた様子が窺われる。軍事的敗北を喫して早期停戦に持ち込まれてしまった対プロイセン戦とは異なり、対バイエルン戦においてオーストリアには相当の時間的余裕があり、その間に軍事的のみならずプロパガンダ合戦においても体勢を立て直すことができた。対プロイセン戦の過程でプロパガンダの重要性を改めて認識したオーストリアは、対バイエルン戦において印刷物を用いた本格的なプロパガンダを展開したのである。

内容的にも、初期の印刷文書には、皇帝フェルディナントの遺言書などオーストリアの継承権に関する証拠文書を掲載して、正攻法で法的正当性を訴えるものが多いが、やがて「ある法律顧問への手紙（Lettre ecrite à un jurisconsulte）」（一七四二）[54]といったフィロゾーフ風の書簡体パンフレットが現れるなど、より大衆性を意識したものが現れるようになる。そして、一七四三年（第二次シュレージエン戦争期）に入ると、両陣営ともに「愛国者（Patriot）」が一つのキーワードとして浮上してくるのである。厳密な法的正当性の論証から祖国愛の訴えへの変化は、プロパガンダの大衆化を意味すると言えるかもしれない[55]。

ところで、そこからさらにもう一つの仮説が浮かび上がってくる。考えてみれば当然のことであるが、同時代のハプスブルク家にとっては、一領邦の断片にすぎないシュレージエンをプロイセン王フリードリヒにさらわれて国事詔勅の定める領土不分割相続に失敗したことなどよりも、バイエルン選帝侯カール＝アルプレヒトにさらわれた神聖ローマ皇帝位のほうが、ずっと重大な問題だったのではないだろうか。だからこそ、圧倒的なプロイセンの軍事力を見せつけられたあとの戦局打開のためとはいえ、継承戦争の張本人であるプロイセンとの早期講和に容易に応じたのではないか。

というのも、ハプスブルク家が選挙で選出されるはずの皇帝位を長きにわたって事実上世襲してこられたのは、何よりもまずベーメン王の地位を世襲してきたからである。皇帝位にあればこそ、血縁者をケルン・マインツ・トリーアの聖界諸侯に確実に就けることができたのであり、これと世襲のベーメン選帝侯位とで、多数決で決定される選帝侯会議において常に多数を確保してきたのである。オーストリア大公位自体は、神聖ローマ帝国において有力諸侯の一つにすぎず、ブランデンブルク選帝侯やバイエルン選帝侯に対抗する余地などない。スペイン王位もハンガリー王位も、帝国外の話である。すなわち、こと帝国に限れば、ハプスブルクの命運を握っていたのは、ベーメン王たる地位であった。

オーストリア継承戦争の勃発は、そのことを改めてハプスブルク家に自覚させた。ベーメン王位をまず奪還し、皇帝位を取り戻すということが、何よりも先決問題だったのであり、だからこそ、オーストリアは対バイエルン戦時プロパガンダの展開にあれほど傾注したのではないだろうか。

もちろん、バイエルンを排除し、ベーメン王位と皇帝位を取り戻したのち、マリア・テレジアがシュレージエン奪回を掲げて外交政策を展開したのは疑う余地のない事実である。しかし、そのことと、シュレージエンを獲得したことで国力を倍増させヨーロッパ内での大国としての地位を確立したプロイセンを、その後のドイツ帝国へと至る発展の道から逆照射しようとするプロイセン史学とがあいまって、継承戦争当時のオーストリア宮廷における政治的優先順位の理解について、やや歪みが生じているのかも知れない。オーストリアの戦時プロパガンダ文書に照らしてみると、そのように思われてくる。

まとめ

本章においては、従来の研究において必ずしも適切な取り扱いがなされてこなかった戦時プロパガンダ文書を、社会における戦争と軍隊の像を映し出す鏡として活用し、「メタ次元」に立ってはじめて見えてくるような「生起したこと」「為されたこと」と「語られたこと」「考えられたこと」が複雑に絡み合う歴史の「現実」を認識する手がかりを得ようと試みた。その限りにおいて、あくまでも仮説ないし示唆の域を超えるものではないものも含めて、従来の研究においては看過しがちであったいくつかの点を指摘することができたのではないかと思う。

しかしながら、本章で多少なりとも踏み込むことができたのは、例えば正戦のモチーフが戦時プロパガンダにおいてどのように活用されるのか、といった場面にすぎず、そこからさらに深く、その活用は社会に対する軍事行動の正当化としてどのように機能しているか、それは社会におけるどのような軍隊の位置づけやイメージを反映しているか、といった領域に踏み込むことは、全く手つかずのままである。また、第二次シュレージエン戦争期の戦時プロパガンダ文書に突如として現れる祖国愛のモチーフは、近代的な国民軍の形成と大衆動員の時代を見据えた上で、その意味を見極めねばならないだろう。そのためには、研究の対象となる時期を七年戦争にまで拡大しつつ、さらに深い領域にまで分け入っていかねばならないだろう。

物語（historia）はまだ始まったばかりである。

［註］

（1）Mazura, Silvia: Die preußische und österreichische Kriegspropaganda im Ersten und Zweiten Schlesischen Krieg, Berlin 1996, S.

15. 初期近代のプロパガンダに関する研究状況については、同書一六-二六頁が参考になる。

（2）Bosbach, Franz: Monarchia Universalis. Ein politischer Leitbegriff der frühen Neuzeit, Göttingen 1988, S. 15.

（3）エドワード・W・サイード（中野真紀子訳）『オスロからイラクへ――戦争とプロパガンダ 2000-2003』みすず書房、二〇〇五年（Edward W. Said, *From Oslo to Iraq and the road map*, New York: Pantheon Books, 2004）参照。

（4）ヴェトナム戦争は、プロパガンダの失敗、あるいは「逆」プロパガンダ現象の典型的な事例と考えることができる。正規の宣戦布告を経ずに戦局が拡大したために戦時情報管制が敷かれることなく、そこに北ヴェトナム側の情報過疎が相俟って、アメリカ軍の蛮行に関する従軍報道が一人歩きして、アメリカ社会の中にヴェトナムにおける戦争遂行への反発、さらにはアメリカ軍を非人道的殺害者とするような拒否感すら生成してしまった。

（5）オーストリア継承戦争に関しては前出のMazura（註1）参照。また七年戦争に関する近年の成果として、Manfred Schort: Politik und Propaganda. Der Siebenjährige Krieg in den zeitgenössischen Flugschriften, Frankfurt am Main 2006がある。

（6）この点に関しては、一九世紀プロイセン史学の先駆性が際立っている。すなわち、第一巻でオーストリア継承戦争期（一七四〇～四五）、第二巻で戦間期（一七四六～五六）、第三巻で七年戦争勃発期（一七五六年上半期）におけるプロパガンダ文書を含む国家文書を蒐集したPreussische Staatsschriften aus der Regierungszeit König Friedrichs II (PStSch.), Bde. I-III, Berlin 1877-1892の刊行である。とはいえ、ドロイゼン以後のプロイセン史学がプロパガンダの問題に熱心に取り組んだかと言えば、否である。

（7）ユルゲン・ハーバーマス（細谷貞雄訳）『公共性の構造転換――市民社会の一カテゴリーについての探究〔第二版〕』未來社、一九九四年（Jürgen Habermas: Strukturwandel der Öffentlichkeit. Untersuchungen zu einer Kategorie der bürgerlichen Gesellschaft, Frankfurt am Main 1990）。

（8）Mazura（註1）, S. 19.

（9）Repgen, Konrad: Kriegslegitimation in Alteuropa. Entwurf einer historischen Typologie, in: Von der Reformation zur Gegenwart, hg. v. Klaus Gotto u. Hans Günter Hockerts, Paderborn 1988, S. 70. なおレプゲンは「戦争を遂行する者はその理由を道義的に（moralisch）根拠づけねばならない」（S. 76）とするが、むしろ「法的に（juristisch）」と述べた方がより適切であっただろう。すべての道義的理由が正当化根拠となりえたのではなく、そのなかで何らかの法的正当化を可能にしうるものだけが戦争の正当化根拠となりえたからである。

（10）拙著『紀律と啓蒙――フリードリヒ大王の啓蒙絶対主義』ミネルヴァ書房、一九九九年、六頁以下を参照。

（11）この点に関して、『君主論』のマキアヴェリは全く理解できなかったか、あるいは敢えて理解を示さないことで挑発的に問題を提起しようとした。『反マキアヴェリ論』のフリードリヒは、まさにこの点において「アンチ・マキアヴェリスト」なのである。なお、前掲拙著三二頁を参照。

(12) 前掲拙著、一二五頁以下、一四三頁以下を参照。

(13) 本書第四章（阪口論文）を参照。

(14) 鈴木直志『ヨーロッパの傭兵』山川出版社、二〇〇三年を参照。

(15) 「良き古き法」の観念とその機能については、いまなおフリッツ・ケルン（世良晃志郎訳）『中世の法と国制』創文社、一九六八年（Fritz Kern: Recht und Verfassung im Mittelalter, Darmstadt 1952）、カール・クレッシェル（石川武監訳）『ゲルマン法の虚像と実像――ドイツ法史の新しい道』創文社、一九八九年、村上淳一『近代法の形成』岩波書店、一九七九年などの古典的研究から学ぶべきことが多い。

(16) 初期近代の国際法文献に占める戦争法の重要性に関しては、周圓による計量的分析（屋敷二郎・周圓「『一六～一八世紀法学文献コレクション』の現状と展望――夢路よりかえりて」『一橋大学社会科学古典資料センター年報』三〇号（二〇一〇年）、七～九頁、一四～一五頁）を参照。

(17) その背景として、正戦論が狭義の神学内部にとどまらず、グラティアヌスやホスティエンシスなどカノン法学者によって活発に議論されたことが挙げられるだろう。

(18) スペインの後期スコラ学については、ハンス・ティーメ（村上淳一訳）「自然法論の発展にとってスペインの後期スコラ学が有した意義」、同（久保正幡監訳）『ヨーロッパ法の歴史と理念』岩波書店、一九七八年、一～二一頁を参照。

(19) ビトリアの正戦論（「戦争の法について（De iure belli）」）の邦訳として、上智大学中世思想研究所『近世のスコラ学（中世思想原典集成20）』平凡社、二〇〇〇年、一二七一～一三三五頁所収の工藤芳江訳、および伊藤不二男『ビトリアの国際法理論』有斐閣、一九六五年、二九二～三四三頁所収がある。なお、伊藤一一八頁以下、アーサー・ニュスボーム（広井大三訳）『国際法の歴史』こぶし社、一九九七年、一一七頁（Arthur Nußbaum, *A Concise History of the Law of Nations*, Revised ed., New York : Macmillan, 1954, p. 81）を参照。

(20) スアレスの正戦論（「戦争について（De bello）」）の邦訳として、伊藤不二男『スアレスの国際法理論』有斐閣、一九五七年、一五二～二五一頁所収がある。なお、伊藤六二頁以下、ニュスボーム一三〇頁（p. 90）を参照。

(21) ニュスボーム一三七頁（p. 96）。

(22) ニュスボーム一三九頁（p. 97）。

(23) グロティウスの正戦論については、大沼保昭編『戦争と平和の法――フーゴー・グロティウスにおける戦争、平和、正義〔補正版〕』東信堂、一九九五年、一一三頁以下を参照。
(24) ヴァッテルによる正戦論の転換については、山内進「正戦論の転換と「ヨーロッパ公法」の思想」大芝亮・山内進編著『衝突と和解のヨーロッパ』ミネルヴァ書房、一九九七年所収、四〇頁以下を参照。なお、戦時国際法における最も重要な論点の一つである掠奪については、山内進『掠奪の法観念史――中・近世ヨーロッパの人・戦争・法』東京大学出版会、一九九三年を参照。
(25) ヨーロッパ公法の概念については、カール・シュミット（新田邦夫訳）『大地のノモス――ヨーロッパ公法という国際法における』慈学社、二〇〇七年（Carl schmitt: Der Nomos der Erde im Völkerrecht des Jus Publicum Europaeum, Berlin 1950）および山内「正戦論の転換と「ヨーロッパ公法」の思想」を参照。
(26) シュミット一六二頁（S. 113）。
(27) シュミット一六三頁（S. 114）。
(28) ここでは、正規軍同士の戦闘による捕虜と、非対称戦争におけるテロ・ゲリラ・スパイ活動などに従事した者との区別を想起しておこう。
(29) フリードリヒが『わが時代の歴史』（一七四六年）冒頭で挙げた数字によれば、開戦前のプロイセンの歳入は七四〇万ターラー、人口は三〇〇万人であった。これに対してオーストリアの歳入は二八〇〇万ターラーで、実に四倍近い国力の格差である。
(30) もともと国事詔勅（Pragmatische Sanktion）は詔勅（Reskript）の荘重な一形式を指す用語である。たとえば、オスナブリュック講和条約一七章二条には「永久法にして帝国の国事詔勅（perpetua lex et pragmatica Imperii sanctio）」との文言がある。モーンハウプトによれば、カール六世は、ウェストファリア条約を範として国際的承認を得た安定的な継承法を確立するために、この荘重な形式を選んだ可能性があるという。Vgl. Heinz Mohnhaupt: Von den "leges fundamentales" zur modernen Verfassung in Europa. Zum begriffs- und dogmengeschichtlichen Befund (16. -18. Jahrhundert), in: Historische Vergleichung im Bereich von Staat und Recht: Gesammelte Aufsätze, Frankfurt am Main 2000, S. 26. ただし、ここで問題となる「国事詔勅」は、その名称にもかかわらず、国際的承認を得たハプスブルク家の「家法」にすぎず、普遍的拘束力のある帝国立法ではない。したがって、現実に継承が行われる段になって諸外国が承認を撤回したとしても、その道義性はともかく、法的にはこの「国事詔勅」に全く違反しない。この「国事詔勅」に対する「違反」が問題になるのは、ハプスブルク家の構成員がこれを侵した場合だけである。
(31) 厳密に言えば、マリア・テレジアが生まれたのは国事詔勅が定められた四年後の一七一七年であるから、男子のないカール六世が娘のテレジアに継承権を与えるために国事詔勅を定めたとするのは正しくない。

(32) ザクセン選帝侯フリードリヒ＝アウグスト三世（ポーランド王アウグスト三世、一六九六～一七六三、在位一七三三～六三）は、一七一九年に、カール六世の兄である先帝ヨーゼフ一世（一六七八～一七一一、在位一七〇五～一一）の長女マリア＝ヨーゼファ（一六九九～一七五七）と結婚したことにより、またバイエルン選帝侯カール＝アルブレヒト（一六九七～一七四五、在位一七二六～四五、皇帝カール七世として在位一七四二～四五、ベーメン王カレル＝アルブレヒトとして在位一七四一～四三）は、一七二二年に、同じくヨーゼフ一世の次女マリア＝アマーリア（一七〇一～五六）と結婚したことにより、それぞれオーストリア・ハプスブルク家の継承期待権者となった。

(33) シェイクスピア『ヘンリー五世』第一幕第二場（小田島雄志訳『シェイクスピア全集』五巻、白水社、一九七八年、一五四頁）。この台詞はサリカ法典五九章六条「しかし、テラ・サリカについては、いかなる分け前も相続財産も女には帰属せず、男性、兄弟たる者にすべての土地が帰属すべし（De terra vero Salica nulla in muliere hereditas est, sed ad virilem sexum, qui fratres fuerint, tota terra pertineat）」に基づく（サリカ法典の訳文は世良晃志郎訳「サリカ法典」『西洋法制史料選二 中世』創文社、一九七八年、一九頁による）。この法文はフランスをはじめ大陸諸国で女子継承禁止の根拠として広く用いられ、たとえば一八三七年にヴィクトリアがイギリス王位を継承した際にハノーファー選帝侯国とイギリス王国の同君連合が解消する原因ともなった。なお、シェイクスピアは、同じ場面（一五五頁）で、カンタベリー大司教に民数記二七章八節「ある人が死に、男の子がないならば、その嗣業の土地を娘に渡しなさい」（新共同訳）を引用させている。

(34) このことは結果として、一七四四～四八年にカナダ（ジョージ王戦争）とインド（第一次カーナティック戦争）での英仏植民地戦争を誘発することになった。

(35) *L'Antimachiavel, ou Examen du Prince de Machiavel*, à la Haye/à Londres 1741［一七四〇年刊行の初版］。批評版としては、Charles Fleischauer (ed.) in *Studies on Voltaire and the eighteenth century* 5 (1958) を参照。

(36) Abbé de Saint-Pierre, Enigme politique, 1742. なお、ニュスボーム（註19）二〇一頁（p. 143）参照。

(37) 前掲拙著（註10）三一頁以下参照。

(38) 以下で紹介する『反マキアヴェリ論』の正戦論について、より詳しくは前掲拙著（註10）二八頁以下参照。

(39) Considération sur l'état presént du corps politique de l'Europe, in J. D. E. Preuss (ed.) *Œuvres de Frédéric le Grand* 8 (1848), p. 12.

(40) *Ibid.*, p. 16.

(41) それゆえ『反マキアヴェリ論』を戦時プロパガンダ文書として理解するならば、こと軍事行動に関しては、対世的な効果において本来の目的をあげたとはいえない（論旨が理解されず反戦文書として受容されてしまった）ので、失敗に終わったことになるだろう。

(42) 詳しくは、拙著（註10）二八頁以下参照。

(43)『我が時代の歴史』（国防研究会訳『石原崇爾全集』第六巻、一九七六年所収）第二章、八三頁（Histoire de mon temps, in *Œuvres* 2 (1846), pp. 66-67.）。ただし引用にあたり訳文を改めた。

(44) Mazura（註1）, S. 72f. によれば、この侵攻宣言は侵攻に先立って駐オランダ・駐イングランド・駐ロシア公使に送付、さらに一二月一三日にその他の国に駐在する公使および（オーストリアを除く）駐ベルリン外国公使に配布され、一五日にはドイツ語訳が、一七日にはフランス語原文の骨子がそれぞれ新聞に掲載された。また、もともと一一月三日にポーデヴィルスが作成した草稿では、権原に関する法的議論はなく、純政治的な予防思想に終始しているという。

(45) Mazura（註1）, S. 151 によれば、この文書は印刷に付され、一七四一年一月に外交ルートで配布されたほか、新聞に抜粋が掲載された。また、フランス語全訳 Exposition Fidèle（PStSch. I 99）、抄訳 Abregé des Droits、ラテン語訳 Patrimonium Atavitum（PStSchr. I 101）も作成された

(46) 一五二三年、アンスバッハ辺境伯ゲオルク敬虔伯（一五二七～四三）はイェーガードルフを購入した。

(47) 一五三七年、ブランデンブルク選帝侯ヨアヒム二世ヘクトール（一五三五～七一）はリーグニッツ公フリデリク二世（一四九五～一五四七）と子女の二重結婚を合意し、同時に家系断絶の際の相互継承を定めた継承契約を締結した。

(48) 一六二一年、イェーガードルフ公ヨハン＝ゲオルク（一六〇七～二一）は、シュレージエン軍指揮官として冬王（プファルツ選帝侯フリードリヒ五世）に従軍した結果、全領地を喪失した。

(49) Mazura（註1）, S. 158.

(50) Rheinsberger Protokoll von 29. Okt. 1740, in: Politische Correspondenz Friedrichs des Grossen, bearb. v. Reinhold Koser, hrsg. v. d. Preußischen Akademie der Wissenschaften, Berlin 1879, Bd. I, S. 74-78.

(51) Mazura（註1）, S. 75f.

(52) ちなみに Mazura（註1）, S. 30 は、草稿なども含めたオーストリア側の戦時プロパガンダ文書の保存状況がプロイセン側よりも大いに見劣りすることを指摘している。

(53) HHStA Diplomatie und Außenpolitik vor 1848, Kriegsakten, 328-1 Druckschriften den österreichischen Sukzessionskrieg betreffend.

(54) Lettre ecrite à un jurisconsulte de la ville de … Au sujet des Dispositions faites par l'Empereur Ferdinand I. dans son Testament du premier Juin 1543. dans le Contrat de mariage de l'Archiduchesse Anne Sa fille aînée, du 19 Juin 1546. & dans son Codicille du

premier Février 1547. pour régler la succession à plusieurs États de la Maison d'Autriche. M. D. CCXLI.（HHStA Kriegsakten 328-1, fol. 285–296.）

(55) もっとも、継承権の前提となる「正統性」は、とりわけ身分制社会では大衆的アピール度が大きかったから、一概に初期のプロパガンダ文書がエリート層を想定したものとは言えない。その意味では、大衆化というよりも、むしろ戦時プロパガンダが啓蒙主義による祖国愛の再生と結びついて、近代的な国民動員への道を開きつつあった、と見るべきかもしれない。いずれにせよ、この点はより緻密な検討が必要である。

第八章

「セギュール規則」の検討

――アンシャン・レジームのフランス軍における改革と反動

竹村厚士

はじめに

一七八一年五月二二日の規則（Règlement）、すなわち少尉として軍務に就くために最低四代の貴族証明を求めた法令は、当時の陸軍大臣の名にちなんで、一般に「セギュール規則」と呼ばれる。この規則は、額面どおり受けとめるならば、フランス革命直前の軍隊、とくに将校団において顕在化した平民排除の動向として位置づけられる。事実、研究史上では、「セギュール規則」は久しく貴族反動の象徴であると見なされてきた。[1] むろんフランス革命をめぐる修正主義の台頭によって、貴族―ブルジョワ間の階級闘争といった構図は崩れ、社会全般にわたる貴族反動の存在もいまや疑問視されている。だが、その場合でも軍隊における排除の動向自体は否定できない。修正主義者のひとりD・ビーンは、今日なお影響力を持つ研究の中で、四代の貴族要求を軍隊特有の反動と再定義した。つまり、これは貴族内部――四代以上の旧貴族と未満の新貴族――の争いであって、かつ軍隊でのみ発生した理由は一八世紀中葉以降の改革機運と関係している、というのである。[2]

ところでアンシャン・レジームのフランス軍は、革命後の時代にさまざまな遺産を残したことで知られる。戦術や技術面での革新はもとより、とりわけ国民軍の萌芽を歴史家は重要視してきた(3)。しかし、このパースペクティヴは社会史的な軍隊研究を多数生みだす一方で、ナショナル・ヒストリーの陥穽にはまる危険性を抱えている。デモクラティックな国民軍に連なる改革と、これに逆行する反動――一八世紀の軍隊史はこうした色調で塗り潰されている感さえある。「セギュール規則」の悪評がなかなか消えないのも、かかる色調がいまだに褪せていないからだろう。

本章は、これまでの研究成果を踏まえつつ、同時代のコンテクストに基づいて「セギュール規則」の本質を問い直そうとするものである。そのうえで、アンシャン・レジームのフランス軍における〝改革〟と〝反動〟の複雑な位相を見定めてみたい。

第一節　「セギュール規則」を読む

まず「セギュール規則」の全文を示す。

国王は、そのフランス歩兵、騎兵、近衛軽騎兵（chevau-légers）、龍騎兵、および猟騎兵（chasseurs à cheval）連隊において、少尉階級への任命を推薦されるすべての臣民が、王立士官学校の生徒となるために提示されるものと同じ証明を行う義務のあることを決定された。また陛下は、系譜学者（généalogiste）であるシェラン氏の証明書に基づいてのみ、それらの者に承認を賜る。

陛下は同時に、サン・ルイの騎士の子息を認可することを決定された。

一七五一年一月ヴェルサイユにて公布された王示（Êdit du roi）は、その第一六条で、父方四代の貴族証明を持たない生徒が上記の学校に入学できない旨を記している。

また一七六〇年八月二四日ヴェルサイユにて公布された上記王立士官学校に関する国王宣言（Déclaration du

roi）は、その第九条で、本人のものを含めて父方四代の貴族証明が、単なる照合の写しではなく、原本によって行われる旨を記している。

この目的のため、軍務に就く予定のある上記臣民の両親は、まずはじめにその者の出生に関する系譜的事実と、それらを証明し得る原本の証書を系譜学者であるシェラン氏に届け出なければならない。

そして、上記シェラン氏が届けられた証書の真偽を検討・承認した後に、彼は証明書をこの両親に手渡す。臣民の両親は、その臣民が配属されることを望む連隊の指揮官（mestre-de-camp-commandant）にこの証明書を渡し、この系譜証明書は連隊指揮官の推薦記録に加えられる。[4]

以上、内容はいたってシンプルなものであり、一読した限りでは、後世論議を呼ぶ重大決定がなされているようには見えない。その要点を整理すると、概ね以下のとおりとなろう。

①少尉候補者に対する父方四代の貴族証明
②（①の根拠として）王立士官学校の入学資格への言及
③規則が適用されない例外事項（サン・ルイの騎士の子息）
④証明の具体的な作成方法

誰が排除されたのか

まず規則の対象になるのは少尉候補者だが、彼らは下士官から昇進する者ではなく、少尉として軍に入隊する――つまりまだ入隊していない――者であることがわかる。[5] 原文には「少尉階級への任命を推薦されるすべての臣民（tous les sujets qui seroient〈= seraient：訳者〉proposés pour être nommés à des sous-lieutenances）」、または「軍務に就く予定のある上記臣民の（desdits sujets que l'on destinera à entrer au service militaire）」とある。このニュアンスを正しく解するには、当時の昇進体系を押さえておかなければならない。

アンシャン・レジームの将校団は売官制に晒されており、多くは兵卒・下士官を経ることなく地位を獲得した直任将校（officier direct）であった。一般に〝貴族（gentilhomme）〟と呼ばれる階層は、兵士として従軍することを不名誉とみなし、これを敬遠した。[6] 売官制において特に重要なのは連隊長（大佐）と中隊長（大尉）ポストで、これらの部隊長は事実上、自分の部隊を家産的に保有、さらに経営することができた。[7] 他方で、底辺から順次昇進を遂げる「特進将校（officier de fortune）」もいたが、その数は部分的で、将校全体の一〇分の一程度に留まっていた。[8] 一七七六年、陸軍大臣サン・ジェルマンは売官制の廃止を断行したものの、法に遡及性がなかったため、この悪しき慣行は結局革命勃発まで存続する。「セギュール規則」において、「(臣民の両親は）その臣民が配属されることを望む連隊の（du régiment dans lequel ils désireront que le sujet soit placé）」指揮官――つまり連隊の所有者――に証明書を手渡すという一節があるのも、こうした状況下での手続きを彷彿させる。

売官制の恩恵に浴するのは、当然富裕な者たちであった。ポストの価格が高価なことに加え、[9] 部隊の経営（召集や装備、維持費用などを含む）にも多額の金がかかるからである。当時の社会階層に照らし合わせると、これらの者は概ね大貴族と、ブルジョワさらにはブルジョワ上がりの新貴族に相当する。[10] 後者は、最高法院評定官や国王秘書官などの非軍事的職務によって貴族位を得た者であるため、総じて「法服貴族」とも言われる。もっとも、その子息がさらなる名誉を求めて剣の道に進むケースも広汎に見られ、一八世紀中葉頃にはいわゆる「帯剣貴族」と「法服貴族」の境界は曖昧なものになっていた。[11] 四代の貴族要求はこうした文脈においてこそ理解される。つまり、富裕な平民または四代（およそ百年）続いていない新貴族が、売官制のルートで軍隊に入ってくるのを阻止する効果があった、というわけである。

法令の意図

「セギュール規則」それ自体には、法令施行の意図が一切記されていない。代わりに、王立士官学校に関する二つの法令の条文が引き合いに出されるのみである。一つは学校の設立を定めた一七五一年一月の王示で、その第一六条には――「セギュール規則」内に書かれているとおり――入学に際して父方四代の貴族証明が必要になることが述べられている。もう一つは一七六〇年の国王宣言で、その第九条には同じく父方四代の貴族証明、加えて証明方法の厳格化（原本のみ有効とする）、そしてこの点に関する一七五一年の王示第一六条の失効が列記されている。要するに、「セギュール規則」は王立士官学校において設けられた基準を軍隊――ただし、後述するように全体ではない――に拡大した措置なのである。さらに付け加えると、その適用範囲はともかく、四代の貴族要求という意向自体は決して新しいものではなく、少なくとも一八世紀中葉頃からすでに具現化していた、と言うこともできる[12]。よって「セギュール規則」の背後にある意図は、王立士官学校設立のそれと本質的に同じとみなしてよい。一七五一年の王示は次のように記す。「朕はこの（学校の：訳者）創設において、子供たちに適切な教育を施すことのできないわが王国の貴族を、何にもまして救済するつもりである……」[13]。一七六〇年の国王宣言にも、「（五〇〇名の青年貴族を王立士官学校に入れるのは）子供たちに適切な教育を施すことのできない、わが王国の貴族家庭の負担を軽減させる手段となるのみならず、国家の防衛に最も献身する家庭の者に報いる目的にも適う」とある[14]。そして入学後の生徒は、国王からの給費で教育を受けることができ、卒業後は部隊において将校位を得ることが期待されていた。

ここで謳われているのは、主として王国の防衛を担ってきた（とみなされる）貴族家庭の救済に他ならない。彼らが貧困により没落し、次世代の〝戦士階級〟が失われることは、フランスにとって誠に危惧すべき事態だと考えられていた。軍職における売官制の浸透と、これによるブルジョワや新貴族の流入は、財力のない中小の旧貴族から任官の機会を奪う。四代未満の貴族、もしくは平民を排除する措置には、こうした伝統的ベラトーレス層の維持という意図が込められていたのである。

例外事項

だが事はそう単純ではない。「セギュール規則」はすべての新貴族、平民を排除していない。まず「サン・ルイの騎士(chevalier de Saint-Louis)」の子息――本人でない点に留意――は対象外である。サン・ルイの騎士とは軍功によって同名の勲章を授与された者で、ルイ一四世による創設（一六九三年）以来、その資格は身分にかかわらず獲得することが可能であった。というより、貴族にはサン・テスプリやサン・ミシェルなど別の勲章があったため、サン・ルイ勲章はむしろ（軍隊で増加する）平民のために創設されたものと言える。また「特進将校」のように兵士・下士官から順次昇進する者、すなわちすでに軍務に就いている少尉候補者には、もとより四代の貴族証明が不要であった。さらに明示されていないが、法令の冒頭に列挙される諸部隊には、技術系の砲兵と工兵、近衛軽騎兵[15]を除く各種親衛隊（メゾン・デュ・ロワ）、そして外国人連隊[16]などは含まれていない。

これらの例外事項の存在は何を意味するのだろうか。そして法令の支柱である父方四代の貴族要求といかなる関係にあるのだろうか。鍵となるのは、おそらく〝軍事的資質〟といった類の言葉になると思われる。なぜなら、これを有する平民ないし四代未満の貴族は、少なからず法の適用を免れているからである。以下、その実情を見ていくことにしよう。

第二節　法を免れる者

ブリアンソンのコロー（Colaud, Claude-Sylvestre）。この卸売商人の息子は、一七七二年に一七歳で歩兵連隊に入り、そこを離れた後、ロワイヤル騎兵連隊に一龍騎兵として再入隊する。そして下士官階級を順次経て、八八年五月二〇日、アルザス猟歩兵連隊の少尉に任命された。

マイエル（Mayer, Joseph-Sébastien）、モンプリエ出身。一七六六年、三歳の時にポワトゥー歩兵連隊のいわゆる「部隊付きの子供（Enfant de troupe）」[17]になる。同部隊にて七八年五月二日に旗持ち（下士官に相当）、八一年八月二六日に少尉に昇進。

プレヴォスト（Prévost, Pierre-Dominique）、一七四九年ブリュッセルで生まれる。ラ・トゥール・デュ・パン歩兵連隊[18]の「部隊付きの子供」（父親は曹長、そして彼の目の前で戦死）。下士官まで昇進した後、七六年アジェノワ歩兵連隊に転属、アメリカ独立戦争に赴き、ヨークタウンの戦いに参加する。八二年二月一日に旗持ち、八五年八月一七日に少尉となる。

タルン＝エ＝ガロンヌ生まれのヴィダロ・デュ・シラ（Vidalot du Sirat, Pierre-Marie-Gabriel）。父親のアントワーヌは弁護士で、のちに立法議会、国民公会議員となる。本人は八一年士官候補生（Cadet）としてオニス歩兵連隊に入り、八三年七月二〇日に少尉の肩書きを得た。

以上は「セギュール規則」の適用を免れた者たちである。彼らはほんの一角に過ぎない。実際、たとえば革命～帝政期の将官リスト[19]を見ただけでも、六〇名近くが父方四代の貴族称号を持たないにもかかわらず、八一年五月二二日から（法令が事実上廃止される）九〇年二月二八日までの間に将校の仲間入りをしている。もう少し続けてみよう。

ドゥ＝セーヴル出身のシャボ［七三年、近衛騎兵隊(gendarme)[20]に騎兵中尉として入隊。いったん解雇されるが、ポワトゥー歩兵連隊で兵士として現役を続け、七九年六月二〇日に旗持ち、八二年一〇月一五日に少尉となる］。ノール出身のデルピエール［六七年にピエモンテ歩兵連隊に兵士として入隊、八八年一月一日に少尉］。ムルト＝エ＝モゼルの富農の息子フリモン［六四年にロワイヤル騎兵連隊に龍騎兵として入り、八六年五月一四日に少尉］。モルビアン出身のゴーダン［コレージュ卒業後、ブルゴーニュ騎兵連隊に入隊、八四年一一月二三日に少尉］。ドゥ＝セーヴルの小作人の息子ジゴー［六八年にヴァンティミーユ歩兵連隊に入隊、八〇年二月一二日に旗持ち、八四年六月一一日には選抜兵の少尉］。エーヌのグージュロ、父親は配達人〔六〇年にリヨネ歩兵連隊に銃兵として契約、やはり八〇年九月一二日に旗持ちを経て、八二年四月四日に少尉〕。アルデンヌ出身で大尉の息子のエルバン・デソー〔七五年にロワイヤル歩兵連隊に兵士として入隊、八一年九月三〇日に少尉となり、アメリカでの対英戦争に参加〕。モーゼル出身のキステル〔六四年ロワイヤル歩兵連隊に兵士として入隊。後に騎兵に転じ、八四年九月二三日アルプ猟歩兵大隊の少尉〕。チオンヴィル生まれのパラディス〔五八年にロレーヌ歩兵連隊に兵士として入隊し、八〇年五月二四日に旗持ち、八七年六月八日に少尉〕。ジロンド出身のプロトー〔六九年フォワ歩兵連隊に兵士として入隊、八六年六月一〇日に選抜兵の少尉〕。オ＝ラン出身のシュラクター〔六七年ラ・マルク歩兵連隊──ドイツ連隊の一つ──に兵士として入隊、八〇年ブイヨン歩兵連隊の曹長になり、八五年九月七日に少尉に昇進〕。イゼールのラシャ製造業者を父に持つシミヤン〔五五年にロレーヌ歩兵連隊に兵士として入隊。八六年五月二六日旗持ち、八八年五月八日少尉〕。テュール出身で廷吏の息子ヴィアル〔五九年ナヴァール歩兵連隊に兵士として入り、そこで下士官の位を得、アメリカに出征、捕虜になる。帰還後の八三年九月二〇日、選抜兵の少尉に昇進〕。

これらはみな、兵士・下士官の位を経て少尉になった「特進将校」である。ほとんどの場合、入隊から二〇年近い歳月をかけて少尉へと昇進している。他方、技術系兵種や外国人部隊を経由した者としては、次のような顔ぶれが認められる。

ベルティエ兄弟（Berthier, Louis-César-Gabriel / Victor-Léopold）。両者の長兄ルイ・アレクサンドルはのちにナポレオンの参謀総長。父は軍隊の陸地測量技師（階級は中佐）で、その勤務実績によりルイ一五世から貴族位を賜る──つまり息子たちは〝父方四代の貴族〟を満たしていない。ルイ・セザール・ガブリエルはラ・フェール州砲兵連隊にて八二年一〇月一七日、ヴィクトール・レオポルドも同連隊にて八五年五月二二日、少尉階級を得ている。

カンプレドン（Campredon, Jacques-David-Martin）。モンプリエ生まれ。メジエールの工兵学校の卒業生で、一七八二年一月一日に工兵少尉の肩書きを得る。
ランドルシー生まれのテューリン・ド・リス（Thuring de Ryss, Henri-Joseph）。七二年、軍楽兵の資格でスイス連隊の「部隊付きの子供」となり、以後下士官まで昇進。八八年二月一日ロワイヤル・リエージョワ歩兵連隊――ベルギー連隊――で少尉となる。

こうして見ると、一七八〇年代の軍隊（将校団）が、平民もしくは四代の貴族称号を持たない者に対して堅く門戸を閉ざしたというイメージは誤りであることがわかる。とりわけ「特進将校」に関しては、歳月はかかるものの、引き続き昇進の道が確保されていた。しかも以上のリストは、革命勃発後に将官階級に達した〝優等生〟から抽出した一部に過ぎない。そこまで栄達しなかった者を含めると、「セギュール規則」の適用外にあたる事例はさらに多数に上ると推察される。[21] ともかく、軍事的資質を持つ平民を用いようとするシステムは、たとえ時代の制約があったにせよ、そしてもちろん革命以降ほど開放的でなかったにせよ、アンシャン・レジームの軍隊から完全には失われていなかったのである。

第三節　アンシャン・レジームのメリトクラシー

われわれは、「セギュール規則」に設けられた例外事項によって、能力ある平民もしくは四代未満の新貴族が必ずしも排除されないことを確認した。では規則の主旨にあたる四代の貴族証明それ自体は、こうした軍隊における人材確保の意向といかなる位置関係にあるのだろうか。これを検討する際は、同時代の能力主義に関する考え方、思想・文化的コンテクストを一顧しておかなければならない。

「商業―軍事貴族」論争

まず注目すべきは、一七五〇年代に行われた「商業―軍事貴族」論争であろう。すなわち、貴族による商業活動を奨励するアベ・コワイエの『商業貴族（La noblesse commerçante）』と、これに真っ向から異を唱え、貴族本来の軍事的役割を重視するシュヴァリエ・ダルクの『軍事貴族（La noblesse militaire）』との間で交わされた論争である。そこには貴族と軍隊（軍職）との関係をめぐる当時の考え方がよく反映されている。思想史上ではコワイエの斬新さが古くから注目されているが、われわれの問題関心にとって重要なのはむしろダルクの固定観念のほうである。というのも、彼らの論争に付随して大小合わせて二〇点以上の著作、パンフレット類が出されたが、その多く――さらには一般世論――においてはダルク側の見解が終始優勢であったからである。[22]

『軍事貴族』の中で、ダルクは一貫して貴族は軍人でなければならないと主張する。フランス貴族は勇気と栄光を愛する〝名誉心（honneur）〟を持つゆえに、軍人に適しているのである。[23] だが、貴族がもし（コワイエが奨励するように）〝利益（intérêt）〟を目的にする商業に従事するならば、彼らの軍事精神（esprit militaire）は失われてしまう。結果、王国の防衛をなすべき戦士階級は消滅し、フランスの栄光も維持できなくなるのである。[24]

コワイエもダルクも、貴族がフランス社会の重要な構成要素であり、彼らを貧困による没落から救う必要があるという点では意見が一致していた。[25] だが異なるのはその方法論である。ダルクは、商業という安易な手段に頼らない貴族再生の道を唱える。具体的には、売官制その他によって軍隊に入り込む商人やフィナンシエの子息を排除し、貴族に重要ポストを与える。なぜなら――とダルクは言う――こうした平民層は能力や熱意において貴族に劣るわけではないが、父親の職を継ぐことで別の国家奉仕の道が残されているからである。[26] 他方、将校の数を増やし、貴族によってのみ構成される志願兵部隊（Corps de Volontaires）を創設する。この部隊にはより一層厳格な規律と訓練が求められ、軍人としての範を他に示すことが義務づけられた。[27] さらに貴族に昇進の期待を持たせ、報酬の増加や退役後の生活を保障する、[28] といった具合である。

以上の主張を時代錯誤と断ずるのはやさしい。しかし先にも触れたように、ダルクの見解は少なくとも一七五〇年代にはきわめて一般的なものであった。さらに議論が次のような領域に及ぶとき、彼は単なる過去の礼讃者ではなく、むしろ合理的な改革者の顔をものぞかせるのである。たとえば、売官制の廃止や昇進における（貴族内の）機会均等は、平民のみならず大貴族の既得権をも侵す可能性があった。彼は将官位を大貴族にのみ与えるフランスの慣習を批判し、これを政府の叡智によって改善すべきと力説している。[29] また規律と訓練が殊更に重視され、国家に奉仕をしない無能で怠惰な貴族には、貴族称号剥奪という厳しい措置が採られる。[30] そして能力ある平民ならば、〝一代限りの貴族（noblesse personnelle)〟として、貴族同様の処遇を受けることが容認される。[31] 総じて言えば、こうした趣旨には（後述する）一八世紀中葉以降の軍制改革と一致する点が少なくない。

「軍事貴族」創設

ところで、シュヴァリエ・ダルクはその著作の執筆に際して、間違いなく一七五〇年一一月の法令を念頭に入れていたと思われる。それは「軍事貴族（noblesse militaire)」――つまり彼の著作と同名――の創設を定めた王示（Édit）で、法令の序文は次のように記す。「……先の戦争（＝オーストリア継承戦争・訳者）の渦中においてわが王国の貴族が示した大いなる熱意と勇気の範に、同様の出生に恵まれない者が実に見事に従ったゆえに、朕は（彼らへの）寛大な評価を決して忘れず……［中略］……貴族叙任状なしでも武器によって（貴族の）権利を獲得できる軍事貴族を王国に創設することで、朕は彼らにその称号を与える意志を持つ……」。そして続く一五ヵ条にわたる条文の中では、現在および以後の将官位にある全員があらゆる貴族特権を享受すること、またサン・ルイの騎士、[32] 間断なく一四年勤務した旅団長（grade de brigadier〈＝准将〉）、一六年の大佐、一八年の中佐、二〇年の大尉、さらに三〇年従事した平民将校すべてが、同じくタイユの免除（＝貴族特権の象徴）を認可されることが述べられている。[33]

これは明らかに、軍事能力を持つ平民を認定する措置である。当然ながら、貴族のみで戦争を行う時代はとうに終わり、火薬・戦術革命による戦争様式の変化は戦場における平民の役割をますます増大させていた。この意味では、近世以降の相次ぐ戦争が平民の――軍隊、さらには社会での――地位向上をもたらしたと言っても過言でない。有名なヴォーバン元帥を挙げるまでもなく、すでにルイ一四世の時代には平民出身者が将官位に達するケースが頻繁に見られた[34]。サン・ルイ勲章、さらにはこの「軍事貴族」の創設のように、功績を上げた平民に報いる措置が採られるのは時代の必然でもあった。ダルクのような復古主義者においてさえ、能力を持つ平民の存在、つまりはベラトーレス・アイデンティティの揺らぎを、もはや認めざるを得ない。

しかしながら、ここで問題になるのはこうした平民の評価のされ方である。彼らは〝貴族同様の熱意と勇気〟を示したゆえに評価され、またその論功行賞も〝貴族化〟といった形で行われた。したがって、軍事的資質を持つ者＝貴族という理念そのものは、依然として根強く残っていたと考えなければならない。たしかに、実際の「軍事貴族」の数は一一〇名と少なかった[35]。その理由は、当時軍隊の上位階級に達していた者の多くが、すでに別の手段で貴族の肩書きを得ていたからである[36]。だがこのことは、上述した理念の残存と何ら矛盾するものではない。なお一七五二年には法令に一部修正が加えられ、書類手続きの厳格化が打ち出されるが[37]、これはタイユ免除者の増加に対する財政上の危惧に由来しており、総じて旧貴族層は新貴族層への対抗上、この「軍事貴族」の創設に反対しなかったという[38]。

啓蒙の光

このように、軍事的資質を貴族の血統と結びつける価値観は、少なくとも一八世紀中葉にはなお支配的であった。だが啓蒙の世紀が暮れゆくにつれて、当然ながら変化の兆しが訪れる。たとえば、辞書類における《talent》はそれまで〝天賦の才〟を指し、《génie》――さらには《qualité》や《disposition》――と同義語だったが、一七七〇年頃から徐々にこれらとの差別化が図られ、（後天的な）知識や技能などをも含意するようになる[39]。またショーシナン＝ノガレによれば、ペルピニャンの貴族たちは、「特進将校」に関して〝天晴れな将校（officier de mérite）〟、すなわち本人の実績をより強調した表現を用いようとしたという。[40] さらに一七八九年に書かれたあるパンフレットは、〝軍人身分（état militaire）〟が貴族のみに帰せられないという観点から、「セギュール規則」の措置を厳しく批判している。[41]

しかし、これらの先鋭的な動きがどこまで広く、ないしは深く浸透していたかは慎重に考慮すべきだろう。実際、《talent》に関して〝獲得した才能〟の意味が明示的に加わるのは、アカデミーフランセーズ辞典の第六版（一八三五年）が最初であった。[42] またモーリス・ド・サクスの『わが夢想（Mes Rêveries）』（一七五七年）は当時の軍人によく読まれた著作だが、彼はその中で、《génie》や《disposition》という語を使い、兵を率いる将帥術が勉学や訓練では身につかない、天性の領域にあることを強調している。[43] ここで定義された「戦略」――今日風に言えば――なるものが学習可能な原理・法則としてまとめられるには、一九世紀初頭のビューロー、なかんずくジョミニを待たなければならない。[44]

この時期ヨーロッパ各地で見られた士官学校の創設は、なるほど「教育」という新しい理念を反映したものと言える。だがこれらを近代的な教育機関と同一視するわけにはいかない。パリ王立士官学校の主目的はあくまで貧困貴族の救済であって、子息がポストを得るまで、〝父親に代わって〟財政支援や軍事教育を行うことが謳われていた。入学に際して四代の貴族証明という制限が設けられたのも、まさにこのためである。王立士官学校の制度はのちにたび重なる変更を受ける――六四年にラ・フレッシュの幼年学校が設立されたり、七六年に一〇（後に一二）の地方校が作られるなど――が、こうした目的自体は最後まで変わらなかった。[45] 一七四八年に開校したメジエールの工兵学校（Ecole du Génie）もまた、王立士官学校より門戸が広く、進歩的なカリキュラムを採用していたとはいえ、九二年の廃止に至るまでに輩出した五四二名のうち、四割弱が軍人の息子で占められていた。[46] 結局、学校はまだ一九世紀的な「資格社会」を用意するものではなかったのである。

そして一本の糸

以上見てきたように、軍人を輩出してきた家庭を優遇することは、血統と出自を重視する当時のメリトクラシーにあっては決して不自然な措置ではなかった。Ｊ・スミスによれば、一七世紀以来、貴族は国王に対する〝価値ある(meritorious)〟奉仕をその特権の拠り所にしており、国王もこうした自己犠牲に対する見返りとして、彼らに一層の奉仕の機会――とりわけ軍隊での――を与えたという。(47) 軍事を生業とする帯剣貴族の重用は、よき将校の養成と矛盾しないどころか、むしろ同義語でさえあった。(48)

「セギュール規則」に設けられた諸々の例外事項も、そこから整合的に理解できる。サン・ルイの騎士は貴族同様の軍事能力を示した者であり、しかも彼らの〝子息〟はこうした資質を受け継ぐ者となろう。また叩き上げの「特進将校」は、もとより売官制やパトロナジとは無縁で、自らの経験や実績によって昇進機会を得た軍事プロフェッショナルであった。たしかに「特進将校」の存在自体は血統原理を脅かすものとなり得るが、ここで留意すべきは、彼らはなお軍事＝貴族という価値体系の中で評価されていた、という点である――ちなみに前節で紹介した「特進将校」の大半は、少尉昇進と前後してサン・ルイ勲章を下賜されている。仮に革命が起こらず、そのまま十数年勤務を続けていれば、彼らは（軍事）貴族に叙されたに相違ない。他方、砲兵・工兵は元々平民の職業適性が活かされる技術系兵種であり、そこでは将兵ともに古くから平民出身者が優勢であった。(49) なおメゾン・デュ・ロワのような親衛隊に関しては、この時代戦場に出ることが稀で、ゆえに将校の質を問う必要性が他と比して微弱だったとも考えられる。実際、それらは同時期の軍制改革の中、部隊自体が相次いで削減・廃止対象になっていく。

いずれにせよ、四代の貴族証明は、当時の軍隊におけるメリトクラシー（能力主義）追求の中から出てきたものに他ならない。ここに奇妙な〝改革〟と〝反動〟の一致がある。否、こうした言い方は正しくないのかもしれない。両者は決して背反・対立せず、同じコンテクストの中に位置するからである。では「セギュール規則」は〝改革〟そのものであったのか。以下、アンシャン・レジームにおける一連の軍制改革を俯瞰しながら、この点を明らかにしてみたい。

表 8-1　陸軍大臣一覧（1740 年代～ 1789 年）

名前	在任期間	名前	在任期間
ダルジャンソン	1743.1.7 ～ 1757.2.1	サン・ジェルマン	1775.10.27 ～ 1777.9.27
ポルミー	1757.2.3 ～ 1758.2.25	モンバリー	1777.9.27 ～ 1780.12.18
ベリール	1758.3.3 ～ 1761.1.26	セギュール	1780.12.23 ～ 1787.8.29
ショワズール	1761.1.27 ～ 1770.12.24	ブリエンヌ	1787.9.24 ～ 1788.11.28
モンティナール	1771.1.26 ～ 1774.1.27	ピュイゼギュール	1788.11.30 ～ 1789.7.12
ディギヨン	1774.1.27 ～ 1774.6.2	ブロイ	1789.7.12 ～ 1789.7.14
デュ・ミュイ	1774.6.5 ～ 1775.10.10		

第四節　アンシャン・レジームの軍制改革と「セギュール規則」

フランス軍の本格的な近代化は、一七世紀末のル・テリエ、ルーヴォワ父子による改革から始まったと言える。すなわち、軍隊の中央集権化、官僚機構の整備、戦時における国民（臣民）の動員、等々。(50)これらの試みによって、封建的軍隊の名残りはしだいに消え、ルイ一四世時代のフランスはヨーロッパ随一の陸軍大国としての地位を不動のものとした。しかし彼らの改革は決して完遂したわけではなく、売官制や部隊の家産的保有はなおも残り、(51)将兵の質も太陽王の没後から低下の一途を辿っていった。一八世紀中葉のオーストリア継承戦争、続く七年戦争はこうした弛緩ぶりを明白に示す出来事になる。とくに一七五七年のロスバッハの戦いにて、兵力において半数にも満たないプロイセン軍に大敗を喫したことは、いかにフリードリヒ大王の革新戦術を誉めるにせよ、フランス軍の矜持を大きく傷つける形となった。ダルジャンソン、ベリール、ショワズール、モンティナール、デュ・ミュイ、サン・ジェルマン、そしてセギュール――これらの陸軍大臣によって断行された諸改革は、かかる流れの延長線上に位置している。(52)

よき人材の登用と富に対する戦い

師団編成や混合隊形の採用、あるいは砲兵部門の整備（グリボーヴァル・システム）といった戦術・技術面での改革は、ここでは扱わない。むしろ特筆すべきは、軍人の質的向上を図る数々の措置が採られたことである。とりわけ部隊の家産的保有と、その大元となる売官制の削減・廃止は重要な課題となった。まずショワズールの時代には中隊長（大尉）ポストが国家役人化され、部隊経営に関する彼らの自己負担の軽減と同時に、有能だが財力のない者の登用が目論まれた。[53] また部隊保有のための条件も厳格化し、新たにポストを得る者の年齢や従軍期間がしだいに考慮されるようになる。[54] たとえば一七五八年四月二九日ならびに五九年五月二二日の措置は、二三歳以上でその部隊に七年間勤務した者以外の部隊保有を原則禁じ、いわゆる〝前掛けをした連隊長（colonel à la bavette）〟のようなカリカチュアは消滅していった。[55] 極めつけは、部隊管理や規律一般に関する一七七六年三月二五日の規則だろう。「いかなる将校も、たとえ最も傑出した生まれであるにせよ、歩兵、騎兵、龍騎兵、あるいは軽騎兵の部隊において一四年間、うち六年は副大佐（colonel en seconde）として勤務しなければ、部隊（連隊：訳者）長には昇進できない……」。[56] もし「生まれ～」の一節を削除し、《colonel》に代えて《chef de brigade》という言葉を当てれば、この条文は革命以後に出されたものと見間違うほどである。

軍人、特に将校における質・モラルの低下は、総じて軍隊に蔓延する贅沢や金銭のためとされた。改革者たちはスパルタ的な規律、ないしは〝軍事精神〟を持つ将校団を求めた。将校の所有する食器数を制限する法令がたびたび出されているのは、その一例だろう。「将官や部隊指揮官の食卓は、軍人らしく（militairement）、つまり誇示や贅沢なしに給されることが望ましい（傍点は訳者）」。[57] むろん槍玉に挙げられたのは、富の力、すなわち売官制によってポストを得ていた者たちである。「富」や「利益」でなく、「名誉」や「勇気」や「自己犠牲」――伝統的な軍人家系の重用にはこうした意味合いがあった。しかし、王立士官学校における四代の貴族要求程度では問題の抜本的解決には至らず、[58] ショワズールによる中隊長ポストの国家役人化でもなお十分ではなかった。それゆえ一七七六年、ついに売官制の全面廃止という難題に挑んだのがサン・ジェルマンである。[59]

陸軍大臣サン・ジェルマン

サン・ジェルマンは寒門の出身で、下積みや外国（バイエルンやデンマーク）での勤務が長い苦労人でもあった。[60] 財力のない中小貴族を代弁する形で、彼はまず新貴族やブルジョワに攻撃の鉾先を向ける。それはいみじくも、シュヴァリエ・ダルクの主張と酷似していた。「リヨンの大商人や徴税請負人、あるいはフィナンシエの息子たちは、その金か有力な家柄と結んだ姻戚関係のおかげで、厚かましくも（貴族と・訳者）同じ血統に身を置き、同じ権利を要求している。これらは由緒正しい若者に先んじたり、彼らを害した上でしばしば行われる」。[61] 売官制の廃止に乗り出すのも、「利益の精神（esprit d'intérêt）は、軍人の精神たる名誉心（esprit d'honneur）と完全に背反する」[62]という認識からであった。いわく「（商人やフィナンシエの息子たちは）軍務に就いて銃撃を浴びる必要がなく、また最低限の軍事的知識さえ獲得していないのに、要職を買うために莫大な金を貯えている。そして不幸にして将官の一覧表は、その尊厳を低下させ品位を貶める同様の臣民であふれているのだ」。[63]

これらの言辞が改革派の大臣の口から出ていることは、やはり興味深い。実際、彼は何ら矛盾や齟齬を感じることなく、次のように続ける。「あらゆる職は、各々の資質（mérite）と才能（talent）を見きわめたうえで与えられるべき」であり、「金銭は、軍人身分に必要不可欠な才能も資質ももたらさない」。[64] 要するに、サン・ジェルマンはきわめて一八世紀的なメリトクラシー観に基づいて、将校団の浄化を試みようとしていたわけである。そして陸軍大臣のまわりには、グリボーヴァル、ジョクール、ヴィオメニル、ヴァンファン、さらにギベール等々、開明的な将校のスタッフが集結していた。[65] この最後の人物、すなわち〝啓蒙主義の軍事理論家〟ギベールでさえ、一世を風靡した『一般戦術論』（一七七二年）の中で、軍人のあるべきモラルを繰り返し説いている。「贅沢を敵とし、勤労を友とし、自らの法によって勝利を掴む戦士気質の人民がどこに存在するのか……」。[66]

サン・ジェルマンはまた、「プロイセン式体罰」の導入者であった。彼は軍隊を国王を父親とする家に見立て、厳格な規律によって構成員を鍛え上げようとした。しかし、こうした〝自由なフランス人気質〟に反する方法――従来の監禁刑をサーベルの殴打（coup de plat de sabre）に置き換える――は、同時代はもとより、とりわけ後代の歴史家から批判を受ける。[67] その他、メゾン・デュ・ロワの大幅な削減が試みられたのも、彼の大臣在任中のことである。当初の計画では、五つの部隊［騎馬衛兵（Gendarmes de la garde）、近衛軽騎兵（Chevau-légers）、マスケット銃兵（Mousquetaires）、選抜騎兵（Grenadiers à cheval）、近衛騎兵（Gendarmerie）］の解体と一つの部隊［身辺警護兵（Gardes du corps）］の縮小が打ち出されたが、最終的に実現したのはマスケット銃兵の解体と身辺警護兵のわずかな縮小のみであった。[68]

結局、サン・ジェルマンの改革はあまりに急進的すぎた。彼は中小貴族や青年将校から熱烈に歓迎されたが、宮廷や軍上層部に支持者を持たなかった。売官制の廃止、とりわけ近衛部隊の削減は大貴族の既得権益をも脅かす。かかる〝お目見えする者たち《プレザンテ》〟の反発を買ったサン・ジェルマンは、そのため二年弱という短期間で辞任を余儀なくされたのである。

宮廷貴族 対 中小貴族

さて、一連の軍制改革において焦点となったのは、平民（四代未満の新貴族）の排除というより、むしろ（旧）貴族内の平等であった。われわれは『軍事貴族』の中にも、あるいは王立士官学校の創設に際しても、こうした声を聞くことができる。宮廷貴族と中小＝地方貴族との昇進・待遇格差は大きく、たとえば前者は軍歴を開始してから十数年で大佐、さらには将官位を得られたのに対し、後者の場合はよくても中佐がキャリアの最終地点であった。[69] ボディニエによれば、歩兵の大佐階級において〝お目見えする者《プレザンテ》〟の占める割合は、一七六三年で九二％、七六年で八三％、八三年で八七％に達する（騎兵も同様に高率）。[70]「第一の階級（大貴族・訳者）は権利を有するゆえに、成功のために働く必要がない。第二の階級（中小貴族）は仕事をしても自分に役立たないから、全く働かない。そこから競争心はみな失われる」。[71] この競争心を育むために、社会的地位――貴族内という限定つきだが――にかかわらず勤務期間を考慮する年功序列の昇進体系が模索されたものの、上述の格差は結局解消されなかった。[72]

また、実質的にブルジョワや新貴族と同じルートで軍隊に入ってくる大貴族は、その贅沢ぶりや軍事精神の欠如を咎められることになる。将校の絢爛豪華な備品が軍の移動を困難にしたり、〝前掛けをした連隊長〟が部下の士気を下げるといった類の批判——サクスがその著書で繰り広げるような[73]——に関して、彼らは明らかに同罪であった。金持ちの将校は貧乏な将校から（一〇～五月にかけて認められている）休暇を買い、部隊を長期にわたって留守にした。冬期訓練時に連隊に残っている将校は、一七八〇年代初頭のある調査によれば、歩兵で三分の一、騎兵で四分の一以下だったという。[74]また八七年の陸軍諮問会議（Conseil de la guerre）においてメンバーの一人であったギベールは、宮廷人のために用意された無用ポストの多さを批判しつつ、連隊で全く勤務していない大佐が（全体の一一三名中）二〇〇名おり、他の者はただ任官辞令を受けただけの〝お飾り（à la suite）〟に過ぎず、そして一一三名はメゾン・デュ・ロワの所属だ、と報告している。[75]

いずれにせよ、中小貴族の不満は大きかった。革命の導火線に火をつけたのが王権の強化に反対する貴族層——トクヴィル・テーゼに従えば、こうした動きも〝反動〟となろう——だったように、一八世紀中葉以降の軍制改革をリードしたのは、この冷遇されていた中小貴族であった。貴族内のデモクラシー要求に留まっていたとはいえ、また導火線に火がつかなかったとはいえ、彼らが目指したものは後代における昇進システムの雛形となる。

セギュールの登場

陸軍大臣の系譜で言えば、セギュールはサン・ジェルマンの後継者に当たる。前任のモンバリーに比べ、彼は明らかに宮廷寄りではなく、剛毅で寡黙な性格、また豊富な実戦経験を持っていた。[76]その大臣就任に際しては、王妃およびポリニャック派と（事実上の）首席国務卿モルパとの政治抗争が絡む一幕もあったが、[77]セギュールと彼の友人にして海軍大臣のカストリ、さらに外務大臣ヴェルジェンヌの協力体制は、アメリカでの対英戦争を勝利に導く原動力になる。

　セギュールの在任期間は六年半に上り、一八世紀後期の陸軍大臣のそれとしては長い。この期間を利用して、彼はさまざまな改革に着手した[78]。まず有名なものとして、兵営環境の改善と軍病院の再編がある。宿舎における兵士のベッド数はそれまでの三人に一つから二人に一つとなり、（一七八七年の科学アカデミーの調査によれば）病院での死亡率はイギリスの半分まで低下したという。また軍隊の綱紀粛正に努め、サン・ジェルマンより温情的――兵士の健康状態を慮るなど――だが、厳密な罰則規定を設けた。懸念となっていた大佐＝連隊長における長期の休暇取得も、堅く禁じられるようになった。昇進に関しては、副大佐（colonel en second）になるためには二三歳以上かつ中尉または少尉として八年勤務していることが条件とされ、さらに大佐になるためには副大佐として六年の勤務が必要になった（八一年六月一日の規定）。これは、先に挙げた七六年三月二五日の基準よりもやや厳しいものである。加えて、戦死、傷痍、もしくは永年勤務した兵士の子供のための軍事学校（Ecole des enfants de l'armée）が開かれ、引き続き〝戦士階級〟の維持が試みられた。「軍人孤児（Orphelins militaires）」なる基金も設立されている。その他、（一八世紀的軍隊の課題であった）輜重部門の国家管理（régie）、参謀部（état-major）の整備と（試験制度による）恒久的な参謀将校の養成、（新しい散兵戦術に対応する）軽歩兵部隊の創設、さらに騎兵の再編成、等々。こうした技術・戦術部門の改革に際しては、サン・ジェルマンの時代と同じく、グリボーヴァルやギベールらの関与があった。

一七八一年五月二二日の規則

　そこで問題になるのは、「セギュール規則」の成立過程である。大臣就任後、セギュールは弛緩するフランス軍の立て直しを図るために、二四人の歩兵および騎兵監察官（inspecteur（階級は少将））からなる陸軍委員会（Comité de la guerre）を召集し、幅広い意見交換を求めた[79]。息子ルイ＝フィリップの『回想録』によれば、そこからの顚末はこうである。監察官は貴族の苦情に優先的に耳を傾けたため、数ヵ月を要して作成された報告書は、彼らの不満に満ちたものとなった。貴族は自分の地位を貶めることなくして軍職以外に就けず、軍隊に平民が台頭すれば任官の機会が失われる。それゆえ貴族証明が課されなければならない……。セギュールは平民との調和が大切という考えから、こうした報告書に異議を唱えたが、委員会においては賛成論が多数を占め、結局法令の施行が決定される。だが最後の尽力によって、陸軍大臣はサン・ルイの騎士の子息といくつかの散兵部隊（troupes légères）に証明免除を与えることに成功し、そのため平民には将校として軍職に就く道が残されたという。[80]

この証言がいわば〝反動説〟の有力な根拠になってきた――ちなみに、セギュール本人は経緯について終生何も語らなかった――わけであるが、新時代の洗礼を受けた後に、しかも父親を擁護するために書かれた内容を鵜呑みにするのは危険である。D・ビーンの研究以降、われわれは別の事実を知ることができる。すなわち、陸軍委員会でむしろ求められたのは貴族内の機会均等であって、セギュールはこの点に関してサン・ジェルマンほどの急進的立場をとらなかった。彼は一七八二年に独自のプランを委員会に提示している。それは二元的な昇進体系で、宮廷貴族は名目的なポストを迅速に、中小貴族は実質的なポストを着実に駆け上がる、というものだった。前者の社会的地位に配慮しつつ、後者の軍事能力を活用しようとするこの折衷案は、しかしながら委員会の支持を得られなかった。財政的な負担増に加え、両者間の競争心、そして何より機会均等を生まないからである。[81]

セギュールのプランは、やがて一七八八年の陸軍諮問会議において再び取り上げられ、同じ理由から同じ批判を受ける。[82] だが、ここで重要なのはむしろ次の点である。四代未満の貴族の排除はすでに不文律のごときもので、八一年五月二二日の法令施行に際して、陸軍大臣と委員会の間にさしたる意見の相違はなかった。[83] つまり血統に基づく将校団の浄化は、たとえ「軍事貴族」や例外事項による微調整を受けるにしても、当時の改革者たちに共有されていた既定路線だったのである。

おわりに

「セギュール規則」を反動とみなす視角は、概ね二つの立場に立脚している。まずブルジョワ革命論においては、第三身分に対する排他主義は何であれ、〝貴族反動の大勝利〟に他ならなかった。他方（第三共和制以降の）国民史の文脈では、良く言えば軍事エキスパート、悪く言えば軍事カーストの維持・重用を図る措置は、共和国のシンボルでもある〝武装市民（citoyen armée）〟や〝軍事社会（société militaire）〟の形成に逆行するものとして映った。[84] しかし、こうしたパラダイムは現代的意味を失いつつある。すでにブルジョワ革命論は過去のものになり、修正主義の台頭によって——近年その行き過ぎに対する再批判が起きているにせよ——貴族反動の存在もいまや否定された。また主権国家の枠組が曖昧化し、いわゆる非通常戦（unconventional warfare）や低強度紛争（low intensity conflict）が主流となった二〇世紀後半以降の戦争様式の下では、義務兵役に基づく国民軍に代わり、プロフェッショナル・アーミーの役割がますます増している——フランスでさえ一九九六年以降、その伝統である徴兵制が段階的に廃止された。こうしたなか、アンシャン・レジームの軍隊史を別の視角から再検討する必要が生じていることは、言うまでもない。

軍隊機構の整備という観点から見れば、一八世紀後半の改革は、明らかに（兵士・下士官を経ない）直任将校に対する資格審査を求めていた。つまり売官制やパトロナジによる恣意的な任命、能力を欠く者の登用を減らそうとする動きである。血統や先天的資質など、後世否定される価値体系を審査の基軸にしていたものの、これは軍隊における職業・専門化の流れに準ずると言ってもよい。そして重要な点として、この流れはフランス革命によっても完結しない。革命や戦争下という状況にあって、〝才能に開かれたキャリア〟が広く実現されたことは確かだが、恣意的な任命や直任将校は第一帝政末期にも残り続け、たとえば将官クラスにおいては五割以上、将校全体においても二割弱が兵士・下士官の経験を持たぬ者であった。昇進を巡る厳格な規定が整備され、兵・下士卒と士官学校出という（今日的な）二本立てのルートが確立するには、一八一八年の「グヴィオン・サン＝シール法」、さらには一八三二年の「スルト法」を待たねばならないのである。[85]

かかる二極の昇進システムを考案・準備したのは、間違いなく一八世紀の改革者たちであった。少尉への任命に際して叩き上げの「特進将校」を認め、他方で王立士官学校の入学と同等の条件を課した「セギュール規則」は、（不完全ながら）この雛形の一つとして位置づけられるのではないか。以上のような再評価は、軍隊史においてフランス革命の影響を相対化するとき、あるいは「長い一八世紀」の意味合いを考えるとき、われわれに多くを示唆してくれると思われる。

註

（1）たとえば、伝統的革命史家のゴドショは〝貴族反動の大勝利〟と称している。Jacques Godechot, *Les institutions de la France sous la Révolution et l'Empire*, Paris, 1968, p. 119.

（2）David D. Bien, "La réaction aristocratique avant 1789 : L'exemple de l'armée," *Annales ESC*, 1974, pp. 36–43/515–530. この論考は、のちに（彼の弟子に当たる）スミスやブラウファーブによるメリトクラシー研究を促した。

（3）代表的なものとして、André Corvisier, *L'Armée française de la fin du XVIIe siècle au ministère de Choiseul : Le Soldat*, Paris, 1964, 特に結論部を見よ。

（4）Règlement portant que nul ne pourra être proposé à des sous-lieutenances s'il n'a fait preuve de quatre générations de noblesse, du 22 mai 1781. 特別な言及がない限り、法令のテクストは以下を用いている。Isambert, Jourdan et Decrucy（éd）, *Recueil général des anciennes lois françaises depuis l'an 420 jusqu'à la Révolution de 1789*, 29 vols., Paris, 1826–30.

（5）Georges Six, "Fallait-il quatre quartiers de noblesse pour être officier à la fin du l'ancien régime?," *Revue d'histoire moderne*, tome quatrième, 1929, pp. 50–51.

（6）Corvisier, "Hiérarchie militaire et hiérarchie sociale à la veille de la Révolution," *Revue internationale d'histoire militaire*, vol. 30, 1970, p. 88.

（7）彼らは部隊内ポストの任免権をも握るため、それらがさらに〝非公式に〟売買される弊害も起きていた。Corvisier, *L'Armée française*, pp. 129-131.

（8）この「特進将校」については、Charles J. Wrong, "The Officiers de Fortune in the French infantry," *French Historical Studies*, 9, 1976, pp. 400-431. に詳しい。

（9）この時代、歩兵中隊の価格は概ね六〇〇〇～一万四〇〇〇リーヴル、歩兵連隊の価格は二万五〇〇〇～七万五〇〇〇リーヴル、騎兵の場合はさらに高価となる。Samuel F. Scott, *The response of the Royal Army to the French Revolution*, Oxford University Press, 1978, p. 20.

（10）貴族の分類については、Henri Carré, *La noblesse de France et l'opinion publique au XVIIIe siècle,* Paris, 1920 [Genève, 1977] がいまなお有効である。

（11）*ibid.*, pp. 34-55. また次も参照。Colin Lucas, "Nobles, bourgeois and the origins of the French Revolution," *Past and Present*, 60, 1973, pp. 98-99.

（12）広く見れば、（兵士・下士官を経ず）直接将校になる平民を阻止しようとする動きは、早くも一七世紀末から存在している。cf. Gilbert Bodinier, *Les officiers de l'armée royale, combattants de la guerre d'independance des États-Unis de Yorktown à l'an II*, Château de Vincennes, 1983, pp. 83-84.

（13）Édit portant création d'une Ecole royale militaire, du mois de janvier 1751, art. 13.

（14）Déclaration concernant l'Ecole royale militaire, du 24 août 1760, préface.

（15）アンリ四世時代からメゾン・デュ・ロワに設けられている騎兵中隊。概ね大貴族の子弟がポストを占めていた。

（16）一七八八年の段階では、七九のフランス歩兵連隊に対して、二三の外国歩兵連隊があった。その内訳は、スイス一一、ドイツ八、アイルランド三、そしてベルギー一である。ただし、一七八四年には、こうした外国人連隊にも規則が拡大されるようになった。この経緯については、Six, "Fallait-il quatre quartiers de noblesse". pp. 49-51.

（17）家族持ちの下士官・兵士の子供のために、歩兵および騎兵中隊において用意されたポスト。この時期は通常各隊に二つで、国王から俸給を受ける。父親同様に軍人になることが期待されていた。

（18）一五番目のフランス歩兵連隊で、六一年にボワジェラン（Boisgelin）、六三年にはベアルン（Béarn）歩兵連隊と改名されて革命期を迎える。

（19）*Dictionnaire biographique des généraux & amiraux française de la Révolution et de l'Empire (1792-1814)*, par Georges Six, 2vols.

1934. 特別な言及がない場合、ここで紹介する人名と履歴はこのリストに基づく。

(20) メゾン・デュ・ロワにあった一部隊。八八年に近衛軽騎兵（chevau-légers）に続き廃止される。

(21) たとえばアメリカ独立戦争の出征者［*Dictionnaire des officiers de l'armée royale qui ont combattu aux États-Unis pendant la guerre d'Independance*（*1776–1783*）, par G. Bodinier, Château de Vincennes, 1982］、革命期のパリ義勇兵［*Les volontaires nationaux pendant la Révolution*, par Ch. L. Chassin & L. Hennet, 3 vols., Paris, 1899–1906］、さらに帝政期の大佐階級［*Dictionnaire des colonels de Napoléon*, par Danielle et Bernard Quintin, Paris, 1996］等のリストを見ても、同じく一七八一年五月二二日以降に少尉階級を得たケースが少数ながら散見される。

(22) Henri Levy-Bruhl, "La noblesse de France et le commerce à la fin de l'ancien régime," *Revue d'histoire moderne*, tome 8, 1933, pp. 220–235 ; Jacqueline Hecht, "Un problème de *population* active au XVIIIe siècle en France, La querelle de la noblesse commerçante," Population, numéro 2, 1964, pp. 274–278. 木崎喜代治「フランス貴族商業論のひとこま（下）」『経済論叢』（京都大学）一九七九年、二〇頁。

(23) Philippe-Auguste de Sainte-Foix, chevalier d'Arcq, *La noblesse militaire ou le patriote françois*, Amsterdam, 1756, pp. 53–66.

(24) *ibid.*, pp. 66–77. このあたりの認識にはモンテスキューの影響が如実に見られる。商業国家カルタゴが質実剛健なローマに屈したというイメージは、当時の知識人階級に広く共有されていた。cf. Charles de Secondat, baron de Montesquieu, *Considérations sur les causes de la grandeur des Romains et de leur décadence*, 1734[Paris, 1815], pp. 19–50.

(25) Gabriel François(Abbé)Coyer, *La noblesse commerçante*, Paris, 1756, p. 10, et passim.

(26) d'Arcq, *La noblesse militaire*, pp. 159–167.

(27) *ibid.*, p. 169, pp. 179–182.

(28) *ibid.*, pp. 190–197.

(29) *ibid.*, pp. 184–187.

(30) *ibid.*, pp. 172–178, p. 188.

(31) *ibid.*, p. 183.

(32) サン・ルイの騎士がここでも特別扱いされていることは、「セギュール規則」との関連で示唆的である。

(33) Édit portant création d'une noblesse militaire, du mois de novembre 1750.

(34) Corvisier, "Les généraux de Louis XIV et leur origine sociale," *Bulletin du XVIIe siècle*, 1959, pp. 42–43 ; Emile G. Léonard, "La

question sociale dans l'armée française su XVIIIe siècle," *Annales ESC*, 1948, pp. 137–139.

（35）G. Chaussinand–Nogaret, *La noblesse au XVIIIe siècle : De la féodalité aux Lumières*, Paris, 1976, p. 45.

（36）Bien, "La réaction", pp. 30–34. たとえば、一七五〇年から八九年までに中将および少将に昇進した者は一七四八名存在するが、うち一六五八名はこの地位を得る前に貴族の肩書きを有していたという。

（37）Déclaration du 22 janvier 1752, art. 3, 4.

（38）Carré, *La noblesse*, pp. 10–12.

（39）Bien, "The army in the french enlightenment: Reform, Reaction and Revolution," *Past and Present*, 85, pp. 79–81.

（40）Chaussinan–Nogaret, *La noblesse*, p. 62.

（41）Bien, "The army", p. 88.

（42）Bien, "The army", p. 80. また以下も参照。Jay M. Smith, *The Culture of Merit : Nobility, Royal service, and the Making of the Absolute Monarchy in France, 1600–1789*, University of Michigan, 1996, pp. 240–242.

（43）Maurice de Saxe, *Mes Rêveries*, Amsterdam et Leipzig, 1757, tome 2, pp. 142–151.

（44）Azar Gat, *A History of Military Thought : From the enlightenment to the cold war*, Oxford, 2001, pp. 81–96/108–137.

（45）Rafe. Blaufarb, *The French Army 1750–1820 : Careers, Talent, Merit*, Manchester University Press, 2002, p. 23.

（46）Jean Delmas (éd), *Histoire militaire de la France*, tome 2, Paris, 1992, pp. 136–142.

（47）Smith, *The Culture of Merit*, pp. 125–190.

（48）王立士官学校も貴族子弟への教育と「よき将校の養成」を同列に並べている。Robert Lauran, "Pourquoi et comment on entrait à l'Ecole royale militaire de Paris," *Revue d'histoire moderne et contemporaine*, 4, 1957, p. 141.

（49）Louis Hartmann, "Les officiers de l'armée royale : à la veille de la Révolution," *Revue historique*, tome 100, 1909, p. 256.

（50）最近の研究としては、Guy Rowlands, *The Dynastic State and the Army under Louis XIV, Royal Service and Private Interest, 1661–1701*, Cambridge, 2002, 特に第１部が参考になる。

（51）財政的な理由からこれらを廃止できなかった点については、英国との比較が有効。ジョン・ブリュア（大久保桂子訳）『財政＝軍事国家の衝撃、戦争・カネ・イギリス国家 1688–1783』名古屋大学出版会、二〇〇三年、二五–三二頁。

（52）E. G. Léonard, *L'armée et ses problèmes au XVIIIe siècle*, Paris, 1958, pp. 239–258.

（53）Réorganisation du 10 décembre 1762. ショワズール本人によれば、デッチンゲンの敗北（一七四三年）時にフランス軍の「無規律と無知」を目の当たりにした経験が、二〇年後の改革の動機づけになったという。*Mémoires du Duc de Choiseul*, Chanteloup, 1778 [Paris, 1982], p. 50.

(54) Corvisier, "Les généraux", p. 39 ; "Aux approche de l'<<Édit de Ségur>> : le cas du sieur de Mongautier (1779)", *L'actualité de l'histoire*, numero 22, 1958, pp. 10-11.

(55) Règlement du 29 avril 1758 / Ordonnance du 22 mai 1759. むろん抜け道がなかったわけではない。たとえば一七六六年、二二歳のクレルモン＝ガレランド子爵は規定により大佐（連隊長）になれなかったものの、〝国王の善意〟から中佐（mestre de camp lieutenant）の肩書きでオルレアン騎兵連隊の保有、指揮を許された。七二年に二一歳でコンティ歩兵連隊の中佐、かつ指揮官となったコーザン侯爵なども、同様のケースに相当する。Hartmann, "Les officiers", pp. 247-248.

(56) Règlement général sur l'administration des corps, habillement, recrue, discipline, récompense, punitions, nominations congés, revues, etc. en quatorze titles, du 25 mars 1776, Title X, art. 1

(57) *ibid.*, Title VI, art. 5. ちなみにこのときの通達によれば、州の軍指揮官（中将）は二〇、師団長は一五、少将は一二、大佐は八皿まで、となっている。

(58) 学校の定員五〇〇名に過ぎず、加えて生徒の数は一七五三年に二〇名、五九年に四〇名という有様だった。Léonard, *L'armée et ses problèmes*, p. 179.

(59) Règlement portant suppression de la finance des offices militaires, du 25 mars 1776. しかし前述のように、この法令においては、部隊長並びに将校ポストの価格を以後売却されるために四分の一ずつ減価するという方式が採られたため、即座に売官制が廃止されたわけではない。

(60) 前任者デュ・ミュイの突然の死も大きかったが、彼の大臣就任には開明派のチュルゴやマルゼルブの強い推薦があった。このあたりの経緯は、サン・ジェルマン改革の本質を問う上で重要だと思われる。

(61) *Mémoires de M. le comte de Saint-Germain*, Amsterdam, 1779, p. 69.

(62) *ibid.*, p. 125.

(63) *ibid.*, p. 30.

(64) *ibid.*, p. 17/122.

(65) Tierry Sarmant et al., *Les ministres de la guerre, 1570-1792*, Paris, Belin, 2007, p. 460.

(66) J. A. H. comte de Guibert, *Essai général de Tactique*, Amsterdam, 1772[Paris, 1977]p. 137.

(67) たとえばゴドショは、王立士官学校の再編（七六年）に際して引き続き四代の貴族証明が求められたことに加え、この兵士への体罰を認めたことが、第三身分の反発を買う結果をもたらし、大臣の他の改革を台無しにするものだったと述べている。Godechot, *Les institutions*, p. 118.

(68) Blaufarb, *The French Army*, p. 29-30.

(69) Corvisier, "Hiérarchie militaire", p. 187.

(70) Bodinier, *Les officiers*, p. 59, tableau.

(71) Saint-Germain, *Mémoires*, p. 123.

(72) サン・ジェルマンが七六年に導入した「貴族子弟の見習い（cadet gentilhomme）」はその代表例である。しかしポスト設置（軍全体で一二〇〇）に伴う財政負担や、この徒弟制度を嫌う大貴族の軍隊離れといった問題は、彼を辞任に追い込む材料となった。cf. Blaufarb, *The French Army*, pp. 30-33.

(73) Saxe, *Mes Rêveries*, tome 1, pp. 27-28.

(74) Bien, "The Army", pp. 72-73.

(75) Rapport fait par Guibert à la première séance du Conseil de la guerre, du 28 octobre 1787 (papiers Guibert, Archives de la guerre, sèrie M).

(76) セギュールの人物像については、以下の描写が詳しい。*Mémoires du baron de Besanval*, tome II, Paris, 1828, pp. 85-114.

(77) セギュールの息子ルイ＝フィリップによれば、モルパはモンバリーの留任、それが難しくなるとピュイゼギュールの起用を望み、一方ポリニャック派からセギュールの為人を聞かされていた王妃マリー・アントワネットは、国王に彼を推薦する。モルパはセギュールを讒言し、国王の意見はピュイゼギュール起用に傾きつつあったが、威厳を傷つけられた（とポリニャック夫人から使嗾された）王妃は国王に不満をぶつける。結果、動揺したモルパは主張を取り下げ、セギュールの大臣就任が決まったという。Louis-Philippe de Ségur, *Mémoires ou Souvenirs et Anecdotes*, Paris, 1825-27. tome I, pp. 231-235.

(78) 以下の叙述に関しては、Sarmant. *Les ministres*, pp. 478-481. を参照。

(79) 陸軍委員会については、Christophe, Dehaudt, "Le Comité de la Guerre (1781-1784) : une institution méconnue de la fin de l'ancien régime," *Revue historique*, octobre-décembre 2000. pp. 869-894. 委員会は歩兵、騎兵、部隊業務、経理の四部局に分かれ、それぞれの部局長――順にブザンヴァル、ポワイヤンヌ候、シャトレ公、カラマン伯――がコンタード元帥の統轄する総会のメンバーになった。なお一七八七年の陸軍諮問会議（Conseil de la guerre）は、この委員会の後身に当たる。

（80）Ségur, *Mémoires*, tome I, pp. 286-292.
（81）Bien, "The Army", pp. 74-77.
（82）Ordonnance du roi du 17 mars 1788. また次も見よ。Hartmann, "Les officiers", pp. 264-267 ; Blaufarb, *The French Army*, pp. 40-45.
（83）Bien, "The Army", pp. 77-78.
（84）cf. Corvisier, *L'Armée française*, p. 951, et passim. 軍事精神や軍隊精神（esprit du corps）は、国民と軍隊の間に壁を築くものとして、総じて諸研究においても断罪されてきた。
（85）この点については、拙稿「フランス革命と『国民に開かれた将校団』――少将昇進者（一七九二～一八〇二）の経歴分析」『西洋史学』第二〇六号、二〇〇二年、五〇～五一頁、を参照。

第九章

アルマン・カレルの生涯（一八〇〇～一八三六）

――フランス革命―ナポレオン戦争の歴史と記憶

西願広望

はじめに

本章の目的は、フランス革命からナポレオン帝政までの歴史が、その後の社会にどのような影響を与えたかを検討することである。この場合、重要なのは、二一世紀の歴史家の目から見て、革命―帝政期の一連の出来事によって社会がどのように変化したか、だけではない。また革命後の社会を生きた人々が革命―帝政期の諸経験をどのように理解し、記憶し、自分のものにしていったのか、といった問題についても考察する必要があろう(1)。さらに本章では、革命―帝政期の諸経験の中でも、とりわけ一七九二年に始まり一八一五年まで断続的に続いた戦争の経験に注目する。そして戦争の経験が戦後の社会にどのような影響を与えたのか、戦争はどのように記憶されたのか、その際、軍隊にはどのような意味が与えられたのか、といった問題について考察を深めることにする。

たしかにこれらの問題群は巨大である。しかしこれらの問題群を一個人の生涯に沿って見てみるとき、問題は手にとってみられるほどの大きさになるのではなかろうか。当然のことながら、完全な答えは出ないとしても、部分的かもしれないが、地に足がついた答えをナラティヴの形で叙述することはできるに違いない。事例研究の可能性がそこにはある。実際ロバート・ダーントンは革命前夜のプレスを検討するにあたり、個々の事例を具体的に示していく方法をとっている。[2] またミシェル・ヴォヴェルは革命詩人デゾルグを研究する際、カルロ・ギンズブルグ、ナタリー・デーヴィス、ダニエル・ロッシュの事例研究の有効性について言及している。[3] 軍事史でも、脱走兵ブレーカーの研究を通して、一八世紀のプロイセン軍の様相が明らかになっている。[4]

そこで本章では、アルマン・カレル（Armand CARREL）を研究対象とする。彼は革命―帝政期に生を受け王政復古期に活躍を始めた「一八一四年の世代」とも「一八二〇年の世代」とも呼ばれる世代に属している。クザン、ミシュレ、ティエールなども属するこの世代を理解することは、一九世紀のフランスを理解するための一つの鍵である。[5] カレルはその生涯を通じて革命家として積極的に政治に参加し続けたが、参加の方法は人生の前半と後半で大きく異なった。当初、彼は剣をとった。一八二〇年に陸軍士官学校を卒業して少尉に任命された彼は、一八二一年から一八二二年にかけての冬、ベルフォール（Belfort）でシャルボヌリの武装蜂起計画に参加した。また一八二三年にはスペイン革命を支持してフランス王立軍と戦った。しかしその後、彼はペンをとる。そして一八三〇年一月、ティエールやミネ（MIGNET）と共に『ナショナル紙（*Le National*）』を発刊し、七月革命後、同紙の責任者となりジャーナリストとして活躍した。そして一八三六年、ジラルダンとの決闘の結果、死んだ。[6] 死後一二年を経た一八四八年三月二日の追悼集会には五千人が集まり、二月革命後の臨時政府のメンバーであるマラストは、カレルを共和主義のために自らの人生を捧げた人物として賞賛する演説を行なった。[7] 本章では、彼の誕生から死までを追い、彼の社会的結合関係と心性を検討することで、革命―帝政期の歴史がその後の社会に如何なる影響を与えたのかを考察していきたい。

カレルについての先行研究に関して言えば、従来は伝記作家による伝記が主であったものの、[8] 近年、ジル・クロシュモルが歴史学の立場から研究書を公刊している。[9] クロシュモルは実に多種多様な史料を利用しており、その点は高く評価できる。[10] ただクロシュモルの問題意識はカレルの政治的イデオロギーの変容であり、[11] 本章の主題とは異なる。またクロシュモルは、カレルの生涯を考察することは世代・プレス・決闘という三つの大きなテーマを検討することにつながると主張している。[12] この主張に筆者は同意する。しかしながらクロシュモルの研究では、カレルの『ナショナル紙』の記事が他紙のそれと比較されることがなく、プレスからつくられた世論の全体像が見えにくい。さらにクロシュモルは、ジラルダンとの決闘によるカレルの死を、政治的新聞の終わりと商業的大衆紙の始まりの象徴として捉えているが、[13] これはメディア史の定説をなぞっているに過ぎない。[14] それゆえ本章では先行研究の成果と問題点を踏まえつつ、また別の角度からカレルの生涯にアプローチしてみたい。

第一節　敗戦の世代

本章の主人公、ジャン・バティスト・ニコラ・アルマン・カレル（Jean Baptiste Nicolas Armand CARREL）の父方の祖父であるドニ・ニコラ・カレル（Denis Nicolas CARREL）は、ノルマンディーのウー（Eu）に住む商人であった。その息子で一七七一年六月二二日生まれのニコラ・アルマン（Nicolas Armand）は、ルアンに出て、店員（commis）となった。そして一七九七年九月一二日、自分より一つ年上のマリー・マドレーヌ・ドゥビュイソン（Marie Madelaine DUBUISSON）と結婚した。結婚した後、ニコラ・アルマンは義父ジャン・バティスト・ドゥビュイソン（Jean Baptiste DUBUISON）の店で店員として働くことになった。そして一八〇〇年五月八日二三時、本章の主人公が生まれた。以上は、ニコラ・アルマンとマリー・マドレーヌの結婚証明書およびアルマン・カレルの出生証明書から分かった情報である。[15]

さてアルマン・カレルはルアンの帝国高等学校（Lycée impérial）で教育を受けた。[16] 一八〇二年五月一日の法律によってその設置が定められた帝国高等学校では、主にラテン語と数学が教えられた。また校則は軍律を真似ていた。制服を着用させられた生徒は「中隊」に分けられ、優等生のあいだから徴募された一人の「伍長」と四人の「上等兵」によって指揮された。寮での起床その他、一日のさまざまな時間の区切りや、移動の際には、太鼓が鳴った。太鼓を叩いたのは、退役軍人である門衛であった。そして毎日一一時から一二時まで、生徒は軍事教練を受けなければならなかった。[17]

一八一五年、ナポレオン帝政が敗戦によって崩壊し、ノルマンディーにも占領軍がやってきた。彼らは必要な物資をフランス人から徴発した。たとえば一八一五年七月二〇日、カレルの暮らしていたルアンを県庁所在地とするセーヌ＝アンフェリウール（Seine-Inférieur）県と、その隣県のウール（Eure）県に対し、プロイセン軍主計官は、青いシーツ八千オーヌ、灰色のシーツ一万六千オーヌ、子牛の皮一千枚等の徴発を命じた。徴発はしばしば脅迫と共になされた。プロイセン軍主計官はウール県県知事に、徴発が遅れた場合は二万人を処刑すると述べた。また県知事の身柄が拘束された。[18]

一般の住民にとって、占領軍が来るということは、その兵士を宿営させなければならないということだった。これを避けるため、たとえばセーヌ＝アンフェリウール県のサン・サーン（St. Saens）の村長は、自分の村では伝染病が流行していると嘘までついた。さて宿営が始まると、占領軍による暴行と略奪が始まった。たとえば一八一五年一〇月二〇日、セーヌ＝アンフェリウール県の小村フランクヴィル（Franqueville）の、ある住民の家は七人のプロイセン兵によって掠奪された。被害者の証言によれば、彼に個人的な恨みを持つフランクヴィルの村長は、プロイセン人に彼のことを「ボナパルティスト」だと告発した。するとプロイセン兵は被害者の妻と娘たちを強姦しようとし、被害者のことを侮辱した。同様に、同県住民への暴行を繰り返したイギリス軍は、イギリス軍人に対するフランスの民間人の最も軽い侮辱も、イギリス軍の軍規に従って裁くと決めた。[19]

いずれにせよセーヌ＝アンフェリウール県はこの年、占領軍のために約三三六万五千フランを出費しなければならなかった。[20] しかし、物質的な損失だけではない。占領された人々の心の傷を忘れてはいけない。一八一九年一月二一日に内務大臣に送られた、セーヌ＝アンフェリウール県県知事の報告書の中で、知事は一八一八年の占領軍の完全撤退について、次のように書いている。「フランス領土からの（外国軍の）撤兵はこの県の人々を喜ばせた。［中略］外国軍の通過は心の中に苦い記憶を残した。人々はいまだに悲しみと共にこの圧制の短い時を思い出している」。[21] クロシュモルも主張するように、[22] 占領の記憶がカレルの心の中でもトラウマとなり、連合国と復古王政に対しルサンチマンを抱いたとしても不思議ではない。

第二節　剣の時代

サン・シル（St. Cyr）校

一八一八年、カレルは士官養成学校サン・シルに入学した。だからと言って、彼が「国王のために軍人として働きたいと考えた」と結論づけなければならない決定的な理由はない。むしろカレルがサン・シル校卒業後すぐに反体制運動に参加していることを考慮に入れるなら、帝国高等学校の軍事的雰囲気が気に入り軍職に就きたいと考えた、と推論するほうが妥当であろう。

ところでサン・シル校は一八一七年一二月三一日の勅令で創設された。定員三〇〇名で、入学を許可される学生の年齢は一六歳から一八歳までであった。最低二年間、就学しなければ卒業できなかった。寄宿舎の費用は一五〇〇フランで、それに加えて七五〇フランの衣類一式が必要とされた。入試の試験科目はラテン語、フランス語、算術、幾何学、地理学、デッサン、作文であった。一八一八年九月二四日、アルビニャク（ALBIGNAC）将軍が校長に任命された。学生は身長によって六つの「中隊」に分けられた。一期生として入学したカレルは第三中隊に配属となった。[23]

このサン・シル校時代に、カレルは友人をつくり、教師に反抗した。とくにアルビニャク将軍との確執は有名である。確執の原因はしばしばカレルの革命思想に帰される。[24] その可能性は無視できないとしても、この時期に彼がどれだけ学外の革命運動と関係していたのか、あるいはこの時期に彼がどれほどまでに自分の政治思想を練り上げていたのかは、分からない。ただカレルとアルビニャク将軍との対立の中に、カレルの強い自尊心、負けん気、独立心を読み取ることも忘れてはいけないだろう。[25] そして一八二〇年一〇月、卒業試験に合格し、一一月一日、彼は正規軍歩兵隊第二九連隊の少尉に任命された。[26]

ベルフォール陰謀事件

カレルが正規軍での勤務を始めた一八二〇年は、スペインで軍隊による立憲革命が起こり、それがイタリアに飛び火してナポリでも軍人らが蜂起を起こした年であった。[27] 他方フランスでは、この年の二月、ベリー（BERRY）公が暗殺され、この事件を機に王党派による反動が強まり、三月三一日には定期刊行物に対する検閲が設けられた。[28] 反動政策に対抗して、自由主義陣営の側でも、六月には「真理の友」と呼ばれるフリーメーソンのロッジができ、クザンやギゾーの影響を受けた自由主義を信奉する千人以上の学生が集まった。さらに翌年には、イタリアのカルボナリに参加してナポリ革命を経験して帰国したフランス人と「真理の友」の創設者らが核となって、フランスでもシャルボヌリが作られた。これはまず学生および商業界の若者に影響力を持ったが、その後まもなくラファイエットやデュポン・ド・ルール（DUPONT DE L'EURE）、マニュエル（MANUEL）といった自由主義派の議員の支持を得た。そしてシャルボヌリはフランス東部の国境地帯に駐屯する軍隊で宣伝活動を行なった。[29]

一八二一年の末から一八二二年の夏にかけて、ソミュール（Saumur）、ベルフォール、トゥーロン、ナント、ラ・ロシェル、ストラスブール、コルマル（Colmar）で、シャルボヌリによる陰謀が発覚した。これらはすべて失敗したわけだが、その原因としては、準備が十分ではなかったこと、組織内部に対立があったこと、住民が積極的に参加しなかったことなどが挙げられる。[30] カレルが関与したのは、ラファイエット、マニュエル、ファビエ（FABVIER）も加担した一八二一年一二月末のベルフォールの陰謀であった。[31] 陰謀発覚後、カレルは軍法会議から刑罰を言い渡されることはなかったものの、一八二二年三月には要注意人物として監視されることとなった。[32]

この事件の後、カレルの所属する第二九連隊はマルセイユに駐屯地を移した。同連隊の政治的傾向を全く信用していなかった陸軍大臣は、わざと王党派色の強い南仏を彼らの駐屯地として選んだのであった。しかしカレルは反体制運動を続けた。マルセイユの司令官ダマ（DAMAS）はカレルを秘密結社と関係があると判断して逮捕した[33]。かくしてカレルは、一八二三年三月、退役処分となり、バルセロナに向かった[34]。

スペイン

スペインでは、一八二〇年の立憲革命の後も、反革命派の抵抗が続き、国内は混乱していた。一八二三年一月、ルイ一八世はスペインとの外交関係の断絶を宣言した。そして四月、フランス王立軍はスペイン革命を潰すべくスペインへの侵入を開始した[35]。

（1）スペインにおけるフランス人革命家

しかしフランス人の中には、スペイン革命を支持してフランス政府と戦おうとした者もいた。実際、東ピレネ方面軍軍法会議では、一八二四年一月から七月までに、四八人が「フランスに対して武器を取った」として告発された。被告の年齢は一〇代が二名、二〇代が二一名、三〇代が一三名で、カレルと同じ二〇代が最も多かった。また被告の二二人は現役のもしくは退役した軍人であり、二〇人は民間人で、その職業は大商人から、耕作人、織物工、パン屋まで、多様であった[36]。目につくのは軍人の多さであるが、軍人はフランス王立軍に所属しているからといって必ずしもフランス政府を支持してはいなかった。たとえば第二一連隊第一大隊第二中隊所属の兵士サキャン（SAQUIN）は、「スペイン人が勝つ方がいいね。彼らの勝利は民衆の上に築かれた金持ち連中の帝国を破壊することになるだろうから」と述べていた[37]。

さてスペインに渡った革命派のフランス人は主にビダソア（Bidassoa）川付近の諸都市に集まった。しかしそこでの彼らの品行は必ずしも良いものではなかった。期待していた軍資金をスペイン政府から得ることができないと分かると、フランス人は酒に溺れ、スペイン人の住民と喧嘩をした。また革命派フランス人はたしかにフランスの復古王政を憎悪しており自由主義を支持していたが、それと同時に革命―帝政期のフランス軍の勇敢さを誇りに思っており、しばしばカフェでフランス人の将軍を大声で褒め称えた。そしてそのことが立憲派のスペイン人との関係を悪くした。つまりフランス革命以来のフランス軍の栄光の記憶が、立憲派スペイン人と革命派フランス人の間に齟齬を生んだわけである。とはいえ革命派フランス人にとって革命―帝政期の記憶はきわめて重要であった。彼らがフランス王立軍の兵士に脱走を呼びかけるときに掲げた旗は三色旗であったし、歌った歌はラ・マルセイエーズや「ナポレオン万歳」の繰り返しのある歌であった。しかし一八二三年四月六日、フランス王立軍は、ビダソア川に集まっていた一五〇人から二〇〇人のフランス人、スペイン人、イタリア人から成る混成部隊に対し、砲弾を浴びせ、潰走させた。[38]

そのころ、カレルはバルセロナにいた。後年、当時の様子をカレルは次のように書いている。「バルセロナは、ナポリやピエモンテの革命で身を危うくした多くの人々、それからポーランド、ロンバルディア、ライン川の小国家、そしてボナパルトの支配によって強い影響を受けたあらゆるヨーロッパの国家から、神聖同盟の警察によって追われた人々を、引きつけた。また一八一五年以来、戦争を見つけることさえできれば、どこへでも出かけ、ギリシアではイプシランティ（YPSILANTI）の旗の下、アメリカではボリバル（BOLIVAR）の旗の下、イタリアではペーペ（PEPE）の旗の下で戦った、フランスの元将校らは、マドリード、カディス、ラ・コルニャよりも、むしろバルセロナを好んだ。ドイツの大学の学生、無用な陰謀のためにフランスにいられなくなった若者たち、彼らが信じた大義のために熱情に燃えてフランスを去った若者たち、フランス軍から脱走した下士官および兵士たち、彼らがまた集まってきた。これらの外国人は対フランス戦争において、政治的役割を果たすべく、ミナ将軍によって編成された部隊に召喚された。しかしまもなくそれは大して重要ではなくなり、彼ら外国人はバラバラになり、スペインを去らなければならなかった。カタルニアでは五〇〇人余りがそれでも居残り、『外国人自由部隊』を編成した。半分はフランス人であり、そうでないものはかつて皇帝軍に勤務した経験があった。かくして勤務の習慣はみな同じであった。そこを支配していたのは、精神、いやむしろ思い出であった。獲得した自由とボナパルトの思い出。ユニフォームとエンブレムが往時を思い出させた」。[39] しかしながらこの部隊はバルセロナの住民からはあまり好かれていなかった。[40]

カレルの所属した外国人部隊は、一八二三年九月一五日、フィゲラス（Figueras）で、フランス王立軍との戦闘に入った。二日間にわたって激戦が繰り広げられた。この時、王立軍を指揮していたダマは、これ以上の戦闘は無意味だと判断した。回想録の中でダマは書いている。「明らかなのは、もはや戦う理由が無いということだった。敵がバルセロナに引き返す退路は断たれていた。敵は農民によって虐殺される危険を犯して田園に潰走するか、降伏するか、しなければならなかった。そして敵は後者の選択肢を採ることにした」。[41] かくしてカレルも投降し捕虜となった。そして一八二四年三月一六日、ペルピニャンの軍法会議は彼に死刑を言い渡すが、七月二〇日、トゥールーズの軍法会議は無罪と宣告した。[42]

いずれにせよこのスペイン革命において特筆すべきは、ヨーロッパのあらゆる所から革命家たちがスペインに集結したという事実である。この時の革命運動はトランスナショナルな性格を有していたのだ。実際フランスの警察も、ロンドンに在住するフランス人およびピエモンテ人革命家がスペインに渡ったことを確認している。[43] またビダソア川の戦いで敗走したファビエは、その後ギリシアに渡りトルコと戦っている。[44] 同じくカレルと共に外国人部隊で戦ったペルザ（PERSAT）の履歴も驚くべきものである。一七八八年生まれの彼は、一八〇六年からナポレオンに仕え、帝政崩壊後は、アメリカ合衆国、ナポリ、ギリシア、イギリス、ポルトガル、スペイン、サン＝ドマング、ニューヨークを転々とした。そして一八三〇年には正式にフランス軍に再入隊し、アルジェへの遠征に参加した。しかし一八三四年、政治上の理由で除隊し、『ナショナル紙』の発行人としてカレルと共に働いた。[45] つまり、スペイン革命時の革命家たちにとって、革命がパリから始まらなければならない必然性はなかった。ベルフォールでもカディスでもナポリでも良かった。どこか一ヵ所でも革命が成就すれば、ウィーン体制全体が引っくり返る、そう思っていたのではなかろうか。たとえそこまで状況を楽観視していなかったとしても、成すべき革命は一国革命ではなく、ヨーロッパ革命であるという認識はあったと推測できる。[46]

この時の革命運動のもう一つの性格は、それがナポレオンの表象を必要としたという点である。スペインにおいてフランス人を中心とする外国人革命家たちは、ナポレオン軍の制服を身にまとい、「ナポレオン万歳」と歌った。それはナポレオンだけがトランスナショナルで自由な帝国を表象できたからであろう。

とはいえトランスナショナルな革命を志す外国人革命家はスペインの民衆から支持されなかった。ここにまた当時の革命運動の性格を見ることができよう。つまりそれはあまりにも自己充足的であった。たしかにナポレオンはフランス人の革命家にとってはある種の虚栄心を満足させてくれるものであったかもしれない。しかし本物のナポレオンとゲリラ戦を戦ったスペインの民衆にとって、「ナポレオン」という語の響きは同じではなかったことだろう。

（２）フランスでの世論

しかしスペインで武器を取ったフランス人だけがナポレオンの記憶を利用したのではなかった。一八二三年春、自由主義派の新聞『コンスティチュウショネル紙（*Le Constitutionnel*）』は、ナポレオンのスペイン戦役を引き合いに出してルイ一八世のスペインへの軍事介入計画に反対した。同紙によれば、ナポレオンは四〇万の兵力と、数億の予算と、六年間の歳月にもかかわらず、スペインの地方、一つさえも完全に支配することはできなかった。[47]かくして同紙は「歴史と理性はスペインでの国民戦争は長期化すると言っている」[48]とし、軍事介入に反対した。

しかしながら一八二三年の夏から秋にかけてフランス王立軍の勝利が確実になると、今度は逆に、王党派の『コティディエンヌ紙（*La Quotidienne*）』が革命―ナポレオン戦争の記憶を自らに都合よく利用し始めた。たとえば一〇月三日の同紙には、スペイン戦線で戦っている兵士が父親に宛てた、次のような手紙が引用された。「お父さん、トロカデロの戦いほど輝かしいものもないでしょう。もしもフランソワ伯父さんがこの場にいたらなあ。伯父さんは、伯父さんがマレンゴやアウステルリッツでオーストリア人やロシア人に飛びついたように、こいつらを叩きのめしたことでしょう。［中略］しかし僕らは立派に彼の代わりをしましたよ。［中略］僕たちの若き軍隊は今やかつての軍隊を妬む必要がありません。ログロニョ、ブルゴス、サラゴサ、マドリード、セビリャ、トロカデロの名は、今後、フルーリュス、ズーリッヒ、ヴァルミー、マレンゴ、アウステルリッツ、ヴァグラム、イエナ、フリートラントの名前の隣につらなることでしょう」。[49] 興味深いことに、ここでは、フランス革命期の戦争とナポレオン帝政期の戦争とが、原理的には革命を否定するはずのルイ一八世の戦いと並置され、一つになっているのである。

また『コティディエンヌ紙』は一〇月一五日に「スペインで死んだフランス兵への賛辞」と題する文章を載せた。「パンプロナ、トロカデロ、その他、多くの勝利は諸革命の最後の息となった。〔中略〕今日の若き精兵、老兵、アウステルリッツとヴァンデの兵士たち、あなた方は同じ旗の下を行進し、同じ危険に立ち向かったのだ。同じ敵を打ちのめした、あなたがたは、今、同じ制服を着て、同じリフレーンを歌う。国王万歳、フランス万歳」。[50] ここでも『コティディエンヌ紙』は革命やナポレオンの記憶を躊躇なく利用している。王党派はさまざまな記憶をすべて混ぜ合わせて、そこから新しい「国民の記憶」を作り出したのである。[51]

第三節　ペンの時代

七月革命前夜

(1) 歴史学との出会い

スペインでの戦いの後、カレルはパリに上った。毎日、読書室に通っては法学に関する本を読んだ。[52] この時期のパリに五二〇軒あったと言われる読書室には、しばしばナポレオン軍の退役軍人がたむろしていた。[53] それゆえ、元軍人であるカレルは、毎日、自分と同じような人々を目にしつつ、法律の本を読んだわけである。しかしカレルは法律家にはならなかった。歴史家となった。

カレルに歴史の手ほどきをしたのは、カレルより五歳年上のオーギュスタン・ティエリー（Augustin THIERRY）だった。[54] そして一八二五年、カレルは『古今、全民族史概説コレクション（*Collection de Résumés de l'Histoire de tous les peuples, anciens et modernes*)』の中から本を二冊出す。最初が『スコットランド史概説（*Résumé de l'histoire d'Écosse*）』[55]で、二冊目が『近代ギリシア史概説——トルコ人によるギリシア侵略から現在の革命の最近の事件まで（*Résumé de l'histoire des Grecs modernes depuis l'envahissement de la Grèce par les Trucs jusqu'aux derniers événements de la révolution actuelle*）』である。カレルの執筆の動機が明瞭に分かるのは二冊目の方である。この本では、第一章のトルコ人のギリシア征服前史から、最終章の一八二五年のギリシアの状況まで、時代順にギリシア近代史が説明されているのだが、カレル自身の序文によれば、自分はギリシア人を美化したり過小評価したりせず、ギリシア人をそして彼らの隷属的な状態をあるがままに伝えようとした。自分は単なる語り手に留まり、諸事実を知ってもらおうとした。諸事実を知りさえすれば、奴隷制に対して戦うあらゆる民族に共感すべく生まれついている国民は、ギリシアの解放に関心を持つことになるだろう。[56]つまりカレルはギリシアの独立という時事問題を問題意識として同書を書いたのである。

さらに一八二七年、カレルは『イギリスにおける反革命の歴史（*Histoire de la contre-révolution en Angleterre*）』を出版する。そこでは、クロムウェルが死んだ時のイギリスから説明が始められ、一六八八年の革命までが扱われている。カレルはこの本の中で「何故、スチュアート朝の存在はイギリスの諸利益と相反するようになったのか。何故、その二度目の転覆は余りにも奇妙な容易さでもって、大した混乱もショックもなく行なわれたのか」といった問題を考察する。そこで興味深いのは、イギリスの復古王政の歴史を単に革命派と反革命派の政治闘争としてのみ捉えるのではなく、そこに第三のアクターとして「国民」を登場させている点である。カレルによれば、この「国民」の意思が復古王政を滅ぼして新たな革命を起こした。[57]クロシュモルも主張するように、[58]カレルは、この一七世紀のイギリスの歴史が一九世紀のフランスにおいても繰り返されることを願っていたのであろう。

いずれにせよカレルにとって、歴史とは現代を批判的に考察するためのものであった。カレルは今日に背を向けて昨日に逃避したわけではない。また彼は時事問題について語れば検閲がうるさいから、歴史書の体裁をとって現在の体制を批判しようとしたわけでもない。実際、当局は歴史についての記事も厳しく検閲していた。たとえばパリの検閲委員会は、一八二七年七月に『コンスティチュウショネル紙』に載せられたアルビジョワ十字軍についての歴史書の紹介文、そして同年一〇月に同じく『コンスティチュウショネル紙』に載せられた『ナポレオン戦争（*Campagne de Napoléon*）』という本の販売についての記事と同書の書評の削除を決定している。[59] つまり歴史を書いていれば安全というわけではなかったのである。カレルにとっては、歴史という回路を通って現在を批判することこそが大事であった。ただし歴史に目を向けたのはカレルだけではなかった。この一八二〇年代は歴史ブームの時代であった。ギゾーやティエールなどが次々と歴史書を出していた。それゆえカレルは「流行」の只中にいたと言えよう。

（2）アルジェリア遠征

一八三〇年一月、カレルはティエールおよびミネと共に、『ナショナル紙』を創刊した。ミネは一八二四年に『フランス革命史（*Histoire de la Révolution française*）』を書いていた。それゆえ歴史家が三人集まったというわけである。そして同紙は内閣の転覆を目指して、体制批判を開始した。[60]

ところで同年五月、シャルル一〇世は、自由主義者が多数派を形成していた議会の解散を宣言する一方で、アルジェリア遠征を実施した。国王は国民の視線を国内から国外へと向けさせ、軍事的勝利によって国民の人気を掌握するつもりであった。ではこのアルジェリア遠征を世論はどのように受け止めたであろうか。王党派の『コティディエンヌ紙』は、「我々が（アルジェリアの）海賊と戦おうとすると、自由主義者は敵軍の隊列の中から我々の軍隊を叩こうとする。［中略］愛国者とは国王と祖国を護る者であって、フランス軍を攻撃する者は裏切り者である」[61]と主張し、アルジェリアの海賊と自由主義者を共に祖国フランスに敵対行為をとったものとして同一視した。そしてこの場合のフランス軍とは、「フランスの兵士はアンリ四世とルイ一四世の旗の下を行軍した。栄光は兵士らに遺産の如く属している」[62]という言葉からも分かるとおり、アンリ四世以来の伝統を護る王立軍に他ならなかった。

他方、自由主義派は、アルジェリアにおける勝利はフランス軍の勝利であって、政府や王党派の勝利ではない、と主張した。『コンスティチュウショネル紙』によれば、「今、一つの大事件が多くの人の心を占めている。アルジェがフランス軍に降伏した。海賊と山賊の隠れ家が破られたのだ。ヨーロッパは数世紀にわたる恥と略奪の恨みを晴らした。その大胆な勇気でもって我々にこの輝かしい征服を手に入れさせた勇士諸君へ、名誉を。永遠の名誉を。しかし幾人かの人々は叫ぶことだろう。名誉を、この征服が成し遂げられた時のフランスの内閣に対しても、また名誉を、と。しかしまさにここで区別をしなければならない。嵐の海といった危険、ベドウィンのアラブ人の怒り、行軍による疲労、気候の脅威を耐え忍んだのは誰だったのか。誰が命をかけてアルジェを奪取したのか。フランス軍である。〔中略〕しかし我々の名誉である軍隊を使って我々を抑圧する内閣と、如何なる共通点があるというのだ。〔中略〕アルジェ奪取が我々の対外政策における栄光に付け加わったとしても、我々の国内の状況、我々の危険、内閣の恐ろしい計画には何の変わりもない」。[63]

一方カレルも『ナショナル紙』で、フランス軍と反革命的なフランス政府とを同一視すべきではないと説いた。「反革命派は（フランス軍の）勝利を横領しようとしている。そして我らの若い軍隊の銃剣と大砲が彼らのためにあると信じている。〔中略〕一五年間、我々のヨーロッパにおける勝利を嘆いたこの党派は、我々がアルジェリアの降伏を悲しんだと思っている。かつて、ウルムやマントヴァの占領、ウィーンやベルリンへの我々の入城に対してこの党派が嘆き悲しんだのと同じように、我々が悲しんだと思っている。しかし我々はエミグレではない。神よ、感謝します。〔中略〕アルジェが落ちたって。良かったじゃないか。ワーテルロー以来、我々の軍隊が勝ち得た初めての慰めだ。多分、ヨーロッパの人々はこの勝利を悔しがるだろう。我々がこの勝利に満足し自慢できるとしたら、その最大の理由はヨーロッパの嫉妬であろう」。[64] そしてカレルは、アルジェリア遠征に成功したフランス軍の強さの原因は革命―帝政期の経験にあるとした。「（我々の軍隊は）帝政期の制度の規律を保持している。軍隊は九一年の規定集で機動することを学んだ。その素晴らしい編成は愛国者であったグヴィオン＝サン＝シル（GOUVION-SAINT-CYR）大臣に帰されるべきである。軍隊に遠征への興味を抱かせ、その熱情を奮い立たせたのは、シュアンや街道での駅馬車襲撃の記憶なのか。そうではない。我々の不死なる共和国軍の記憶である。人々は軍隊にエジプト征服、ヘリオポリス、アブキール、ピラミッドでの日々を語った。マレンゴの記念日には花の冠を頭にかぶせた。［中略］至る所に、帝政期に教育を受けた人がいた。経験は我々の対ヨーロッパ戦において得られたものであった。輝かしく賢い若者はモンジュ（MONGE）とボナパルトによって建てられた学校から輩出したのであって、アンシャン・レジームの残骸はそこにはなかった」[65]。

かくして自由主義派はアルジェリアで勝利したのは、政府ではなく、革命―帝政期以来の伝統を持つ軍隊であったと主張することで、軍隊と自らを重ね合わせ、逆に、アルジェ奪取を自らの勝利として物語ることに成功した。

七月革命直後の開戦論議

(1) 七月革命の国際的なひろがり

さて七月革命の後、ティエールとミネが『ナショナル紙』の仕事に携わるのを辞めたので、カレルが『ナショナル紙』の編集長となった。当初、カレルは新政府を支持し、七月革命の歴史的正当性を主張した。たとえば一八三〇年九月一三日には、七月革命は「八九年に始められた革命が本当に終わるために」成されなければならなかった、と説いた[66]。しかしカレルは新政府の外交政策への批判を機に、反体制の立場に立つ。

実際フランスの七月革命は国際的なひろがりを持った革命であった。一八三〇年八月二五日にはベルギーで、一一月二一日にはポーランドで、蜂起が起きた。ベルギーでは、フランスとの同盟を望む一派が、ルイ＝フィリップの息子をベルギーの新国王として迎え入れる計画を持っていた[67]。またパリでは、このベルギー革命を救うべく義勇軍が組織された。その中心となったのはパリに在住するベルギー人であったが、フランス人も積極的に参加した。かくして四〇〇〇人余りのフランス人とベルギー人が、パリからベルギーに向けて出発した。その義勇軍の将校の構成からは、以下の点が確認される。まず一八〇〇年代生まれが多かった。それから職業は退役または現役の軍人がとくに多く、

その次に学生・書記が多かった。(68)

一方、ポーランド蜂起はナポレオン帝政期にナポレオン軍で戦ったポーランド軍人によって指揮された。そもそもポーランド人はナポレオン軍の中でもきわめて献身的な外国人軍人であった。ところが一八三〇年七月にパリで革命が起こると、ポーランドではある噂が流れた。ロシア皇帝の命令でポーランド軍がフランスの七月王政を潰すため、フランスに行軍させられるというのである。この噂を伝え聞いたポーランド軍は、かつての戦友を叩くことなどできないと反乱を起こし、旧ナポレオン軍の元将校がこれを指揮した。(69) この反乱を機に成立したポーランド臨時政府はロシアからの独立を宣言し、その実現をフランス政府からの支持に賭けていた。(70) 他方、パリの民衆はポーランド人への共感をさまざまな形で表した。一八三一年二月三日、パリの政治クラブではポーランド人への好意を表明する建白書の作成が議題となったし、六月二六日、パリの劇場では、ポーランド人の名誉に捧げられた歌が歌われ、聴衆は拍手喝さいをした。七月四日、パリのホテルに一人のポーランド人の大佐が訪れると、ホテルの前には群衆が集まり、「ラ・マルセイエーズ」を歌い「ポーランド人万歳」と叫んだ。(71)

しかしフランス政府は他国の革命に対し不干渉政策を採った。反対に、カレルはベルギーとポーランドを救うための戦争を開始せよと、『ナショナル紙』上で主張した。この結果、政府とカレルは対立するに至るわけだが、ここではもう少し詳しくカレルの開戦論について検討しよう。

（2）革命―ナポレオン戦争の記憶

カレルは、ベルギーとポーランドを助けるための戦争を、フランス革命―ナポレオン戦争と同じ性格を有するものだと考えた。たとえば彼は書いている。「ピルニッツ宣言から百日天下まで、外国政府は革命に対し戦争をするための口実を常に持っていた」。(72) 今度の戦いも、革命戦争以来の、反革命の外国政府対革命のフランスという戦いになることだろう。さらに彼は主張する。そもそもポーランドの独立はナポレオンが望んでいたことであり、そしてこれこそが「フランス本来の政治」である。(73)

ただ同様のことは、カレルと同じく開戦派の『クーリエ・フランセ紙（*Courrier français*）』も主張していた。「常に一七八九年と同じ戦いなのだ。自由対専制、特権対共通の権利、諸国王対諸民族」。[74] 同紙によれば、ポーランド人は「ワーテルローで瀕死のフランスの鷲を彼らの血で濡らした」戦友であり、ナポレオンのロシア遠征は統一ポーランドの建設を目的としたものであった。[75]

ところで、一八三一年三月三一日、カレルは外国政府に敵対するフランスの姿を次のように描いている。「そうだとも。フランスは自らの思想の普及といった抗し難い法則に対して忠実なのだ。それを疑うためには、フランスの歴史について何も知らないことが必要だ。この必然はどこから来るのか？［中略］あらゆる国民はパンだけでなく、思想そして現実的な知識でもって生きるのだから、諸科学の先頭、思想の先頭にいる国民、最も素晴らしい地理的な位置を享受している国民、最強の軍備を所有している国民、［中略］戦士の天分が豊かな国民、こういった国民こそがヨーロッパにおいて優越した地位に立たねばならない。かつてギリシアの世界があった。ローマの世界があった。一世紀前からは、フランスの世界があるのだ。それは遅かれ早かれヨーロッパを統一することだろう。半ば説得して、半ば強制的に。そして諸民族に市民権を与えることだろう」。[76] カレルはまた別のところで、自分が信じる「フランス」は「グランド・ナシオン」だとも書いている。[77] カレルにしてみれば、ベルギーとポーランドを救う戦争はヨーロッパを統一する革命戦争であり、そこから「グランド・ナシオン」としてのフランスが作られるはずであった。それこそは「歴史的必然」であった。

カレルが「フランスの歴史について」知っていればフランス国民の優越は自明のことだと書いていることからも分かるように、彼は自らの主張の基礎を歴史に置いていた。そこで、彼のフランス史についての理解をもう少し深く検討してみよう。その時、参考となるのが、カレルが『ナショナル紙』一八三一年七月二九日・三〇日合併号に書いた記事である。「ヴァルミーからアウステルリッツまで、ワーテルローまで、白旗の下でのアルジェの戦いまで、革命というものが全体として理解されることを望もう。まさにこれこそがフランスなのだ。このフランスは亡命しなかった。決して逃げなかった。良い日と悪い日の重みに耐えた。恐怖政治の下でも、ナポレオン帝政の下でも、復古王政の下でも、このフランスこそは決して己にもとることはなかった。［中略］最も完全な連帯感の中で、ヨーロッパを前にして、このフランスを再び示さなければならない。一八三一年のフランスは、それが四〇年前からしてきたことを何一つ放棄しない。それは百日天下を捨て去らない。ワーテルローで死んだ二万人の勇士はフランスの栄光ある子供たちだった。彼らの宮殿を横領すべくその死骸を無視した人々が、一八一五年の条約にフランスの名をかりて署名することを、そして、これらの人々がフランスを二流国に格下げすることを、そして、その一方でワーテルローの同盟国がいまだに無礼にも『四列強』と自称することを［中略］、フランスは許さない」。(78)

ここで重要な点は次の二点である。第一に、カレルは「恐怖政治」「帝政」「復古王政」といった政治体制とは別に、政治体制の如何にかかわらず存在し続けた「フランス」の歴史に注目した。何よりも大切なのはフランスの歴史的同一性であって、それが経験した政治体制ではないのである。かくしてカレルは「ヴァルミー」「アウステルリッツ」「アルジェ」といった「国民の記憶」の上に、国民的アイデンティティーそしてナショナリスムを立ち上げたわけである。とはいえ、体制の如何にかかわらず「己にもとる」ことなくさまざまな戦場で戦ったフランスとは、まさに軍隊のことではなかろうか。カレルは軍隊をこそフランスの象徴として捉えていたのである。そしてもちろん、この軍隊とは、前述したように、アンシャン・レジーム以来の軍隊ではなく、革命―帝政期以来の軍隊であったわけであり、それゆえ軍隊＝革命＝フランスはカレルの思想の中では「同義語」となるのである。

同様の思想は『クーリエ・フランセ紙』にも見られる。たとえば一八三〇年一二月一一日の同紙には、「（専制君主と交渉しよう。けれど手には剣を持って。［中略］思い出そう。百倍もひどい状況の下、我々の父はヨーロッパを打ち倒したのだということを。我々の農家に今もなお掛けられている銃は、ヴァルミー、マレンゴ、アウステルリッツの武器であるということを」と書かれている。(79) しかしカレルの記事ほどには、明晰でもないし過激でもない。

さてカレルのナショナリスムを理解するうえで第二に重要な点は、カレルのフランスは「ヨーロッパを前にして」

恥ずかしくないものでなければならなかったという点である。カレルにとって大切だったのは、自らのフランスがヨーロッパ諸国を前にして「逃げない」こと、不名誉な行ないをしないことであった。ベルギーやポーランドを助けないことは、「恥」であり「不名誉」であった。[80]「無能で弱い内閣は名誉を失い、国民の名誉をも汚す。〔中略〕もし今一度、ポーランドがいためつけられたなら、我々がポーランドを見捨てたことを、歴史は一つの国民的犯罪として語ることだろう」。[81] 恥は歴史的汚点となる。だからこそ両国を救うための名誉ある戦争をしなければならない、カレルはそう信じた。

実際この時代、名誉や恥はきわめて重要な問題であった。たとえば『コンスティチュウショネル紙』も、政府の対外政策について言及した際、不干渉政策では「フランスの名誉」を守ることはできないと批判した。同紙によれば、「フランスの名誉は玩具ではない〔中略〕。吐息一つで輝きを消されるダイヤモンドなのだ。わずかな疑いがその価値を破壊する」。[82] さらに興味深いことに、王党派の『コティディエンヌ紙』も同じような論法で政府を批判している。同紙によれば、七月王政は「臆病」である。「恐れられても愛されてもいない」。「名誉」や「栄光」からは程遠い。[83]

書くことは戦うこと

(1) カレルにとっての新聞

それにしても、カレルにとって新聞とは何だったのだろうか。一八三〇年一二月七日、カレルは『ナショナル紙』に書いている。ヨーロッパの諸君主は「我々の革命を危険だと判断しているが、その判断の基盤となっているものは、我々の政府の言葉ではなくて、定期刊行物である」。「我々は世界の自由のために諸国王に対し民衆を蜂起させようとすることだろう。我々はその日、プレスによってそれを為すことだろう。至る所に我々の新聞は入り込むのだ。我々は秘密裏に内通者と共にそれを行うことだろう」。[84] つまりカレルにとって新聞とは武器なのである。

またカレルにとって理想のジャーナリストとは、大革命期のブリソ、マラ、デムーランといった人々であった。なぜ、彼らが理想なのか。それは彼らが使命感に燃え、ペンを武器とし、命をかけて戦ったからである。カレルは彼らを「戦士（combattant）」と呼んでいる。[85]「戦士」のイメージは、カレルがサント＝ブーヴに宛てた手紙の中にも見出される。そこで彼は自分のことを、誰からも命令されることなく戦う「政治的かつ文学的パルチザン」として表している。[86]これほどまでにカレルが「戦い」に意味を与えるのは、彼が元軍人であったからだと思われるが、当時は軍人がペンをとったり、ジャーナリストが剣をとったりすることは、決して珍しいことではなかった。ヴィダレンクによれば、ナポレオン軍の退役軍人の多くは文筆活動を行っている。[87]また前述した一八三〇年のベルギー危機の際にフランスから出発した義勇兵を指揮した司令官の中には、ジャーナリストがいた。[88]

いずれにせよこの武器としてのプレスを使って、カレルは七月王政を批判し続けた。一八三二年には『ナショナル紙』上で共和主義宣言を行った。[89]一方、政府はカレルを警戒し、『ナショナル紙』を告訴し裁判にかけた。一八三四年二月から九月にかけて、同紙は一〇回の有罪判決を受けている。[90]そして裁判所は『ナショナル紙』に対し、裁判に関する記事を載せることを二年間、禁じた。これに対し『ナショナル紙』は『一八三四年ナショナル紙（*Le National de 1834*）』と名前を変えて、記事の掲載を続けた。[91]だが一八三五年七月、国王暗殺未遂事件が起きると、当局はカレルを逮捕した。冤罪であったが、カレルはすでに「常連」となっていたサント＝ペラジ（Ste. -Pélagie）刑務所に送られた。[92]

さてこの時期のカレルに顕著なのは疲労である。しかしその原因は法廷闘争や投獄だけにあるとは考えられない。カレルは時代の変化を感じていた。つまり自らが理想とする大革命時の、使命感に燃え、生死をかける戦いの場としての政治の中で、剣の代わりにペンを持ち戦うといった、そのようなジャーナリズムが明らかに時代遅れになってしまったと、感じていた。たとえばカレルは一八三五年四月五日、『一八三四年ナショナル紙』に書いている。「（大革命期とは）異なったふうに、人々は今日、感じている。というのも人々は真面目に戦っていない。目的が無いのだ。情熱的に、何かを作りたいとも壊したいとも思っていない。人は職業としてジャーナリストなのであって、使命感によってではない。読まれること、世論に働きかけることが目的ではなく、平和を望み、休息に執着し、新聞を読むということの中に、世はとくに事もなしといったイメージしか求めない、大多数の予約購読者の精神に、優柔不断を静かに養うことが目的なのだ」。[93] この時代の流れは決定的なものと思われた。七月革命時と比較しても、世の中は急速に変わった。同じく一八三五年、カレルは友人に宛てて書いている。「野蛮な政治の時代は野蛮な力の敗北と共に終わったのです。その粗野な力は、一八三一年と一八三二年、我々のことを多かれ少なかれ後押ししました。［中略］その野蛮な力の消滅以来、我々の政治はかつて持っていた重要性を失いました。かつて政治は激怒、情熱、決意の大胆不敵さだけを表わしていたものなのですが。私はこうしたことを誰よりも強く感じています」。[94]

（2）決闘

一八三六年のカレルとエミール・ジラルダン（Emile GIRARDIN）との決闘のいきさつは次のようなものであった。一八三六年七月一日創刊のジラルダンの『プレス紙（*La Presse*）』は、広告を大きく扱うことで広告費を稼ぎ、予約購読者の払う料金を大幅に引き下げようとした。他方カレルは、七月二〇日、『一八三四年ナショナル紙』でジラルダンの経営戦略を批判した。[95] これに対し、七月二一日付けの『プレス紙』において、ジラルダンは『ナショナル紙』の経営を逆に批判しつつ、「この点、我々は情報に不足していない。この問題に関する情報は、もしも強いられた場合には、これらの新聞の編集者の伝記を公表するために必要な情報以上に、沢山あるのだ」と書いた。「編集者の伝記を公表する」とは編集者の私生活を暴露するということであった。ところで当時、カレルには愛人がおり、彼女は人妻であった。ジラルダンはそのスキャンダルをネタにしてカレルを脅したのである。カレルはジラルダンに決闘を申し込んだ。[96]

七月二二日金曜日早朝、ヴァンセンヌの森で決闘は行なわれた。ジラルダンはカレルの鼠蹊部を撃ち、カレルはサン・シル校で同窓生だったペイラの家に運ばれた。そして、二四日午前五時、カレルは息を引き取った。二五日、遺体はサン＝マンデの墓地に埋められた。葬列の参加者は一万人を超えた。[97]

一方、『一八三四年ナショナル紙』はカレルの像を作るための募金活動を始めた。この募金に献金した人々の顔ぶれは多彩である。ラフィットが五〇〇フラン、ナポレオン・ルイ・ボナパルトが一〇〇フラン、リトレ（LITTRE）が二〇フラン、ラ・ムネ（LA MENNAIS）が一〇フラン出しているかと思えば、一法学生が二フラン、一退役軍人が一フラン出している。そしてこの募金には一一月一八日までに一四〇七四フラン九〇サンチームが集まった。[98]

しかしながらここでもう少し検討したいのは、なぜカレルとジラルダンの対立は決闘という形で清算されなければならなかったのかという点である。カレルの決闘についての見解は、一八三五年六月一五日の『一八三四年ナショナル紙』の記事から分かる。「法律によって修復できないひどい侮辱に対する防衛としての決闘は、これを根絶することは不可能である。出版の自由と議論する政府を享受する社会においては、議論がもたらした侮辱の後で、一騎討ちに訴えることを許す習俗の中にしか、プレスと言葉の、諸個人に対する濫用への歯止めは存在しない」。[99] つまり決闘のみが個人の名誉に対する傷を贖い、言論の自由の濫用を防ぐというのである。

このようなカレルの見解は明らかにフランス革命後の一九世紀ならではのものであった。というのも、アンシャン・レジームにおいて、ある種の礼儀作法を伴った決闘というものを実践したのは、貴族階級だけであった。ところが革命が勃発し、市民階級が社会の支配階層となった。彼ら市民は自らの社会的位置を「同輩」によって判断されることになった。すなわち一人の人間の社会的位置を決定するのは、もはや国王ではなく、自分と等しい立場にある同輩であった。したがって個人が同輩の内で尊敬され卓越化されるためには、同輩の眼に不名誉と映る行為はしてはならなかった。そして些細な事柄でも、そのために恥をかいた、自らの名誉が傷つけられたと感じれば、すぐさま決闘を行なった。ジャーナリストは言葉を操るのを仕事としている分、他の職業よりも、他人の名誉を傷つけたり、他人から自分の名誉を傷つけられたりすることが多く、非常にしばしば決闘を行なった。さらに革命後の決闘の普及のもう一つの要因としては、フランス革命―ナポレオン戦争が挙げられる。この長期にわたった戦争が、軍人文化の一つである決闘を市民社会に広めるのに貢献したと考えられる。[100]

カレルの場合も、もともと群れをなすのが嫌いなほどまでに、[101]自尊心が強く、名誉に敏感で、なおかつ軍人であった。こう見てくると、彼がジラルダンとの間に生じた問題を前にして躊躇なく決闘という解決策を選んだことが、一つの必然ではなかったかと思えてくる。

まとめ

まずカレルの社会的結合関係についてまとめておこう。それはきわめて人工的であった。カレルの生涯においては「地縁」や「血縁」と呼ばれる人間関係は余り大きな重要性を持たなかった。革命後に創られた学校や軍隊という、自然というよりはむしろ人工的な制度の中で、カレルは自らの人間関係を育てた。たとえば、カレルに死の床を提供したペイラは、サン・シル校で知り合った同窓生である。あるいは、ジラルダンとの決闘の立会人になったペルザは、一八二三年にカレルと共にスペインで外国人部隊の一員として戦った戦友である。そして決闘の原因となったカレルの愛人は、軍隊の駐屯地で知り合った上官の妻であった。[102]つまりカレルの人間関係は人工的な制度の中で作られている。興味深いのは、そのような人工的な制度である軍隊をフランスの象徴として彼が捉えたという点である。軍隊をフランスと同一視する彼の論理は、国民国家の人工的な性格をあらわにしていると言えなくもない。

カレルの社会的結合関係の人工的な性格は友人関係に限ったことではなかった。カレルは、ベルフォールでもスペインでも、そこに前々から住み暮らしている「原住民」とは革命を目指した協力関係をつくることができなかった。しかし観念や言葉といった抽象的なものが大事となる人工的な公共空間、すなわち革命後に急速に発達した世論という空間においては、カレルはマス・メディアを用いて多くの人々と接点を持つことができた。実際、一八三一年秋、ロシア軍によるワルシャワ奪取のニュースを知り、暴動を起こしたパリの民衆と、[103]フランス人は戦友であるポーランド人に恩義を感じるべきだと書いたカレル[104]の間には、共感しあえる点があったのではなかろうか。そうでなければ、カレルの葬式に一万人もの人が参列するとは考えられない。

次にカレルの心性についてまとめよう。カレルは敗北の世代に属していた。一八一五年の外国軍による占領の経験はこの世代にとって一つの大きなトラウマであったと思われる。青年らはトラウマを克服するためにも、虚勢をはるようになり、同輩からの評判を気にするようになる。恥をかかないようにと気をつけ、名誉を重んじる。その結果、感じやすくなる。ところでカレルは自分と自分が愛するものを同一視するので、自分が愛するものが恥をかくことを恐れた。それゆえカレルの愛する「フランス」は、同輩＝他のヨーロッパ諸国の前で評判を落とさないようにと、感じやすくなる。繊細、脆弱になる。そこでアイデンティティーを持つことで強さを手に入れようとする。かくして「国民の記憶」を語ることが大事となるわけだが、カレルはそれに成功した。成功の要因の一つは、彼が一八二〇年代後半に歴史書を書きながら歴史についての考察を深めることができたからではなかろうか。まさに七月革命直後の開戦論議の真只中、他国の視線を意識しつつ、カレルは「ヴァルミー」「アウステルリッツ」「ワーテルロー」を材料にして、「フランス国民の記憶」を創作した。ただ彼にとってのフランス国民はヨーロッパの他の諸民族を包含し統一する「グランド・ナシオン」であった。もしかしたら「グランド・ナシオン」を志す方向性は、彼が一八二三年にスペインで外国人と共にヨーロッパ革命を目指した時の経験が影響を及ぼしているのかもしれない。

たしかに、「国民の記憶」に限って言えば、一八二三年のスペイン事変の際に王党派の『コティディエンヌ紙』もそれを提示してはいる。しかしそこにはヨーロッパを統一する「グランド・ナシオン」としてのフランスというイメージは無かった。ここに王党派の「限界」を見ることもできよう。(105)

いずれにせよ、王政復古期の若者の人格形成において、革命以来の戦争の記憶が持った重要性は明らかである。栄光と悲惨に満ちた、革命がなければ、戦争がなければ、このカレルの人生もまたなかったことだろう。

註

（1）革命とナポレオンの記憶に関しては、近年では次のような研究がある。遅塚忠躬「復古王政期におけるフランス革命の記憶」『史学雑誌』第一一〇編第一二号、二〇〇一年。西願広望「王政復古期における民衆のナポレオン伝説――伝説を表現したメディアに注目して」『札幌学院商経論集』第九〇号、二〇〇一年。西願広望「フランス王政復古期における革命認識――小冊子の分析から」『一橋大学社会科学古典資料センター　Study Series』五七号、二〇〇七年。

（2）ロバート・ダントン著（関根素子・二宮宏之訳）『革命前夜の地下出版』岩波書店、一九九四年、はしがきix頁。

（3）ミシェル・ヴォヴェル著（立川孝一・印出忠夫訳）『革命詩人デゾルグの錯乱』法政大学出版局、二〇〇四年、一～八頁。

（4）U・ブレーカー著（阪口修平・鈴木直志訳）『スイス傭兵ブレーカーの自伝』刀水書房、二〇〇〇年。

（5）松本礼二「一九世紀フランスと世代の問題――思想史のための試論」『筑波法政』第三号、一九八〇年。A. B. SPITZER, *The French Generation of 1820* (Princeton, 1987).

（6）*Grand dictionnaire universel du XIXe siècle par Pierre LAROUSSE*, Tome 3 (Paris, 1867), p. 447; J. GILMORE, *La République clandestine 1818-1848* (Paris, 1997), pp. 40-41.

（7）*La Presse*, le 3 mars 1848.

（8）R. G. NOBÉCOURT, *La vie d'Armand Carrel* (Paris, 1930); L. FIAUX, *Armand Carrel et Émile de Girardin* (Paris, 1911).

（9）G. CROCHEMORE, *Armand Carrel (1800-1836), Un républicain réaliste* (Rennes, 2006).

（10）けれどもしばしば註の不備がある。*Ibid.*, p. 56, p. 117.

（11）*Ibid.*, p. 19, p. 45, p. 67, pp. 227-228.

（12）*Ibid.*, p. 11.

（13）*Ibid.*, p. 227.

（14）F. BABIER et C. BERTHOLAVENIR, *Histoire des médias* (Paris, 2000), p. 145.

（15）Archives départementales de la Seine-Maritime 5 Mi 0575; 5 Mi 0567.

（16）*Le Constitutionnel*, le 3 mai 1852; NOBÉCOURT, *op. cit.*, pp. 8-17.

（17）J. GODECHOT, *Les institutions de la France sous la Révolution et l'Empire* (Paris, 1951), pp. 737-743; Georges CLAUSE, "Lycées", J. TULARD (sous la dir. de), *Dictionnaire NAPOLÉON* (Paris, 1989).

（18）Archives Nationales F/7/9701; F/7/9654.

(19) Archives départementales de la Seine-Maritime RP11739; RP12293; RP12299.
(20) Archives départementales de la Seine-Maritime RP11754.
(21) Archives Nationales F/7/9701.
(22) CROCHEMORE, *op. cit.*, pp. 26-27.
(23) サン・シル校に関しては、*Saint-Cyr sous la Restauration par le numéro 1710* (*admission 1818*) (Versailles, 1894) ; E. TITEUX, *Saint-Cyr et l'École spéciale militaire en France* (Paris, 1898).
(24) *Le Constitutionnel*, le 3 mai 1852; *Saint-Cyr sous la Restauration par le numéro 1710*, p. 6.
(25) *Grand dictionnaire universel du XIXe siècle par Pierre LAROUSSE*, Tome 3, p. 447.
(26) Service historique de la Défense 2YB 1590. 本稿とは異なり、カレルが少尉に任命された日付を、クロシュモルは一一月一一日としている。しかし註が欠けているので、彼がどの史料からその日付を導き出したのかが分からない。CROCHEMORE, *op. cit.*, p. 28.
(27) G. de GRANDMAISON, *L'expédition française d'Espagne en 1823* (Paris, 1928) , pp. 2-4; G. PÉCOUT, *Naissance de l'Italie contemporaine* (*1770-1922*) (Paris, 1997), pp. 92-96.
(28) C. BELLANGER, J. GODECHOT, P. GUIRAL et F. TERROU (sous la dir. de), *Histoire générale de la presse francaise*, Tome 2 (Paris, 1969), pp. 67-70; A. CRÉMIEUX, *La censure en 1820 et 1821* (Abbeville, 1912), p. 3.
(29) P-A. LAMBERT, *La Charbonnerie Française 1821-1823* (Lyon, 1995) , p. 88, pp. 99-100; E. GUILLON, *Les complots militaires sous la Restauration* (Paris, 1895), pp. 148-149; P. SAVIGEAR, "Carbonarism and the French army, 1815-1824", *History*, Vol. 54 (1969), p. 204.
(30) LAMBERT, *op. cit.*, pp. 101-108.
(31) GUILLON, *Les complots militaires*, pp. 159-164; GILMORE, *op. cit.*, pp. 39-41.
(32) Service historique de la Défense YH68. 陰謀の失敗の後も、オ＝ラン (Haut Rhin) 県県知事の報告によれば、一八二二年一〇月には三〇人以上からなるシャルボヌリの集会がベルフォールには存在した。Archives Nationales F/7/6886.
(33) *Mémoires du baron de DAMAS* (*1785-1862*), publiés par son petit fils, T. 1 (Paris, 1922), pp. 316-317.
(34) Service historique de la Défense YH68. *Le Constitutionnel*, le 3 mai 1852.
(35) GRANDMAISON, *op. cit.*, pp. 14-30; P. RENOUVIN, *Histoire des relations internationales*, T. 5 (Paris, 1954), p. 56.
(36) Service historique de la Défense 4J/18.

(37) Service historique de la Défense 4J/42.

(38) Archives Nationales F/7/11981; F/7/3795. W. SERMAN et J. -P. BERTAUD, *Nouvelle histoire militaire de la France, 1789-1919* (Paris, 1998), p. 217.

(39) *Oeuvres politiques et littéraires d'Armand Carrel, mises en ordre, annotées et précédées d'une notice biographiques sur l'auteur par M. Littré de l'institut et M. Paulin ancien gérant du National,* (Paris, 1859), T. 5, pp. 124-125.

(40) *Oeuvres politiques et littéraires d'Armand Carrel,* T. 5, p. 126.

(41) *Mémoires du baron de DAMAS(1785-1862)*, publiés par son petit fils, T. 2(Paris, 1923), pp. 19-20.

(42) Service historique de la Défense 4J18. GUILLON, *Les complots militaires,* pp. 313-315; *Mémoires du baron de DAMAS (1785-1862)* , publiés par son petit fils, T. 2, pp. 23-24; R. BITTARD DES PORTES, *Les campagnes de la Restauration* (Tours, 1900) ; G. DE GRANDMAISON, *L'expédition française d'Espagne en 1823*(Paris, 1928); SERMAN et BERTAUD, *op. cit.*

(43) Archives Nationales F/7/3795.

(44) J. JOURQUIN, "FABVIER", J. TULARD(sous la dir. de), *Dictionnaire Napoléon.*

(45) *Mémoires du baron de DAMAS (1785-1862)* , publiés par son petit fils, T. 1, pp. 318-319; L. FIAUX, *op. cit.*, p. 89, pp. 138-139; *Mémoires du commandant PERSAT, 1806 à 1844,* publiés par G. SCHLUMBERGER(Paris, 1910). 一九世紀前半におけるナポレオン軍の退役軍人の活躍については次の文献に詳しい。W. BRUYÈRE-OSTELLS, *La grande armée de la liberté*(Paris, 2009).

(46) 王政復古期の革命運動がヨーロッパ規模のものであるという認識は、王党派も有していた。西願広望「フランス王政復古期における革命認識――小冊子の分析から」。

(47) *Le Constitutionnel,* le 26 mars 1823.

(48) *Le Constitutionnel,* le 17 février 1823.

(49) *La Quotidienne,* le 3 octobre 1823.

(50) *La Quotidienne,* le 15 octobre 1823.

(51) スペイン戦争に関するフランスの世論の詳細は次の論文を参照。K. SEIGAN, "Mémoire de la Révolution et de l'Empire dans l'opinion publique française face à la guerre d'Espagne de 1823", *Annales historiques de la Révolution française,* N°335(2004).

(52) V. GLACHANT, "Armand Carrel, transfuge français(1822-1824)", *Revue hebdomadaire,* le 5 octobre 1907, pp. 1-26.

(53) F. PARENT-LADEUR, *Lire à Paris au temps de Balzac, Les cabinets de lecture à Paris 1815-1830*(Paris, 1999), p. 10, pp. 102-103.

(54) *Le Constitutionnel*, le 3 mai 1852.

(55) A. CARREL, *Résumé de l'histoire d'Écosse* (Paris, 1825). [B. N. NM-76 (A)]

(56) A. CARREL, *Résumé de l'histoire des Grecs modernes depuis l'envahissement de la Grèce par les Trucs jusqu'aux derniers événements de la révolution actuelle* (Paris, 1825), pp. x-xi. [B. N. J-12281]

(57) A. CARREL, *Histoire de la contre-révolution en Angleterre*, (Paris, 1827), pp. 1-4. [B. N. NB-147]

(58) CROCHEMORE, *op. cit.*, p. 60.

(59) Archives Nationales BB/30/269.

(60) LEDRÉ, *La presse à l'assaut de la monarchie*, (Paris, 1960), p. 100.

(61) *La Quotidienne*, le 14 juillet 1830.

(62) *La Quotidienne*, le 15 juillet 1830.

(63) *Le Constitutionnel*, le 15 juillet 1830.

(64) *Oeuvres politiques et littéraires d'Armand Carrel*, T. 1 (Paris, 1857), pp. 121-122.

(65) *Oeuvres politiques et littéraires d'Armand Carrel*, T. 1, pp. 123-124.

(66) *Oeuvres politiques et littéraires d'Armand Carrel*, T. 1, p. 214.

(67) RENOUVIN, *op. cit.*, pp. 60-82.

(68) Louis LECONTE, *Les légions belges-parisiennes et autres formations de volontaires venues de France en 1830* (Bruxelles, s. d.), pp. 14-17, p. 22, p. 25, pp. 45-74, pp. 106-124, p. 168.

(69) Lydia SCHER-ZEMBITSKA, *L'aigle et le phénix, un siècle de relations franco-polonais, 1732-1832* (Paris, 2001), pp. 265-399.

(70) RENOUVIN, *op. cit.*, pp. 68-73. ポーランド臨時政府は闘争をロシア領ポーランドに限定することを望んだ。しかしながらオーストリア領・プロイセン領からも国境を越えて多くのポーランド人がワルシャワに集まった。ベルリンの外交官や将軍の中には、フランスとの戦争の可能性を心配する者も現れた。William W. HAGEN, *Germans, Poles, and Jews, The Nationality Conflict in the Prussian East, 1772-1914* (Chicago and London, 1980), pp. 85-86.

(71) Archives Nationales F/7/3885.

(72) *Oeuvres politiques et littéraires d'Armand Carrel*, T. 2 (Paris, 1857), p. 192.

(73) *Oeuvres politiques et littéraires d'Armand Carrel*, T. 1, pp. 415-425.

(74) *Courrier français*, le 26 novembre 1830.

(75) *Courrier français*, les 11 et 27 décembre 1830. ちなみに、ポーランド蜂起に関するフランスの世論については次の論文に詳しい。M. FRIDIEFF, "L'opinion publique française devant l'insurrection polonaise de 1830–1831", *Revue internationale d'Histoire politique et constitutionnelle* (1952).

(76) *Oeuvres politiques et littéraires d'Armand Carrel*, T. 2, p. 194. クロシュモルもこの記事を引用してカレルの「開かれたナショナリスム」について言及しているが、本章とは異なり、カレルの歴史認識とナショナリスムの関係について考察を進めてはいない。CROCHEMORE, *op. cit.*, p. 97.

(77) *Oeuvres politiques et littéraires d'Armand Carrel*, T. 2, p. 333.

(78) *Oeuvres politiques et littéraires d'Armand Carrel*, T. 2, pp. 333–334.

(79) *Courrier français*, le 11 décembre 1830.

(80) *Oeuvres politiques et littéraires d'Armand Carrel*, T. 1, p. 392, p. 418.　この点についてはジェニングスも注目している。J. JENNINGS, "Nationalist ideas in the early years of the July Monarchy : Armand Carrel and *le National*", *History of political thought*, Vol. XII (1991).

(81) *Oeuvres politiques et littéraires d'Armand Carrel*, T. 2, p. 52.

(82) *Le Constitutionnel*, le 22 juin 1831.

(83) *La Quotidienne*, le 31 décembre 1832.

(84) *Oeuvres politiques et littéraires d'Armand Carrel*, T. 1, pp. 414–416.

(85) *Oeuvres politiques et littéraires d'Armand Carrel*, T. 4 (Paris, 1858), pp. 244–245.

(86) G. PERREUX, *Au temps des sociétés secretes, la propaganda républicaine au début de la Monarchie de Juillet* (*1830–1835*), (Paris, 1931), pp. 169–170; CROCHEMORE, *op. cit.*, p. 129.

(87) J. VIDALENC, *Les demi-solde* (Paris, 1955), pp. 100–102.

(88) LECONTE, *op. cit.*, p. 22. また文筆家兼軍人については次の文献を参照のこと。E. GUILLON, *Nos écrivains militaires. Etudes de littérature et d'histoire militaire*, I–II (Paris, 1898–1899).

(89) G. WEILL, *Hisotoire du parti républicain en France, 1814–1870* (Paris, 1928), pp. 47–48; Thomas BOUCHET, *Le roi et les barricardes* (Paris, 2000), pp. 54–55; *Oeuvres politiques et littéraires d'Armand Carrel*, T. 3 (Paris, 1857), p. 7.

(90) LEDRÉ, *La presse à l'assaut de la monarchie*, p. 232.
(91) *Oeuvres politiques et littéraires d'Armand Carrel*, T. 1, pp. LI–LII.
(92) WEILL, *op. cit.*, pp. 115–116; J. -C. VIMONT, *La prison politique en France* (Paris, 1993), pp. 304–321.
(93) *Oeuvres politiques et littéraires d'Armand Carrel*, T. 4, pp. 244–245.
(94) *Le Constitutionnel*, le 17 mai 1852.
(95) *Grand dictionnaire universel du XIXe siècle par Pierre LAROUSSE*, Tome 3, p. 447; FIAUX, *op. cit.*, pp. 9–46.
(96) NOBÉCOURT, *op. cit.*, p. 282; FIAUX, *op. cit.*, p. 133; CROCHEMORE, *op. cit.*, pp. 199–206.
(97) *Le National de 1834*, les 23, 25 et 26 jullet 1836; *La Presse*, les 23 et 26 juillet 1836.
(98) *Le National de 1834*, le 29 juillet; les 30 et 31 juillet; le 18 novembre 1836.
(99) *Oeuvres politiques et littéraires d'Armand Carrel*, T. 4, pp. 292–293.
(100) Pierre SERNA, "L'encre et le sang", dans *Croiser le fer, violence et culture de l'épée dans la France moderne* (*XVIe–XVIIIe siècle*) (Seyssel, 2002), p. 378, pp. 385–464, p. 478; Robert A. NEY, "Honor Codes in Modern France : A Historical Anthropology", *Ethnologia Europaea* 21 (1991), p. 9, p. 11; Robert A. NEY, *Masculinity and Male Codes of Honor in Modern France* (Oxford, 1993), pp. 132–133; W. M. REDDY, *The invisible code, Honor and Sentiment in Postrevolutionary France, 1814–1848* (London, 1997), pp. 210–237.
(101) カレルを良く知っていたジョン＝スチュアート・ミルによれば、カレルは「群れと共に歩く」のを嫌ったという。CROCHEMORE, *op. cit.*, p. 183.
(102) NOBÉCOURT, *op. cit.*, pp. 23–26; CROCHEMORE, *op. cit.*, pp. 29–30.
(103) Archives Nationales F/7/3855.
(104) *Oeuvres politiques et littéraires d'Armand Carrel*, T. 2, pp. 424–425.
(105) 王党派は「グランド・ナシオン」には反対であった。*La Quotidienne*, le 2 septembre 1831.「グランド・ナシオン」すなわち革命の輸出政策がもつ諸問題については次の論文を参照。西願広望「戦時下のフランス革命——銃と自由」『歴史評論』、第七一八号、二〇一〇年。

あとがき

本書は序章でも述べたごとく、「軍隊と社会の歴史」研究会の成果をまとめた論集の第二弾である。

振り返ってみれば、この研究会は今からおよそ九年前、二〇〇一年一〇月に設立された。当時は歴史学の分野で、軍事史を広く国家と社会、文化と日常生活のなかに位置づけて考える、新しい軍事史の研究会は存在しなかった。この研究会が最初の企画であるといってもよい。メンバーは皆、いわゆる軍事史の専門家ではない。国制史、社会史、都市史、法制史などに従事し、それぞれの立場から軍隊や戦争およびその相互の関係に関心を寄せていたのである。研究会の名称も、このような観点からつけられた。

当初は、まず各自が研究対象としている国における軍事史の最近の研究動向の紹介から始め、関心を持っているテーマを、中間報告の形で発表しあった。年三回くらいのペースで会合を持った。小規模ながらも、続けることが重要であった。継続は力であり、地味に続けるうち、研究会も二七回を数えた。幸いなことにその間、二〇〇三年度から三年間科学研究費補助金（基盤研究費（B）（1））「ヨーロッパ史における軍隊と社会」（研究代表者、阪口修平）を、また二〇〇八年度から三年の予定で科学研究費補助金（基盤研究費（B）（一般））「ヨーロッパ史の中の軍隊――新しい軍事史の方法と課題」（研究代表者、佐々木真）を受けることができた。この科研費のおかげで、遠方からの参加も可能となり、また長期的な計画を立てる必要も出てきた。

そこで、われわれはまず二つの目標を立てた。一つはわれわれの関心とその研究成果をまとめた論集を出すこと、二つ目は欧米における軍事史研究の成果の翻訳である。最初の目標は、新しい軍事史と銘打って比較的広い読者層を対象とした啓蒙的な論集『近代ヨーロッパの探求12　軍隊』（阪口修平、丸畠宏太編著、ミネルヴァ書房、二〇〇九年）と、同じ趣旨のもとにモノグラフィーの論集として企画した本書で実現した。この二つの論集で、一応現時点におけるわれわれの研究成果をメッセージとして伝えることができたのではないかと考えている。二つ目は、ラルフ・プレーヴェ『一九世紀ドイツの軍隊・国家・社会』（阪口修平監訳、丸畠宏太、鈴木直志訳、創元社、二〇一〇年）を世に送ることができた。ドイツにおける最近の軍事史研究の成果を、一九世紀のドイツ史に限定してはいるが（それ以前の近世とそれ以後の現代については、続編が予定されている）、学生向けに概説と研究動向の形に消化した最も新しい著作である。われわれが立てた当面の目標は、これで曲がりなりにも形にすることができた。感慨深いものがある。

もとよりこれらは、単なる一里塚にすぎない。テーマの広がりも、不十分である。開拓すべきテーマは、まだまだ広い。また、研究対象地域も西洋史、それもフランス、ドイツ、ロシアなどに偏っている。そもそも、まだわれわれの研究会のホームページも持っていないし、包括的な研究文献目録も作っていない。研究は緒に就いたばかり、と言わざるを得ない。

しかしわれわれは、新たな可能性を追求して、次のステップに踏みだした。上述の佐々木真代表の科学研究費補助金の企画として、二〇一〇年三月におこなった国際シンポジウムとワークショップ「新しい軍事史の課題と方法――ヨーロッパ・アジア・日本」の開催である。ドイツから四人の報告、さらにわが国から日本史とアジア史の研究者の報告を中心に、新しい軍事史の課題と史料状況をテーマとしたのである。その意図は、ひとつは、今までのように西洋史関係者だけではなく、日本史や東洋史の関係者との共同研究の可能性を求めたものである。日本史においても、「新しい軍事史」に関する史料の発掘と新しいテーマの開拓が進められており、両者のコミュニケーションと相互の刺激の果実は計り知れないものがあろう。二つ目は、欧米の研究者との交流を模索したのである。今回はドイツの歴史家と文書館員を招いたにすぎないが、今後はフランスや英米の研究者との交流も必要である。今回の国際シンポジウム企画におけるこの二つの芽が、今後順調に育ってくれることを期待して止まない。

わが国の歴史学界において、新しい軍事史研究はまだ歩みだしたばかりである。しかし、最近二、三年の間に、日本西洋史学会や史学会・日本史部会その他の学会などにおいても、軍事史関連がシンポジウムや小シンポジウムのテーマとして取り上げられている。いろいろな分野で、新しい兆しが見えてきたといってもよいのではないだろうか。本書はその動向に掉さすものである。一石を投ずることができれば幸いである。

今回も、創元社の堂本さんには、大変お世話になった。われわれの研究会を温かく見守ってくれた堂本さんなしには、本書が世に出ることはなかった。お礼を申し上げたい。

阪口修平

屋敷二郎（やしき・じろう）第七章

一橋大学大学院法学研究科教授。博士（法学）。1969年大阪府生まれ。一橋大学大学院法学研究科博士後期課程修了。主著：『紀律と啓蒙――フリードリヒ大王の啓蒙絶対主義』（ミネルヴァ書房、1999年)、『概説西洋法制史』（共著、ミネルヴァ書房、2004年)、『法の流通』（共編著、慈学社、2009年)、主訳書：ピーター・スタイン著『ローマ法とヨーロッパ』（監訳、ミネルヴァ書房、2003年)。

竹村厚士（たけむら・あつし）第八章

武蔵野大学非常勤講師。1966年神奈川県生まれ。一橋大学大学院経済学研究科博士課程単位取得退学。主著：『近代ヨーロッパの探求12　軍隊』（共著、ミネルヴァ書房、2009年)、主訳書：デイヴィッド・ジェフリ・チャンドラー著『ナポレオン戦争』全5巻（共訳、信山社、2003～2004年)、主論文：「フランス革命と『国民に開かれた』将校団――少将昇進者（1792～1802年）の経歴分析」(『西洋史学』206号、2002年)、「パリ義勇兵将校の軍歴について――『武器を取った市民』像の再検討」(『軍事史学』40巻4号、2005年)。

西願広望（せいがん・こうぼう）第九章

青山学院女子短期大学准教授。パリ第一大学史学博士。1968年東京都生まれ。パリ第一大学史学専攻博士課程修了。主著："La propaganda pour la conscription, l'armée et la guerre dans le department de la Seine-Inféerieure du Directiore à la fin de l'Empire", *La Plume et le sabre, Hommages offerts à Joan-Paul Bertaud,* Paris: Publication de la Sorbonne, 2002（共著)、主論文："L'influence de la mémoire de la Révolution et de l'Empire dans l'opinion publique française face à la guerre d'Espagne de 1823", *Annales Historiques dela Révolution française,* No.335, 2004、「セーヌ＝アンフェリウール県における兵役代理制の実態」(『史学雑誌』108編8号、1999年)、「戦時下のフランス革命――銃と自由」(『歴史評論』718号、2010年)。

〈執筆者紹介〉

阪口修平（さかぐち・しゅうへい）序章、第四章、あとがき

編著者紹介参照。

佐々木真（ささき・まこと）第一章

駒澤大学文学部准教授。1961年東京都生まれ。東京都立大学大学院人文科学研究科博士課程満期退学。主著：『近代ヨーロッパの探求12　軍隊』（共著、ミネルヴァ書房、2009年）、『国民国家と帝国』（共著、山川出版社、2005年）、『フランス革命とナポレオン』（共著、未来社、1998年）、主論文：「ゴブラン製作所と『ルイ14世記』――タピスリーにみる王権の表象」（『駒澤大学文学部研究紀要』67号、2009年）。

正本　忍（まさもと・しのぶ）第二章

長崎大学環境科学部准教授。1962年鹿児島県生まれ。九州大学大学院文学研究科博士課程中退。主論文：「1720年のマレショーセ改革――フランス絶対王政の統治構造との関連から」（『史学雑誌』110編2号、2001年）、「近世フランスにおける地方警察の創設――オート＝ノルマンディ地方のマレショーセ（1720～1722年）」（『法制史研究』57号、2008年）、"Liste des hommes de la maréchaussée en Haute-Normandie（1720-1750）"（『総合環境研究』6巻2号、2004年）。

丸畠宏太（まるはた・ひろと）第三章

敬和学園大学人文学部教授。1958年東京都生まれ。京都大学大学院法学研究科博士後期課程学位取得退学。主著：『近代ヨーロッパの探求12　軍隊』（共編著、ミネルヴァ書房、2009年）、『クラウゼヴィッツと「戦争論」』（共著、彩流社、2008年）、主訳書：ラルフ・プレーヴェ著『19世紀ドイツの軍隊・国家・社会』（共訳、創元社、2010年）、ヴォルフ・D・グルーナー著『ヨーロッパのなかのドイツ　1800～2002』（共訳、ミネルヴァ書房、2008年）。

宮崎揚弘（みやざき・あきひろ）第五章

帝京大学文学部教授、慶應義塾大学名誉教授。1940年東京都生まれ。慶應義塾大学大学院文学研究科博士課程単位取得退学。主著：『災害都市トゥルーズ』（岩波書店、2009年）、『フランスの法服貴族』（同文舘、1994年）、『ヨーロッパ世界と旅』（編著、法政大学出版局、1997年）、主訳書：アーサー・ヤング著『フランス紀行』（法政大学出版局、1983年）。

鈴木直志（すずき・ただし）第六章

桐蔭横浜大学法学部教授。1967年愛知県生まれ。中央大学大学院文学研究科博士後期課程単位取得退学。主著：『ヨーロッパの傭兵』（山川出版社、2003年）、『クラウゼヴィッツと「戦争論」』（共著、彩流社、2008年）、『近代ヨーロッパの探求12　軍隊』（共著、ミネルヴァ書房、2009年）、主訳書：ラルフ・プレーヴェ著『19世紀ドイツの軍隊・国家・社会』（共訳、創元社、2010年）。

〈編著者紹介〉

阪口修平（さかぐち・しゅうへい）

中央大学文学部教授。文学博士。1943年大阪府生まれ。広島大学大学院文学研究科博士課程単位取得退学。主著：『プロイセン絶対王政の研究』（中央大学出版部、1988年）、『近代ヨーロッパの探求12　軍隊』（共編著、ミネルヴァ書房、2009年）、主訳書：ウルリヒ・ブレーカー著『スイス傭兵ブレーカーの自伝』（共訳、刀水書房、2000年）、ラルフ・プレーヴェ著『19世紀ドイツの軍隊・国家・社会』（監訳、創元社、2010年）。

歴史《れきし》と軍隊《ぐんたい》――軍事史の新しい地平

2010年10月20日　第1版第1刷発行

編著者　阪口修平
発行者　矢部敬一
発行所　株式会社 創元社
〈本　　社〉〒541-0047　大阪市中央区淡路町4-3-6
Tel.06-6231-9010(代)　Fax.06-6233-3111
〈東京支店〉〒162-0825 東京都新宿区神楽坂4-3 煉瓦塔ビル
Tel.03-3269-1051(代)
〈ホームページ〉http://www.sogensha.co.jp/
印　刷　株式会社 太洋社
　ISBN978-4-422-20286-0 C3022

19世紀ドイツの軍隊・国家・社会

ラルフ・プレーヴェ著／阪口修平監訳／丸畠宏太、鈴木直志訳　軍隊が社会に、社会が軍隊に与えた影響に注目。「歴史のなかの軍隊」を主眼にして、近年の研究動向や課題をコンパクトにまとめた良書。訳語一覧、索引も充実。〔四六判上製、256頁、3000円〕

戦闘技術の歴史1 古代編

サイモン・アングリムほか著／松原俊文監修／天野淑子訳　古代の歩兵や騎兵の役割から、部隊の配置や統率、攻囲戦や海戦における戦術までを豊富なカラー図版とともに詳説。当時の戦場の姿が眼前によみがえる格好の案内書。〔A5判上製、404頁、4500円〕

戦闘技術の歴史2 中世編

マシュー・ベネットほか著／淺野明監修／野下祥子訳　中世の歩兵や騎兵の役割、大砲や鉄砲の技術的進歩、海戦の全容など、中世に大きな進化を遂げた戦闘技術のすべてを豊富なカラーイラストや戦略地図とともに読み解く。〔A5判上製、368頁、4500円〕

戦闘技術の歴史3 近世編

クリステル・ヨルゲンセンほか著／淺野明監修／竹内喜、徳永優子訳　近世（1500～1763年）における戦争や戦術、新しく登場した兵器や装備を豊富な図版やカラーイラストで活写。この時代の主要な戦いのすべてがわかる。〔A5判上製、384頁、4500円〕

アレクサンダー大王——未完の世界帝国（「知の再発見」双書11）

ピエール・ブリアン著／桜井万里子監修／福田素子訳　文武にすぐれ、決断力と道徳心に富んだ偉大な軍人王の事績と生涯を、多数の美麗図版を惜しみなく用いて鮮やかに描きだす。アレクサンダー大王の入門書として最適の書。〔B6判変形、188頁、1500円〕

地中海の覇者 ガレー船（「知の再発見」双書88）

アンドレ・ジスベールほか著／深沢克己監修／遠藤ゆかり、塩見明子訳　ガレー船の登場からその黄金期までを、150点に及ぶ美しいカラー図版を用いて徹底解説。地中海の往時の繁栄と栄光がまざまざと眼前によみがえる好著。〔B6判変形、192頁、1400円〕

私と西洋史研究——歴史家の役割

川北稔著／聞き手・玉木俊明　イギリス史の碩学として知られる著者の個人研究自伝。戦後西洋史学を牽引してきた著者の思考の航跡から研究動向、歴史学のあり方、歴史家の役割まで、歴史研究に必須のテーマを語り尽くす。〔四六判上製、272頁、2500円〕

＊価格には消費税が含まれておりません。